河北省天然林主要树种

姚清亮 李华西 尚国亮 贡克奇 宋熙龙 等 著

中国林业出版社

图书在版编目（CIP）数据

河北省天然林主要树种 / 姚清亮等著. -- 北京：中国林业出版社, 2023.12
ISBN 978-7-5219-2540-1

Ⅰ.①河… Ⅱ.①姚… Ⅲ.①树种—介绍—河北 Ⅳ.①S79

中国国家版本馆CIP数据核字(2024)第006955号

策划编辑：肖静
责任编辑：肖静　邹爱
装帧设计：北京八度出版服务机构

出版发行：中国林业出版社
　　　　（100009，北京市西城区刘海胡同7号，电话83143577）
电子邮箱：cfphzbs@163.com
网址：https://www.cfph.net
印刷：河北京平诚乾印刷有限公司
版次：2023年12月第1版
印次：2023年12月第1次
开本：889mm×1194mm　1/16
印张：18.5
字数：493千字
定价：80.00元

《河北省天然林主要树种》
编辑委员会

主 编

姚清亮　　李华西　　尚国亮　　贡克奇　　宋熙龙

参编人员

孙淑娟	刘　晖	马玉洁	李文清	陈玉新	王　辉
翟建文	顾巍巍	马玉树	任雪君	张晓平	孔英剑
耿瑜欣	张志丹	白晓艳	张春生	赵军鹏	孙　涛
王思宇	姚　迪	曹　成	周　正	张临春	陈立根
张晓峰	刘　洋	王宝雪	赵向东	张泽辉	赵海江
曲婷婷	李永杰	孙海芹	于志海	王海民	张计斌
卢军平	冯洪敏	崔彦明	庞建纲	李　娜	张　杰
张　丹	孟晓丽	刘若莎	田婧路	杨红涛	张有军

前言

天然林是天然起源的森林，是森林资源的精华和主体，是自然界中群落最稳定、生物多样性最丰富、生态功能最完备的陆地生态系统，对维护陆地生态平衡起着决定性作用。

河北天然林占森林面积的57%，是河北森林资源的核心。这些天然林主要分布在京津冀生态脆弱区和主要河流水源的源头地区，在京津冀生态支撑区建设中发挥着关键作用。自2016年国家全面停止天然林商业性采伐以来，河北积极推进天然林保护修复工作，森林资源得到休养生息，生态环境得到改善。但是，由于世代掠伐、长期破坏，全省天然林以低质低效林为主，天然林保护修复工作仍处于初级阶段。

保护天然林，首先要引导社会公众了解天然林，河北的森林哪些是天然林？这些天然林具体分布在哪里？有什么样的价值？这些林地质量如何？怎样去保护这些天然林？厘清这些问题，对指导当前天然林保护工作，具有十分重要的现实意义。

天然林是由多树种自然生长形成的森林类型，生物多样性和生物链结构非常复杂。河北地处暖温带，位于亚热带与温带的过渡地带，植被类型复杂。认识天然林，必须从构成天然林群落的主体即森林树种入手，从每个树种群落生物结构及动态变化中把握森林群落的演替规律，从每个树种的自然分布区域中找到与当地自然条件相互适应的规律，从每个树种个体中体会天然林的价值所在，更加准确地把握天然林的内涵，了解天然林在调节气候、固碳释氧、固土涵水、防风固沙等方面的价值体现，充分认识不同树种的生态、经济、文化、美学价值，从而更加科学有效地保护和利用森林资源。

认识和了解天然林结构组成和森林演替规律，是认识森林的基础。通过对河北天然林组成树种的深入解读，可以指导全省各级林业主管部门和广大林业干部职工深入了解天然林，提高社会的认知水平和重视程度，引导人们从天然林被动保护逐步转变为主动保护，调动全社会力量，积极参与全省天然林的保护与恢复工作，促进社会生态文明建设快速发展。

为此，近年来，河北天然林保护中心从基础工作入手，组织有关技术人员多次深入广大天然林区，开展了深入细致的调查研究，搜集了大量文献资料，对全省主要天然林树种进行了深入调查，拍摄了大量现场图片，编写了这本专业书籍。该书较为详细地分析了30多个主要天然林树种（树种组）的分布规律、生物学特性、群落特点、利用价值、植物文化、自然更新状况等重点内容，在此基础上提出了不同树种的保育措施。同时，整理了河北分布的近百种天然林树种的图片资料，为直观认知河北天然林奠定了基础，为指导全省科学保护天然林提供了依据。

书中涉及的植物学名，除引用的文献资料外，木本植物以《河北树木志》为准，草本植物以《中国植物志》为准。书中引用的数据，仅供参考之用，特此说明。受条件限制，本书仅对部分主要天然林树种进行了研究探索，尚有很多植被类型和树种需要进一步研究，期望后来者补充完善。

在本书编写过程中，得到了有关专家与各级林业部门的大力支持和帮助，在此一并表示感谢。由于时间仓促和水平有限，本书难免存在不足和疏漏，敬请批评指正。

目 录

前言

第一篇　总论 ... 001

第一章　天然林概述 ... 002
1. 天然林特点 ... 002
2. 天然林类别 ... 003
3. 天然林结构 ... 005
4. 天然林价值 ... 006
5. 认知天然林是做好天然林保护修复工作的基础 ... 008

第二章　河北省天然林主要林分类型 ... 009
1. 天然阔叶林 ... 010
2. 天然针叶林 ... 010
3. 天然针阔叶混交林 ... 011
4. 天然灌木林 ... 012

第三章　河北省不同演替阶段的天然林 ... 012
1. 原生的天然古树林 ... 012
2. 成熟和近熟天然次生林 ... 014
3. 中龄天然次生林 ... 015
4. 幼龄天然次生林 ... 015
5. 天然灌木林 ... 016
6. 荒山荒地 ... 017

第二篇　各论 ... 019

第一章　天然针叶林树种 ... 020
1. 云杉 ... 020
2. 油松 ... 027
3. 华北落叶松 ... 036
4. 侧柏 ... 044
5. 杜松 ... 052

第二章　天然阔叶林树种 ... 057
1. 栎类 ... 057
2. 桦树（树种组）... 071
3. 山杨 ... 083
4. 椴树（树种组）... 089
5. 胡桃楸 ... 098
6. 榆树类 ... 104
7. 香杨 ... 112
8. 五角枫 ... 116
9. 栾树 ... 123
10. 黄连木 ... 127
11. 鹅耳枥 ... 132
12. 黄檗（黄波萝）... 139
13. 漆 ... 145
14. 青檀 ... 153
15. 流苏树 ... 158
16. 水曲柳 ... 162

17. 文冠果 …… 166
18. 臭椿 …… 171
19. 构树 …… 176

第三章　天然灌木树种 …… 182

1. 黄栌 …… 182
2. 野皂荚 …… 187
3. 山杏 …… 191
4. 酸枣 …… 197
5. 榛子 …… 202
6. 荆条 …… 207
7. 迎红杜鹃 …… 213
8. 天女木兰 …… 219
9. 沙棘 …… 224
10. 柠条 …… 229

第四章　其他天然林树种（图片） …… 233

1. 白蜡树（苦枥木） …… 233
2. 柳树类 …… 235
3. 臭檀 …… 236
4. 黑枣（君迁子） …… 237
5. 坚桦（杵榆） …… 238
6. 黑弹树 …… 239
7. 大叶朴 …… 240
8. 楸树 …… 241
9. 花楸树 …… 242
10. 苦楝 …… 243
11. 臭冷杉 …… 243
12. 柘树 …… 244
13. 山合欢 …… 245
14. 鸡桑 …… 245
15. 省沽油 …… 246
16. 毛梾 …… 246
17. 青楷槭、青榨槭 …… 247
18. 八角枫（瓜木） …… 249
19. 千金榆 …… 249
20. 大叶朴 …… 250
21. 盐麸木 …… 250
22. 山荆子 …… 252
23. 杜梨 …… 254
24. 稠李 …… 256
25. 山桃 …… 257
26. 丝绵木 …… 258
27. 榆叶梅 …… 259
28. 野山楂 …… 260
29. 丁香 …… 260
30. 崖椒 …… 264
31. 绣线菊 …… 264
32. 鼠李 …… 265
33. 六道木 …… 266
34. 东陵八仙花 …… 267
35. 溲疏 …… 267
36. 接骨木 …… 268
37. 刺五加 …… 269
38. 陕西荚蒾、鸡树条荚蒾 …… 270
39. 锦鸡儿 …… 271
40. 胡枝子 …… 271
41. 大叶小檗 …… 272
42. 裤裆果 …… 274
43. 金露梅 …… 275
44. 银露梅 …… 276
45. 虎榛 …… 276
46. 山刺梅 …… 277
47. 刺果茶藨子 …… 279
48. 照山白—白花杜鹃 …… 280
49. 忍冬 …… 280
50. 锦带花 …… 281
51. 扁担杆（孩儿拳头） …… 282
52. 野花椒 …… 283
53. 南蛇藤 …… 284
54. 软枣猕猴桃 …… 285
55. 葛 …… 286
56. 蛇葡萄 …… 286
57. 五味子 …… 287
58. 枸杞 …… 288

第一篇 总论

第一章　天然林概述

森林是陆地上最大的生态系统，是人类的发源地和庇护所，人类从森林中走来，森林与人类的生存、繁衍、发展息息相关。保护天然林就是保护人类赖以生存的家园，修复天然林就是重建人类生态文明。

自然界生长的天然林是地球历史发展过程中形成的自然景观。近代生态学理论研究表明，天然林是陆地生态系统中组成结构最复杂、生物种类最丰富、适应性最强、稳定性最好、功能最完善的生态系统，对改善和维护陆地生态系统生态平衡起着决定性作用。

天然林是以树木为主体的生物群落，它既受其周围环境的影响，同时也深刻影响与改变着周围环境。天然林中不仅有各种乔木、灌木、草本、藤本、寄生、附生植物以及苔藓、地衣类植物生长，而且还有依靠森林植物为生的昆虫、鸟类、兽类动物，也有依靠动物为生的一些食肉动物以及依靠森林中死亡有机体为生的细菌、真菌等一些腐生生物分解者生存。许许多多生活在森林中的植物、动物、微生物既是相互独立的生命个体，又是与周围光、热、大气、水、土、岩石及生物有机体之间相互依存、相互制约，不断地进行能量转换、物质循环不可分割的森林生态系统或森林生物地理群落。因此，天然林是森林生物有机体与无机界环境之间密切关系的综合体，是自然界最复杂的能量转换与物质循环的功能系统。

在历史发展过程中，随着人口数量的不断增加，特别是近代工业革命后汽车的出现和交通运输条件的改善，人类的活动范围不断扩大，真正的原始森林已经很少，经过人类的长期采伐、破坏、干扰，形成目前的森林景观。因此，现在的天然林主要指人类干扰破坏较少，主要依赖自然繁殖、生长形成的森林。

天然林不仅具有"空调器"与"呼吸机"的作用，而且永不停歇地发挥着保护自然环境、储存降水、涵养水源、固土保肥等作用，为人类社会可持续发展提供动力与保障。对天然林的破坏，就是对人类生存环境的破坏。保护天然林，就是保护自然遗产，就是保护我们的家园。保护天然林，应高举生态伦理的旗帜，尊重自然，顺应自然，促进天然林与人类和谐共生。

1. 天然林特点

天然林的特点可以概括为以下几点。

（1）适应性强

天然林是树木和自然环境长期相互作用，相互适应的自然选择结果，因而天然林对当地环境具有很强的适应能力，天然林树种都是最适宜当地生长的乡土原生树种，有较高的自适应性。地带性树种都属于典型的乡土树种，如河北的落叶栎类等。

（2）具有自我修复能力

天然林一般都具有较强的再生恢复能力，在受到自然或人为因素干扰破坏后，能够通过种子繁殖或萌生繁殖较快地恢复。阔叶林具有萌生能力，自我修复能力比针叶林强。天然林较强的修复能力也是确定天然林保护修复"自我修复为主"的原则依据。在一定区域内,一些自我修复能力较弱的树种,往往会成为小种群树种。

(3) 生物多样性高

天然林生态系统复杂,具有较高的生物多样性和基因多样性,林内有大量的植物、动物、微生物,这些生物资源都是人类生存依赖的难得的宝贵资源。由于天然林生物链完整,生物之间相互制约,病虫害均在自控范围,森林群落的稳定性和抗逆性都很强。《小陇山栎类混交林经营》记载,锐齿槲栎林内有乔灌草植物近160种。河北的天然栎林中植物种类也常达数十种。

(4) 层次结构复杂

完整的天然林从上到下可分为乔木层、亚乔木层、演替层、灌木层、更新层、草本层和苔藓地衣层以及层间植物和层外植物等。天然林群落结构合理,在林分构成、林层分布、林龄结构、树种结构等都是经过长期更新、演替、适应形成的优化结构,在提高地力、防止水土流失和净化水质以及改善生态环境方面的作用较大。

(5) 生命周期和演替时间较长

原始林是在原生裸地上,通过漫长的系列演替,最终走向顶极,形成顶极群落。而天然次生林则是在次生裸地上进行的系列演替。把握森林的演替规律,是科学保护修复天然林的必然要求。

2.天然林类别

(1) 根据天然林受干扰破坏程度及演变退化过程划分

天然林可以划分为原始天然林、退化天然林、天然次生林、天然疏林、天然灌木林。

①原始天然林。指没有经过人类经营活动或人为破坏的天然林。是由原生裸地上开始的植物群落,经过一系列原生演替所形成的森林。地球上的原始森林丰富多样,几乎遍布全球各地。集中散布在赤道附近的热带雨林和高纬度的寒温带针叶林,分布于俄罗斯、加拿大、亚马孙的森林是世界上面积最大的几片原始森林。在印度尼西亚、巴布亚新几内亚、巴西、刚果(金)的原始森林拥有非常高的生物多样性,具有很高的保护价值。我国原始森林占森林面积的5%~7.5%,主要分布在西藏、云南、内蒙古、黑龙江、四川、陕西、海南、山西、吉林、湖北等地。如海南热带原始雨林、西藏原始林、新疆阿尔泰山原始针叶林、云南普达措针叶林、新疆原始胡杨林、兴安岭红松原始林,河北几乎已不存在原始林。

②退化天然林。指林龄较长(主林层林龄超100年),建群树种以胸径较大的林木构成,受人类干扰破坏影响较小,基本保持原始林况,处于高度恢复的演替中的原始林或天然林。林分层次明显、林分生物多样性较高,林分基本保持原有森林生态系统调节恢复能力。如小五台山自然保护区核心区深山里的栎林古树群、祖山林场的蒙古栎古树群、丰宁千松坝林场天然云杉林、隆化碱房林场碑梁林区的天然落叶松林等,都可以作为退化天然林对待。这类天然林数量稀少,分布偏远,要重点保护。

③天然次生林。又称再生林,指原始林被破坏后通过次生演替而生长起来的森林。由于自然因素(如山火、虫灾、水灾等)或木材产品的过度采伐利用、开垦耕种等不合理的森林经营活动把原有群落

毁灭，在被毁灭的群落基质上进行的演替就是次生演替，次生林的树种多是先锋树种。次生林是原始森林生态系统的一种退化，生态系统的基本结构和固有功能遭到破坏或丧失，生物多样性下降，稳定性和抗逆能力减弱，系统生产力水平下降。河北现有天然林大多都是经过采伐破坏后形成的天然次生林。天然次生林的主要特征：一是中幼龄林较多。由于受到人类的砍伐破坏的影响，森林很难生长到成熟，多为经过多次采伐形成的中幼龄林。二是根蘖萌生形成的林分较多，实生苗形成的林分较少。由于栎类、桦树、山杨等天然林树种具有较强的萌生能力，采伐后通过根系很快就能萌生成林。三是前期生长迅速，需要及时定干修枝培育，否则很难成材。四是相对原生天然林而言，林分稳定性较差，同龄林较多，抗逆性较差。五是天然次生林针叶树较少。由于多数针叶树缺乏萌生能力，因此导致天然次生林少见针叶树。

④天然疏林。指原有天然林地经过长期采伐利用，造成林地乔木树种郁闭度小于0.2，仍有稀疏的天然乔木树种分布的天然林地。天然疏林具有天然乔木林恢复基础，经过一段时间封育保护和修复能够形成天然乔木林。如果继续遭到破坏，将逆向演替为灌丛或草地。如接坝山地的白桦疏林、太行山区的侧柏疏林等，都是人为破坏后形成残次疏林。在河北坝上山地向草原的过渡地带分布着一些自然形成的稀树草原，如丰宁永泰兴的榆树稀树草原景观。

⑤天然灌木林。指处于陡坡、立地条件脆弱地区天然生长形成的灌木林，以及由于受到放牧等长期破坏形成的天然灌丛。原有乔木林退化形成的灌木林地，或原有林地暂时失去乔木树种的更新基础，退化为荒山后，经过封育形成的天然灌木林，都属于这种群落类型。如荆条、酸枣、榛子、杜鹃、黄栌等。山杏和野皂荚原本属于小乔木类，但由于频繁破坏，多呈灌木状生长。因此，也有人把山杏和野皂荚列入灌木类的。

除上述类别之外，天然灌草植被退化的极致状态为次生裸地，是森林演替的初始状态。

（2）根据天然林群落树种类型划分

天然林可以划分为天然针叶林、天然阔叶林、天然针阔叶混交林。

①天然针叶林。指由针叶树种建群组成的天然林。河北的天然针叶林包括云杉林、落叶松林、油松林、侧柏林、杜松林5种。现有的天然针叶林，除油松外，其他分布面积都不大。云杉、落叶松林主要残存在燕山、接坝山地、太行山的高海拔山地，年龄多在百年以上。杜松主要分布在冀西北山地涿鹿、尚义一带。此外，在小五台山还有少量的臭冷杉分布。

②天然阔叶林。指由阔叶树种建群构成的天然林。河北为暖温带落叶阔叶林区，全省的天然林以落叶阔叶林为主，主要包括栎林、桦树林、山杨林、椴树林、鹅耳枥林、胡桃楸林、五角枫林、槭树林、漆树林、黄连木林、栾树林、野皂荚林、榆树林、柳树林、臭椿林、构树林、山杏林、丁香林、天女木兰林、山荆子林、荆条灌丛、酸枣灌丛、沙棘灌丛、榛子灌丛、虎榛子灌丛、杜鹃灌丛、黄栌灌丛、绣线菊灌丛、胡枝子灌丛、溲疏灌丛、六道木灌丛、山桃灌丛、欧李灌丛、金缕梅灌丛、银缕梅灌丛等。此外，还有野生猕猴桃、葛、山葡萄、南蛇藤等木质藤本植物群落。

③天然针阔混交林。主要指天然林在演替过程中形成的包括针叶树和阔叶树混合生长的森林，如燕山东部的松栎混交林、小五台山、雾灵山高海拔地区的桦树—云杉天然混交林，桦树—落叶松天然混交林，太行山区的侧柏—灌丛混交林。这类森林的生态稳定性较强，生物多样性较好，森林质量较高。

（3）根据森林分类经营理论分

天然林划分为天然公益林和天然商品林。

①天然公益林。指以生态效益为主要经营目的的天然林。

②天然商品林。指以经济效益为主要经营目的的天然林。

（4）按照森林起源和近自然经营理论划分

天然林划分为乔林、矮林和中林。

①乔林。种子繁殖的实生林。此类林地的树木一般种实量较大，种子萌发能力良好，幼苗及幼树有一定耐阴能力，因而在林冠下常能通过种子繁殖实现自我更新。其特点是每一棵树都起源于种子，幼化程度100%，可以长久生活，寿命长，树体高大通直，是天然群落的建群树种，也是近自然经营理论追求的"目标树"。这类林地层次性好、生物多样性高、森林水土保持、木材生产和碳汇能力均比较强。由阔叶树种子发育的天然乔林在河北已经很少了。

②矮林。阔叶树一般萌生能力都很强，林木采伐后可通过伐桩萌生或根部萌蘖成林，即萌生矮林。矮林的生物学特性与实生树不一样，萌生树的年龄携带着老桩的年龄信息，从开始就是一株已经"老"了的树，生长活力打了极大的折扣。萌生树生长衰退，距离伐桩越近越容易老化。过于老化的矮林，结实率很低，甚至种子也不发芽，本身几乎丧失了天然更新能力，木材生产能力低，生态功能也很差，如果没有科学经营，会提早开始退化，最终逆向演替回到灌丛阶段。这类森林，常是改造的对象。河北大部分天然阔叶林都属于矮林，尤其是栎林绝大部分都是退化矮林。

③中林。实生、萌生起源混杂的林分就是中林，林分质量介于乔林和矮林之间。这类林分是需要修复和质量提升的林分。

3. 天然林结构

天然林结构是评价天然林质量的重要指标。决定了天然林能够发挥的功能和生态经济效益，天然林的林分质量和结构，决定了天然林地生产力水平。合理林分结构的天然林，有较强的生态防护能力和抵御病虫害等自然灾害的抗逆能力。一般来说，人类干扰越少、自然生长演替时间越长的天然林，生物多样性越好，林分结构和生物结构越合理。经过长期自然更替演化形成的天然林，具有包括各类乔木、灌木、草本在内的科学合理的生物种群结构，生物群落地上空间利用结构和地下的植被根系与土壤岩石形成的高度契合的耦合结构，是天然林具备较强生态功能的基础。

（1）生物种群结构

主要指特定区域天然林中不同生物种群分布的范围、规模、数量、密度等。包括乔木树种结构、灌木树种结构，草本植物构成，菌类生物、野生动物种类构成等。

（2）天然林树种结构

指特定天然林区域内不同树种的面积比例，株数比例、密度分布。具体包括主要建群树种、伴生树种面积比例、蓄积比例，不同灌木树种面积比例、株数比例等。

（3）林龄结构

主要指特定区域内天然林主要建群树种的主林层和其他林层不同龄级树种株树比例，包括伴生树种不同龄级株树比例。

（4）径级结构

指特定区域内天然林主要树种的林木径级分布比例。

（5）林层结构

指天然林的层次构成，完整的天然林林层结构应该包括主林层、次（亚）林层、演替层、更新层、灌木层、地被层。林层越多，森林的生态功能越强。

（6）天然林结构的主要量化指标

乔木分布面积比例、乔木树种密度、不同乔木树种构成比例、生物多样性指数、建群树种密度、郁闭度、林龄结构及不同林层的株树比例，单位面积的乔木株数、胸径、蓄积量，林层分布结构等，以及灌草植被种类、高度、盖度、多度等。

（7）天然林结构变化动态指标

包括物种增减变化数量及比例，乔木树种分别面积、密度、郁闭度增减变化，林地平均树高、胸径、单位蓄积量增减变化等。

4. 天然林价值

（1）天然林具有较高的生态服务价值

天然林经过长期的自然演替，形成较为完善的生态系统和林分结构，地上部分，乔木层、亚乔木层、下木层、灌木层、更新层、草本层和苔藓地衣层以及层间植物和层外植物乔灌草结构完整、构成复杂；地下部分，深根系、浅根系层次丰富。复杂的森林结构，表现出更加强大的生态服务功能：①光能利用率高，同化能力强，生物量大，具有较高的固碳作用，是实现碳汇的重要载体。天然林地下长期生长形成的发达根系，同样具有强大的固碳能力。②对雨水的层次截留和存储能力强，地表径流小，生物涵水、枯落物层及土壤涵水能力强，固土防沙效果好，土壤流失少。③林地土壤营养丰富，具有自肥作用，不会形成土壤灰化和枯落物长期堆积现象，土壤养分转换及时，吸收充分，物质能量变换速率快。④多树种混交，不会形成大面积的、单一的病虫害，抗逆性和自我修复能力强。总之，天然林具有较高的水源涵养、防风固沙、水土保持、调节气候、净化空气、改良土壤、固碳释氧、生物多样性保护等生态防护价值，这也是天然林的主要价值功能体现。

（2）天然林是最丰富的基因库和种质资源库

天然林具有较高的生物多样性，林内包括各类的乔木、灌木、草本、苔藓、地衣、菌类、野生动物等，物种丰富。全球有50%的生物物种可以在森林中找到。据研究，每种植物约有40万个基因，每一片森林就是一座庞大的基因库。天然林这种丰富的生物遗传基因库和植物种植资源库是人类宝贵的自然财富，通过人工培育可以增量扩繁濒临灭绝的植物、高价值资源植物、特种价值植物，为人类创造不可估量的社会和经济价值。目前大量栽培的油松、落叶松、云杉等人工林树种，原生种源都来自天然林。人工种植的中草药材如五味子、杜仲、黄檗、三七等名贵中药材，其种源都来自森林。野生水稻的基因利用，紫杉醇、青蒿素的发现与应用，都是野生基因资源开发利用的成功范例。随着人类的科技进步，人类对森林认知水平的提高，野生资源的价值、基因库的作用将越来越多地得到体现。

（3）天然林具有很高的经济价值和开发潜力

森林产出的林产品非常丰富，这些林产品是重要的生产生活资料，是国民经济的基础产品。主要的森林产品有：①木材：我国80%的木材蓄积来自天然林，木材曾经为国民经济发展做出了重要贡献。河北主要产材树种有落叶松、油松、樟子松、栎类、桦树、山杨、椴树、柏木、杨树、柳树、榆树等。珍稀木材树种有水曲柳、胡桃楸、黄檗、坚桦（杵榆）、柘树等。②森林食品：包括干鲜果品、油料、淀粉、森林蔬菜、糖料、饮料、香料、大型森林食用真菌、昆虫蛋白等。如枣、山杏、核桃、蓝莓、榛子、橡子、葛根、百合、蕨菜、香椿芽、木兰芽（栾树芽）、野花椒、沙棘、糖槭液、桦树汁、桂皮、八角、松蘑、桦蘑、知了等。③森林药材：如刺五加、酸枣、黄柏、五味子、杜仲、连翘、人参、灵芝、柴胡、黄精、黄芩、苍术等。④林产化工产品：如松香、松节油、生漆、桐油、虫蜡、木质素、纤维素、烤胶、单宁、玫瑰精油、文冠果油、荆条精油、木辣油等。⑤薪材：如刺槐、柠条、榛柴、野皂荚、虎榛子等。⑥生物质柴油：如黄连木生物柴油、文冠果油等。⑦森林花卉：如丁香、玫瑰、迎红杜鹃、锦带花、绣线菊、溲疏、荚蒾、东陵绣球、天女木兰、流苏、杜梨、栾、金银木、大花杓兰、蓝刺头、北重楼、铃兰、胭脂花、金莲花、马蔺等。⑧藤条编制类：如荆条、葛、南蛇藤、野皂荚、虎榛子、胡枝子等。⑨绿化苗木：如云杉、油松、侧柏、杜松、五角枫、椴树、青榨槭、栾、栎类、白蜡、丝棉木、六道木、红瑞木、文冠果、柠条等。此外，森林旅游、森林康养、森林休闲、林下经济等正成为新兴业态。

（4）天然林具有较高的景观价值

天然林植被类型多样，群落构成复杂，树木种类繁多，不同植物具有不同的景观特点，呈现不同的自然美学景观价值。不同的植被组合，也会呈现不同的自然山野景观。不同的季节，不同的森林群落，也会呈现不同的季相森林景观。春季各类花卉次第开放，如山杏、杜鹃、山桃、丁香、山丁子、连翘、锦带花、椴树、天女木兰、流苏等都是常见的天然花木。承德地区举办的山杏花节、杜鹃花节，都是大型的野生花卉景观，祖山林场春季的天女木兰节更展现出了独特的吸引力。夏季绿意盎然的森林形成的舒适凉爽的森林环境，与小溪、河流、瀑布形成引人入胜的画卷。如塞罕坝、雾灵山、小五台山、驼梁、白石山、百草畔、黄羊山、桦皮岭、祖山、云雾山等，都是夏季休闲避暑、康养的圣地。负氧离子有"空气维生素""长寿素"之称，森林中的负氧离子含量可高达2万个/cm^3，而拥挤的城市环境只有100个/cm^3左右。秋天是森林季相色彩最丰富的季节，黄叶的有落叶松、桦树、胡桃楸、椴树、栾、构、野皂荚、荆条、胡枝子、绣线菊等，红色的有栎类、五角枫、白蜡树、柿、黄连木、漆、花楸树、黄栌、山杏、盐麸木、小檗等，绿色的有油松、侧柏、云杉、杜松等。红、黄、绿多彩搭配，自然天成的山野秋景美轮美奂。像秋天塞罕坝金黄的落叶松林、桦树林景观，仙台山黄栌红叶景观、燕山地区的栎类红叶景观、五角枫红叶景观，都是大型的秋叶彩色景观。冬季落叶后的白桦林像一幅白色的油画，与常绿的松柏、云杉等树木界限分明，像酸枣、柿子、花楸树、山楂、山荆子等宿存枝头的红果与皑皑白雪相映成趣。常绿的松柏、云杉结成的雪松、雾凇、雨凇，形成奇特的冬季景观。在一年四季中，随着季节的变换，天然林呈现的春季花开烂漫、夏季碧绿满山、秋季色彩斑斓、果实累累、冬季银装素裹等不同季相景观。

（5）天然林具有较高的文化价值

植物文化是指人与植物的一切关系的总和，是人类在认识、选择、利用植物过程中形成的各种生产方式。森林是人类的发祥地，人类的发展、风俗习惯的形成、民族性格的培养、文化传承、价值取向等都与森林文明息息相关。如原始人最早用树枝搭建的草屋、最早记载文字的甲骨、竹简、利用构树皮制作的纸张、杜康在树洞里发现最早的"酒"、7000年前河姆渡出土的漆器……人类生活与树木息息相关。树木崇拜，更是赋予了树木高尚的道德精神内涵。松柏为柏木之长，孔子《论语》："岁寒然后知松柏之后凋也"，象征着中华民族正气凛然，不屈不挠的民族性格。菩提树是佛教大彻大悟和明净纯洁的象征、松柏寓意长寿无边、榆树寓意年年有余、银杏寓意幸福美满。年轻人结婚的嫁妆里要放桂圆、红枣、花生、石榴、核桃，寓意团团圆圆、红红火火、早生贵子。"没有梧桐树引不来金凤凰"、加拿大的枫叶国旗、中国各个地区的市树市花、中国源远流长的茶文化……植物文化无处不在。树木浓郁而久远的文化气息和厚重的历史积淀，已超越"树"的自然属性，形成一种独特的植物文化。这种天人合一、人与自然和谐相处的理念，闪耀着现代生态文明之光。

5.认知天然林是做好天然林保护修复工作的基础

天然林起源古老，生命力顽强，适应能力强，结构复杂，生态服务功能强，林产品资源丰富，是天然的资源库，贮水库，基因库、炭贮库和能源库，是不可替代的自然资源，也是天赐的宝贵财富。保护天然林要从了解天然林入手，认识天然林与人类的关系，认清天然林的生态经济价值、历史文化和科研价值，尤其是天然林在调节气候、固碳释氧、固土涵水、防沙治沙等方面的地位作用和对人类生存、生产生活的重要意义。历史上华北地区森林茂密，然而，由于世代掠伐，长期破坏，全省天然林仍然以低质低效的退化林、萌生矮林、稀疏森林、天然灌丛为主，天然林保护修复的制度体系尚不完善，技术支撑体系也没有真正形成，生态修复工作仍处于初级阶段。作为主管部门的各级林业和自然资源部门，应该首先充分了解本地天然林的主要构成树种、分布范围、生长现状、现有规模及历史演变过程、主要危害因素，以便指导林区有的放矢地采取行之有效的措施，精准确定保护重点、保护方式和保护措施，科学制定保护工作的实施方案，有计划、有步骤地开展天然林保护修复，构建生态稳定、结构合理、功能强大、林木景观美丽的天然林生态群落系统。

对于基于传统的林产品采集利用上的原始的和狭隘的功利林业，我们常认为对天然林的认知已经足够多；而对于基于现代生态文明思想和碳汇集、碳中和、碳达峰背景下的生态林业，我们对天然林仍然有很多未知因素。走入森林，洄游人类曾经的发祥地，去重新认识森林，把握森林生命脉博的律动，感受森林的呼吸，聆听森林的声音，实现人与自然的有效沟通、和谐互动。顺应自然，保护自然，构建人与自然命运共同体，更好地践行国家意志和历史使命，为建设美丽中国、美丽河北作出贡献。

第二章 河北省天然林主要林分类型

森林分布与地理气候条件密切相关。河北从南向北跨越暖温带和温带两个气候带，位于亚热带与温带的过渡地带，形成了南北兼有的植被类型，具有明显的过渡性特征。在中国植物区划中，河北植物区系属于泛北极植物区的中国—日本植物亚区，植物成分以第三纪植物残遗的西伯利亚成分为主，兼有部分东亚—北美洲成分、中国—日本成分和热带植物成分，植物区系比较复杂。地带性特征明显，包括暖温带落叶阔叶林和温带针叶林两大类。按垂直带谱从上到下，依次为山地针叶林、针阔叶混交林、落叶阔叶林、半旱生灌草丛。

总体来说，河北以暖温带落叶阔叶林为主，北部有少量温带针叶林。据统计，全省有植物种类156科2800多种。其中，《河北树木志》收录的木本植物（含京津野生种类）有77科204属625种150变种和变型。据《河北省志》第17卷林业志记载，有351个树种为河北天然林原生树种。按属分，河北常见主要乔木属包括栎属、杨属、柳属、桦木属、榛属、鹅耳枥属、松属、落叶松属、云杉属、侧柏属、槭属、栗属、榆属、椿属、胡颓子属、核桃属、桑属、椴属等；河北广泛分布的灌木属包括黄栌属、忍冬属、荚蒾属、茶藨子属、蔷薇属、绣线菊属、杜鹃花属等；属于温带成分的属包括旧大陆温带成分的属如丁香属、梨属、瑞香属、连翘属等，以及温带亚洲成分的属如杭子梢属、李属等。河北还分布一些具有南方亲缘关系的树种。如柿、枣、盐肤木、文冠果、荆条、榉树、朴树、合欢、薄皮木、天女木兰、黄连木、漆树、楸树、桑树、瓜木、省沽油、榔榆、青檀、柘树等。

此外，河北还分布一些难得的珍稀野生资源，如臭冷杉（小五台），白杆（小五台、雾灵山、承德接坝山地等），青杆（同白杆分布），杜松（涿鹿、尚义、赤城等），梧桐杨（雾灵山、小五台、井陉、灵寿），香杨（茅荆坝林场、平泉大窝铺林场、兴隆雾灵山），野核桃（太行山山谷杂木林），核桃楸（燕山、太行山深山溪谷），河北核桃（太行山中部和北部），千金榆（雾灵山、太行山中部和北部），铁木（兴隆雾灵山），青檀（太行山及燕山东部）、脱皮榆（丰宁），河北梨（燕山沟谷），领春木（武安梁沟），天女木兰（祖山、都山），北五味子（雾灵山、小五台、西部山区），美蔷薇（太行山、燕山），迎红杜鹃（燕山及太行山高海拔区域），黄檗（燕山、太行山沟谷），省沽油（青龙都山、兴隆雾灵山、易县大北山、井陉仙台山等），毛梾（青龙、蔚县、灵寿、井陉、赞皇等），风箱果（承德、兴隆雾灵山灌木丛中），黄连木（太行山区），文冠果（小五台、张家口、丰宁、隆化、涞源等），野漆树（太行山中南部沟谷川地），紫椴（燕山、太行山、冀西北山地，尚义大青山有集中分布），糠椴（冀北山地、太行山中北部、燕山山地），楸（太行山中南部地区），刺楸（青龙、兴隆、遵化、北戴河、太行山区低山阔叶林中），枱木（燕山东部、太行山中部、小五台山等）、怀槐（丰宁、平泉、青龙），臭檀（丰宁、蔚县、涞源、顺平、内丘、武安、信都白云山、井陉仙台山等），青榨槭（小五台、雾灵山、都山、赞皇、武安），省沽油（井陉仙台山、赞皇、平山等），北枳椇（易县云蒙山），八角枫（涉县东山），瓜木（太行山），灯台树（河北东北部山区），山茱萸（井陉、内丘等），流苏树（太行山、燕山东部及南麓），山葡萄（燕山、太行山），野猕猴桃（太行山、雾灵山、小五台）等。由于我们对这些树种的了解很少，其保护与利用水平很低。

河北天然林常见的植被类型与种类并不是很多，主要群落类型有以下4种。

1. 天然阔叶林

主要包括栎林、桦木林、山杨林、椴树林等典型山地夏绿阔叶林。

（1）栎林

是河北分布最广、面积最大的天然林植被，包括蒙古栎、辽东栎、槲树、槲栎、栓皮栎、麻栎等。栎林是河北地带性植被，燕山山系、太行山系、恒山小五台、冀北山地（阴山余脉和七老图岭）从海拔100~1500m的各种坡向上均有分布。南部太行山以栓皮栎、辽东栎、蒙古栎为主；北部以蒙古栎为主；燕山东部秦皇岛抚宁、青龙及山海关林场等地槲树、槲栎、麻栎较多。

（2）桦树林

主要有白桦、红桦、黑桦、风桦、坚桦等树种。桦木林是在华北落叶松、云杉、栎林遭到破坏后发展起来的次生植被，面积大，仅次于栎类。主要分布在燕山、冀北山地、小五台山及太行山北部高海拔地区。垂直分布1000~2000m。

（3）山杨林

是温带的落叶阔叶林类型，多是在栎林、针叶林迹地上发展起来的次生植被。主要分布在北部山区和太行山北部地区，分布海拔800~1800m。多分布在阴坡、坡麓、沟谷。山杨林有纯林，但也常与桦树混交，形成杨桦混交林。

（4）椴树林

在河北主要有蒙椴、紫椴和糠椴3种。椴树林也是温带与暖温带的典型落叶阔叶林，在河北纯林较少，常与其他落叶阔叶树混交，俗称椴树杂木林。主要分布在冀北和冀西北山地、燕山、小五台山及太行山北部地区海拔700~1800m。尚义县南壕堑林场大青山林区和桂沟山林区有集中连片的紫椴天然林分布。椴树为耐阴树种，多分布在阴坡、半阴坡的凹处。

其他次生阔叶林如胡桃楸林、鹅耳枥林、山杏林、野皂荚林、榆树林、丁香林、河谷柳树林等，也有较大面积的群落分布。而槭类、黄连木、漆树、栾树、白蜡、青檀、花楸、臭椿、香杨、青杨、构树、桑树等树种，其纯林群落自然分布面积都不大，多为混交、伴生或散生形式存在，少见集中连片分布。

2. 天然针叶林

主要包括油松、落叶松、云杉、侧柏4种。

（1）油松林

是河北暖温带落叶林区的一种重要森林类型，分布范围广，面积大。其天然林主要分布在燕山地区和冀北山地，太行山区有少量分布。秦皇岛、唐山、承德3地分布面积占总分布面积的98%，是天然油松的主分布区。迁西、青龙、抚宁分布面积都达到万公顷以上。在围场木兰林场孟滦分场有近千公顷集中连片的天然油松林。易县蔡家峪、阜平等地有集中分布的油松飞播林。油松垂直分布下限不明显，上限约1600m，主要分布在中低山区，集中分布于海拔800～1300m。

（2）落叶松林

主要分布于中高山地区，是河北分布最高的森林组分。主要分布在燕山地区、接坝山地、小五台山地区，太行山区海拔1400m以上也有少量分布。在塞罕坝阴河林场丰富沟林区、隆化碱房林场碑梁林区、赤城的黑龙山和大海陀林场、阜平驼梁山林场辽道背、小五台山、木兰林场等地有成片天然落叶松分布，但面积都不大。目前，河北天然落叶松林已经很少，已成为珍稀资源。

（3）云杉林

耐寒林分类型，为河北山地垂直带组分，主要分布在1500m以上的山地，天然林面积已经很少。在小五台山自然保护区、丰宁大滩千松坝森林公园、塞罕坝林场北漫甸分场三道沟林区、雾灵山等地，有集中连片的天然云杉林分布。

（4）侧柏林

是河北低山丘陵区自然分布的一个主要树种，天然林主要分布于海拔1200m以下的山坡、悬崖和裸露的石质山地，在太行山区多分布于海拔800m以下。在燕山北麓的承德地区分布较多，在太行山区从北向南呈逐步减少趋势，太行山南部地区天然松柏林稀少，主要是由于历史上遭到的破坏更加严重。在平泉、兴隆、承德县、涿鹿等地有面积达数百公顷的集中连片分布。

此外，河北还有少量天然杜松林，主要分别在张家口市涿鹿县大堡镇下刁蝉村和辉耀乡姚家沟村。在尚义、黑龙山林场等地也有零星分布。尚义县小蒜沟下乌兰哈达村有小片天然杜松林，其中，最大的杜松古树胸径达到48cm。

臭冷杉在小五台自然保护区和雾灵山自然保护区有小片分布，数量稀少。

从外地引进的针叶树种，规模最大的是坝上地区的樟子松。另外，在隆化县茅荆坝林场20世纪50年代引种的红松，长势良好。近年来，木兰林场在五道沟林场和新丰林场进行了红松引种实验，取得了良好效果。在怀来官厅林场和赤城大海陀等地，有20世纪60年代引种的华山松，长势良好。

3. 天然针阔叶混交林

河北天然针阔叶混交林，海拔在800m以下的低山区域主要有侧柏-栎类混交林、侧柏-油松-蒙古栎混交林、侧柏-臭椿-酸枣-黄栌-荆条混交林、油松-栎类混交林、油松-鹅耳枥混交林、侧柏-油松-青檀栾树-混交林、侧柏-构树-黄栌混交林等；在海拔800m以上山区针阔叶混交林包括油松-栎类-核桃楸混交林；在海拔1500～1800m有落叶松-桦树混交林、云杉-落叶松-桦树混交林等。

4. 天然灌木林

主要包括荆条、酸枣、野皂荚、黄栌、山杏、山桃、绣线菊、平榛、毛榛、虎榛、沙棘、柠条、胡枝子、溲疏等。

集中连片的灌木林中，南部太行山低山丘陵区以荆条、酸枣、野皂荚、黄栌为主；北部地区以山杏、榛类、荆条、黄榆、丁香、映红杜鹃、照山白、绣线菊、胡枝子为主；北部坝上地区以沙棘、柠条、榛类、虎榛为主。在坝上地区及小五台山、雾灵山等高海拔的森林草原过渡地带，有金缕梅、银缕梅灌丛分布。

河北平原地区天然树种主要包括：杨树、柳树、臭椿、白榆、构树、桑树、泡桐等。多为散生，除白榆外，集中连片分布的较少。

第三章 河北省不同演替阶段的天然林

森林演替是一个漫长而又复杂的过程，人为干扰会改变其演替进程。不同演替阶段的森林构成和保护修复对策措施各不相同。河北不同演替阶段的天然林大致可分为以下6个类型。

1. 原生的天然古树林

原生的天然古树林主要指林龄超过百年的天然林。河北的这些天然林多分布在偏远的高山区，人类活动少，干扰较轻。由于数量极少，这些森林具有很高的历史、文化、科研和经济价值，应纳入天然林重点保护范围，实行特殊保护措施和补偿政策。河北的原生古树林有云杉古树林（丰宁大滩、塞罕坝北漫甸、小五台山等），落叶松古树林（隆化碱房林场、黑龙山林场、大海陀林场、小五台自然保护区、塞罕坝阴河林场等），油松古树林（赤城金阁山、清东陵、清西陵等）、侧柏古树林（平泉七沟、涿鹿谢家台等）、杜松古树林（尚义小蒜沟）、蒙古栎古树林（青龙祖山林场、小五台山自然保护区等）、胡桃楸古树林（丰宁云雾山景区）、榆树古树林（小五台山自然保护区、大海陀林场、丰宁草原林场等）、鹅耳枥古树林（信都区白云山景区）、五角枫古树林（平泉松树台、青龙祖山林场、阜平吴王口等）、唐山菩提岛小叶朴古树林、荆条古树林（泊头市齐桥镇大李村）等。

隆化碱房天然落叶松古树林

主要分布在碱房林场碑梁林区阴坡中上部，林龄达百年以上，最大胸径达76cm，树高达25m。平均胸径45cm，面积15hm²，为多代异龄复层天然林。

第三章　河北省不同演替阶段的天然林

千松坝森林公园大滩镇云杉古树林

坝缘沟壑地带生长着数万株天然云杉古树林，沿沟林带长3810m，树龄100~300年，胸径20~95cm，林层分化明显。

赤城金阁山天然油松古树林

位于山坡上部，树龄200年以上，胸径30~80cm，面积14hm²。

尚义县小蒜沟下乌兰哈达村杜松古树林

树龄超500年，最大的一株从基部分为2株，胸径分别为48cm和39cm。

阜平吴王口乡周家河村的侧柏-五角枫原始天然古树林

侧柏树龄超3000年，五角枫树龄也超千年，古树参天。

2. 成熟和近熟天然次生林

成熟和近熟天然次生林主要指经过采伐后生长形成的树龄达到成熟林和近熟林年限，胸径较大且接近停止生长的天然次生林。有些林分由于抚育不及时，尽管胸径不大，但树龄较长，也应纳入成熟林范围。目前，这类森林主要分布在边远山区和交通不便、受人为干扰较少的地区，现存规模较小，约占全省森林的20%以下。此类林地，需要有计划地进行更新。

青龙祖山天然蒙古栎林

青龙祖山林场天然油松林

阜平驼梁山林场辽道背天然落叶松林

3. 中龄天然次生林

中龄天然次生林主要指林龄达到中龄阶段，林木径级达到15cm以上，正处于生长旺盛阶段的天然次生林。对于该阶段的森林要定期开展间伐抚育，保证合理的林木密度，适当增加森林的通透性，提高森林的生长量，保证森林的健康发展。

丰宁两间房林场蒙古栎中龄林

新丰林场经过抚育间伐的天然山杨次生林

4. 幼龄天然次生林

幼龄天然次生林主要指近年采伐形成的林龄较短、径级较小的天然次生林。这类天然次生林多为柞树、桦树、山杨的萌生林，是需要重点封育保护的天然次生林，应及时间伐、定株和修枝抚育，合理调整森林密度，提高森林的生长量和生产力。

河北的天然林主要是中幼龄林，占全省天然林面积的80%以上。

千松坝天然白桦次生幼林

围场县头道川村天然油松幼林

5. 天然灌木林

河北目前的天然灌木林地所占天然林比例超过了40%，这些灌木林地多是乔木林经过人们的长期采伐、开垦和破坏，经过多年发展演变逐渐形成的灌木林，受人为破坏严重，主要由山杏、野皂荚、荆条、榛、酸枣等天然次生灌木林组成。对于林内由零星乔木树种生长的林分，可以加强封育管护，减少人为破坏和干预，逐步恢复增加乔木树种比例；对于缺少乔木林更新基础的天然灌木林，通过引乔入灌、补植引乔等措施，加速灌木林地的正向演替。经过十几年的封山育林，河北的天然林正在从灌木林向乔木林转变，在野皂荚、酸枣、荆条灌木林中逐步增加了栎类、油松、山杏、白蜡、臭椿、榆树、构树、黄连木、柘树、栾树、榉树、省沽油等乔木，封山育林成效开始显现。

井陉矿区清凉山以灌木为主的天然次生林

平山紫云山经过十几年封育形成的天然灌木林

唐县大茂山封育形成的天然林景观（山杏－荆条－侧柏混交林）

6. 荒山荒地

荒山荒地主要指森林植被稀少，植被盖度不足30%，水土流失严重的荒山荒地。追根溯源，这类林地主要是森林植被经过人类的长期采伐、割条、放牧、开垦等破坏活动，植被越来越稀少，逐渐退化成矮小的灌（草）丛，最终形成荒山荒地，严重超出了森林植被的自然恢复能力。尽管进行了多年的造林绿化，全省的荒山荒地在太行山、冀西北山地及燕山的阳坡至今仍然大量存在。这是林业生态建设最艰巨的任务，需要下大力攻坚治理。对于坡度较大、土层较薄的林地，应加大封山禁牧力度，先行恢复草被和灌木林植物，逐步改善林地环境。对于坡度平缓、土层较厚、立地条件较好的荒山，可以有计划、有步骤地开展人工造林，加快林地的修复进程。一般应按照草本–灌木–乔木的发展演替程序开展修复活动。

在不断地治理下，怀安水土流失严重、生态脆弱的荒山绿色植被逐渐增加

第二篇 各论

第一章 天然针叶林树种

1. 云杉

塞罕坝林场北漫甸分场四道沟天然云杉林

塞罕坝北漫甸林场分场四道沟天然云杉古树林

塞罕坝北漫甸林场分场三道沟云杉与桦树山杨形成的天然针阔混交林

小五台山自然保护区天然青杆

隆化七家白杆

丰宁千松坝天然云杉林林况

丰宁千松坝高度郁闭的天然云杉林

丰宁千松坝天然云杉林根系分布

丰宁千松坝天然云杉林林下更新情况

丰宁千松坝天然云杉林内景观

小五台山自然保护区天然云杉林

云杉（Piece）为松科（Pinaceae）植物，该属植物最早的化石发现于美国西部及日本的晚白垩纪地层中。第三纪末至第四纪更新世，因受全球变性气温下降的影响，云杉属植物从高纬度和高海拔地区向低纬度和低海拔地区扩展。后随冰川的退缩和气温的回升，分布区又逐渐减缩，繁衍至今，形成现代的分布格局[1]。

云杉为欧洲—西伯利亚森林区系成分，耐寒树种，属山地垂直带成分，是河北分布海拔最高的树木之一，也是长得最高的树木之一，为生态树种、用材树种和园林树种。

（1）种类

本属全球约50种，中国有20种及5变种，另引进栽培2种[2]。

《河北树木志》[3]和《河北植物志》[4]记载河北的云杉林有白杆（*P. meyeri*）和青杆（*P. wilsonii*）

两个种，以白杆为主，青杆很少，且常与白杆混生。白杆和青杆均为中国特有种，也是河北珍稀濒危保护植物，省内易危种。

白杆与青杆相比，白杆叶气孔线6～7条，极其明显，粉白至蓝灰色，白杆也因此而得名；青杆的针叶更为纤细，叶气孔线4～6条，白霜不明显，也更加翠绿润泽。除此之外，在云杉属植物的小枝基部，有一圈"芽鳞"，像干枯的小鳞片，白杆的芽鳞向外翻转，在植物学上称为"芽鳞反卷"；青杆的芽鳞则是平贴在枝上，在植物学上称为"芽鳞紧贴"。青杆要比白杆更加高大，青杆高达50m，胸径达1.3m；白杆高30m，胸径60cm。

（2）分布

云杉主要分布在北温带，向北可超过北极圈，向南分布到墨西哥南部、西班牙、土耳其及中国台湾。我国云杉主要分布在寒带、寒温带至低纬度的暖温带及亚热带的亚高山与高山地区，在东北、华北、西北、西南及台湾地区高山或亚高山地带都有分布，多属山地垂直带类型，分布广、蓄积大[5]。

在河北，白杆产河北围场、丰宁千松坝、雾灵山、小五台山、隆化敖包山、平泉马孟山；生长在海拔1200～2500m的山地，常与华北落叶松（*Larix principisrupprechtii*）、臭冷杉（*Abies nephrolepis*）或山杨（*Populus davidiana*）、白桦（*Betula platyphylla*）组成天然混交林，是华北地区中高山上部主要乔木林，也是河北垂直分布最高的乔木树种之一。河北城区及北京、天津有引栽。内蒙古、山西均有分布。

青杆的分布与白杆相近，主要分布在丰宁云雾山、黄花岭、雾灵山、小五台山、隆化敖包山、茅荆坝、南亮台、平泉马孟山，生于海拔1500～2300m的山地，多散生；平顶山林场有成片人工林、生长状况良好。山西、陕西、内蒙古、甘肃、湖北均有分布。

冀北坝沿山地、燕山山地和小五台地区是河北云杉林的主分布区。冀西北山地高海拔地段如崇礼的桦皮岭、尚义的大青山等地也有少量分布。太行山区涞源的白石山、阜平的天生桥及云花溪谷、灵寿的五岳寨、平山的驼梁等山峰的高海拔地段，在天然落叶松林、白桦林中也都有云杉零星分布。

在冀北山地和燕山山地，云杉分布在海拔1300m以上的阴坡、半阴坡、沟塘和梁顶漫甸的森林棕壤、灰棕壤、黑土型沙土和草甸棕壤土上。围场的塞罕坝机械林场、孟滦林场、龙头山林场、北沟林场、丰宁千松坝、兴隆雾灵山等都有云杉林分布。在恒山、小五台山，云杉分布在海拔1600～2500m的阴坡、半阴坡的典型棕壤和亚高山草甸棕壤上，上接亚高山草甸，下接针阔叶混交林。在有的地段，天然更新分布不均，低洼地带林分密度大，梁脊上密度小或呈疏林状，有落叶松、白桦、硕桦（*Betula costata*）等树种混交或伴生。在雾灵山海拔1500～1800m的沟谷中和阴坡，分布着以云杉为优势种的针叶林，其间有华北落叶松混生，还有硕桦、坚桦（*B. chinensis*）、花楸树（*Sorbus pohuashanensis*）等阔叶树。

丰宁千松坝国家森林公园是"京北第一草原"的核心景区，在海拔近2000m处的长1300m的峡谷两侧，分布着河北最大的古白杆群，总面积30hm^2，总株数20000株以上，千松坝因此而得名。平均树龄200年，平均胸径25cm。最大树龄300年，最高30m以上，最粗80cm。千松坝的白杆林有重要的历史价值，它不但是活文物，更重要的是对研究白杆的生长、分布和今后的发展提供了可靠依据。如今此地的古白杆群以其优美的姿态和古色古香的神韵吸引着众多中外游客。2019年5月10日，国家林业和草原局有关单位举办的第二届"中国最美森林"遴选活动，全国共选出16处最美森林，千松坝云杉林入选。

雾灵山自然保护区云杉林群落以青杆、白杆等为优势种，主要分布在仙人塔沟西坡、大流水沟阴坡和龙潭沿子沟阴坡。由于过度采伐和火烧，云杉林遭受严重破坏，面积仅存50多hm²，而且多为混交林、较少纯林。分布区海拔1400～1750m[6]。

实际上，河北大部分的天然云杉仅是零星分布，大片云杉林已经很少。据统计，全省仅有云杉林3731hm²，占全省针叶林面积的1%[7]。

近些年，河北沿坝一线的接坝山地西部和东部都有较大面积的云杉人工造林。

（3）生物生态学特性

云杉为阴性树种，较耐阴、耐寒，喜冷凉湿润气候，多分布于年均4～12℃、降水400～900m、相对湿度60%以上的高山地带或高纬度地区。耐低温，塞罕坝年均气温-1.5℃，无霜期60多天，极端最低温-43.3℃，云杉生长正常。

云杉是针叶树种中生态幅较窄的一个树种，要求温凉的气候。决定其分布的最重要的指标，是最热月的温度。对于云杉林来说，其分布上限处于最热月的平均温度为10℃，下限处于最热月平均温度约15℃。高于或低于这一温度，都可能使云杉林的生长受到抑制。一方面在云杉林的分布区内，冬季要求有一定的雪覆盖地表，这样可保持土壤不致过分冻结，使分布在地表的云杉根系免受冻害；另一方面也为低矮的常绿灌木和具有表层分布的多年生根茎的草本植物的越冬创造了有利的条件。它还要求有足够的湿度，年平均相对湿度变动于70%～80%[7]。

云杉林对土壤条件的要求也比较严格，适生于湿润肥沃的酸性土，中性土也可生长，在山地棕壤、灰色森林土上生长良好。而在粗骨土上往往被落叶松、桦木等代替。积水地生长不良。北方针叶林土壤灰化作用明显，云杉、冷杉林下的土壤多为山地灰棕壤，土层内有灰化层、潜育层或冰冻层。在寒冷湿润条件下，北方针叶林林下苔藓发达，积成较厚的粗腐殖质层，土壤肥力较低[8]。

云杉为浅根系树种，约3/4的根系集中分布在表土层。由于云杉多分布在高海拔地区，土壤中常存在永冻层，根系难以下扎，因而主根不发达，但为了支撑高大的主干身躯，侧根非常发达。根系可沿细小的岩石缝隙生长，在较大的云杉林中，常见侧根暴露于土层之外，似游蛇盘龙，形状奇特，丰宁千松坝沟谷中的古云杉，多见这种自然景观。

幼树耐阴性较强，但生长慢，20～60年生为速生期，20年时高生长始进入迅速生长期，连年生长量平均为30cm，40年高生长量不再加速，但也未见缓慢下来；直径生长也是20年开始加速，50～60年的林分刚刚处于直径和材积的迅速生长期。因而这一时期只能对过密云杉林分进行弱度的疏伐，不可伐去生长良好的林木，否则严重影响林分生长量和林分结构[7]。

根据郭晋平等[9]对山西管涔山天然云杉林（青杆和白杆）材积生长过程的研究，II地位级云杉林，属中龄林到近熟林，云杉天然林主林层尚未达到数量成熟，单位面积总平均生长量4m³/hm².a，连年生长量6m³/hm².a，预期成熟年龄102年。

长寿命树种，年龄可达数百年，高的甚至达到数千年。《河北古树名木》收录了十多株（处）古云杉树，这些古树主要分布在承德、张家口两市、阜平和青龙等县，其中不乏千年以上的古树。2014年2月，瑞典科学家在高寒地区发现一株9500岁云杉，也就是说它在冰河时期就已经出现，堪称"世界上最古老"的树，而且它还在继续生长，看上去仍很"年轻"[10]。

（4）群落结构

由云杉、冷杉组成的针叶林为暗针叶林。

云杉、冷杉为常绿耐阴树种，林木的自然整枝进行得很慢，未经修枝的云杉林往往具有稠密郁闭的林冠，枝叶密集、林冠浓厚，垂直郁闭能力强，在形成特有的群落环境方面具有强烈的建群作用。在寒冷和湿润的气候和肥沃土壤条件下形成纯林或云杉、冷杉混交林，林下常年郁闭，透光量小，活地被物层以苔藓为主，灌木草类较少。由于林内空气湿度大，松干松枝上常附生有大量的藓类植物和地衣[8]。

云杉林具有相当稳定而独特的群落外貌。云杉林林下一般光照微弱，且全年的变动较小，具有气温和地温变幅小、相对湿度大以及平静无风等一系列特有的群落环境，它们在决定下层植被的组成和结构以及生态特性形成方面均有着重要的作用。

云杉林组成较简单，有纯林和混交林，混有臭冷杉、华北落叶松、山杨、白桦、黑桦（*Betula dahyeica*）等。除臭冷杉外，其余都是在云杉次生演替过程中的早期先锋树种。

河北云杉林下的下木常见红丁香（*Syringa villosa*）、土庄绣线菊（*Spiraea pubescens*）、刚毛忍冬（*Lonicera hispida*）、蓝果忍冬（*Lonicera coerulea* var. *edulis*）等，下木发育不好。活地被物有金莲花（*Trollius chinensis*）、鹿蹄草（*Pyrola calliantha*）、乌头属（*Aconitum*）、耧斗菜属（*Aquilegia*）、橐吾属（*Ligularia*）、唐松草属（*Thalictrum*）、老鹳草属（*Geranium*）、羊角芹属（*Aegopodium*）、蚊子草属（*Filipendula*）、苔草属（*Carex*）、堇菜属（*Viola*）、猪殃殃属（*Galium*）、山柳菊属（*Hieracium*）、假升麻属（*Aruncus*）[7]。

雾灵山的云杉林，乔灌草层次明显，乔木层以青杆、白杆、华北落叶松（*Larix principis-rupprechtii*）为主，其中夹杂有白桦、硕桦、五角枫（*Acer mono*）、花楸树等阔叶树种，林下更新层幼树较多。灌木以六道木（*Zabelia biflora*）为主，其次是锦带花（*Weigela florida*）、毛榛（*Corylus mandshurica*）。草本植物以蒙古风毛菊（*Sanssurea mongolica*）、宽叶薹草（*Carex siderosticta*）为主，其次是长瓣铁线莲（*Clematis macropetala*）、糙苏（*Phlomis umbrosa*）、东北蹄盖蕨（*Athyrium brevifrons*）等[6]。

千松坝云杉林以白杆为主，青杆很少，其他伴生树种有白桦、花楸树、红丁香等，白杆为绝对优势种，也是演替树种，其他多为先锋树种。林下灌木有毛榛、土庄绣线菊、胡枝子（*Lespedeza bicolor*）、细叶小檗（*Berberis poiretii*）、山刺玫（*Rosa davurica*）等。草被有细叶薹草（*C. dariuscula* subsp. *stenophylloides*）、龙牙草（*Agrimonia pilosa*）、山冷水花（*Pilea japonica*）、地榆（*Sanguisorba officinalis*）、山尖子（*Parasenecio hastatus*）、荚果蕨（*Matteuccia struthiopteris*）、犬问荆（*Equisetum palustre*）、中华卷柏（*Selaginella sinensis*）等，多为阴湿植物。林分分布不均，层次丰富，为多代异龄纯林，郁闭度0.5～1，沟内及平坦地带林分密度大，水平郁闭和垂直郁闭程度均很高，在完全郁闭的地段，林内荫翳蔽日，林下落叶层厚，几乎没有灌草植被和其他伴生树种生长。大树多分布在沟内，由于沟内水流的冲刷，云杉粗大的水平根暴露在地表，如盘龙游蛇，显得苍劲古朴，也体现出了其浅根系特点。坡面上林分郁闭度相对较小，林下灌草植被生长旺盛，盖度达60%左右。总体来看，该片林地云杉的演替，始于水湿条件较好的沟谷，率先沿沟发展，并逐渐向两侧山坡演替，阴坡发展较快，阳坡缓慢，目前该林地正处于向顶极群落演替的进程中。

（5）生态经济价值

云杉为古老植物，有很高的生态经济价值、文化价值和科研价值。

适应性强，根系发达，抗风能力强，耐烟尘。吸水力强，每株成才的云杉可储水2.5t，是十分宝贵的水源涵养树种，宜作华北地区中高山地区的造林树种。

天然云杉生长在高山大川，苍劲挺拔，四季翠绿，在华北地区是难得的高寒长青树种。树姿优美，尤其是白杄，叶气孔线极明显，远视如粉似霜。夏季风吹林海，松涛阵阵，云笼雾绕；冬季全树结满雾凇，形似一座座白塔，巍巍壮观，银装素裹之中显得高冷美颜，特立独行，是绝佳的自然景观林。

云杉树形端正，下枝耐阴，能长期存在，因而枝叶茂密，丛植时能长期保持郁闭，亦适孤植，可在庭院栽植。耐修剪，适宜园林造景，可作常绿绿篱。其盆景多用在庄重肃穆的场合，冬季圣诞节前后，多置于饭店、宾馆、家庭做圣诞树装饰，西方的圣诞树就是欧洲云杉（*P. abies*）。因云杉为高寒树种，在河北接坝山地及坝上地区园林绿化中，可作为重要树种选项。崇礼奥运场馆周边地区快速绿化，应用了大量云杉大苗。在城市绿化中，市区环境虽然不是云杉最适宜的那种气候类型，树木生长缓慢，很难长到野外的高大的个体，但作为常绿树种，仍然具有很高的园林价值。

用材树种，木材黄白色，质轻软而有弹性，纹理直，结构细，密度0.55～0.66，耐腐蚀，材型稳定，不易开裂变形，无隐性缺陷，易抛光和油漆，家具带有一种清淡的自然木香，具有一种朴素的原始之美。云杉木材常作建筑、桥梁、电杆、飞机、枕木、舟车、器具、木桶及木纤维工业原料等，在北欧被誉为"绿色钻石"。但由于木质轻软，在家具制作中有一定局限性。云杉针叶含油0.1%～0.5%，可提取芳香油，树皮可制取栲胶[11]。

（6）更新繁殖

云杉天然更新靠种子繁殖。云杉结实龄一般为30～40年，40～60年进入结果盛期，大致每4～5年出现一次种子年，9～10月球果成熟，种子借风力传播的距离为树高的2～3倍。

云杉幼树具有较强的耐阴性，在林冠下忍受光照不足可达25年之久。在侧光庇荫条件下天然更新良好，在小片火烧迹地和林中空地上天然更新幼树较多，但在稠密的森林下（郁闭度0.8以上）更新不良。在全光条件下，天然更新形成的云杉林生长良好。

在雾灵山的云杉林中，群落中更新幼树为青杄、白杄、五角枫和花楸树，在数量上五角枫为最多，但它不是基本成林树种，不会在主林层中占优势；其次是青杄和白杄，其分布较广泛，生长状况良好，整个云杉林群落处于进展演替状态。目前其他树种在该群落中占比较大数量，这为云杉林的生存和生长创造了有利条件，随着演替过程的继续进行，由于云杉幼苗、幼树数量较多，耐阴性较强，将在阔叶树林冠下很快更新，逐渐长成高大个体，并将最终取代五角枫、花楸树等阔叶树种，形成以云杉占绝对优势的稳定群落[6]。

千松坝的云杉林下更新幼苗和幼树较多，这些小树主要分布沟谷、阴坡林窗、林缘及郁闭度0.6以下的林中，在水湿条件较好、土壤肥沃的地段可见密密麻麻的云杉更新苗。在林下过于荫蔽的地段，由于透光量过少，林下常见已经生长20多年，高度4~5m的枯死幼树。在郁闭度0.9以上的云杉林下，枯枝落叶层很厚，林下无更新苗生长，甚至连灌草都不能生长。

一般来说，在自然条件下，各种类型的针叶林相当稳定，具有较强的自然调节能力。在寒带、寒温带和中低纬度垂直高寒地带的严峻气候条件下，云杉、冷杉和松属（*Pinus* L.）的一些耐寒松种处于绝对优势地位，组成针叶纯林，属于地带性的森林顶极群落，有强大的林内天然下种更新能力和耐阴能力，稳定性最大。但不合理采伐和反复火烧后，导致喜光耐旱树种入侵，出现针叶林的逆行演替，通常被桦树、山杨、落叶松等先锋树种代替。但只要附近有足够的云杉母树，经过长期的前进演替，云杉在林冠下可实现更新，以后逐渐长大，仍可恢复为云杉林。在针叶林与其他植被类型接壤或过渡地带，即使没有人为干扰，树种更替也普遍存在[7-8]。

云杉人工育苗主要有种子繁殖和扦插繁殖两种形式。

种子繁殖：云杉种球9~10月成熟，种粒细小，每公斤约19万粒。应选择沙壤土为圃地，3~4月播种为宜，发芽适宜温度12~20℃，播后10~15天发芽，当年苗高40cm以上[11]。

扦插育苗：嫩枝扦插选取半木质化枝条，长12~15cm，在5~6月进行，扦插后20~25天生根[11]。

云杉人工造林时，小苗移栽要多带宿土，大苗要带土球。栽植前要施足基肥，栽后水要浇透。

（7）资源保育

云杉作为河北珍稀濒危保护植物，其致危因素一是因为自身适生的生态区域比较狭窄，资源数量基数本身就小；二是由于云杉树体高大，产材性好，长期遭到乱砍滥伐等人为破坏。加强天然云杉林资源保护，重点应做好以下工作。

7.1 加强现有林分资源的就地保护

河北天然的云杉林面积已经很小，资源保育以封育保护为主，在资源集中区域建立自然保护区或保护点，严禁乱砍滥伐和林下放牧，保护现有林地和林下天然更新幼苗。在自然更新中，云杉会通过种子向周边扩散，周边环境和幼苗应予以重视和保护。同时，做好森林防火和病虫害防治工作。一般不做抚育性经营，尽量维护原生环境。现有林分重点用于科研和采种。

7.2 搞好散生云杉的保护

在高海拔地区的落叶松、白桦、山杨及栎林中及林下常散生有云杉个体或更新苗，这些种源往往是森林自然演替的目的树种，在进行林分改造和抚育间伐时应注意保护这些母树及幼树，并为其创造有利环境，促进云杉的自然繁育和更新。

7.3 扩大人工造林

云杉林是河北海拔1400~1500m以上针叶林区的地带性植被，因而适应性很强，林分稳定，林木生长期长，在冷湿立地条件下的云杉比落叶松更适应，可加大人工造林比例，增加种群数量。在营造云杉林时，要注意保护造林地上的天然阔叶树，如白桦、大黄柳（*Salix raddeana*）、花楸树、稠李（*Frunus padus*）等阔叶树种，与云杉混交，形成针阔叶混交林。

7.4 加强种质资源的保护和利用

依托自然保护区、植物园、森林公园建立地区性珍稀濒危植物引种繁育中心或基地，通过建立种子库、基因苗圃地、种质园、对比林等途径，搞好不同区域种质资源的保护、收集贮存和利用，实现就地保护和迁地保护。

主要参考文献

［1］石宁. 上新世——早更新世云杉属和冷杉属在华北地区的发展及其气候指示意义［J］. 第四纪研究，1996（4）：319-328.
［2］陈有民. 园林树木学［M］. 第2版. 北京：中国林业出版社，2011.
［3］孙立元，任宪威. 河北树木志［M］. 北京：中国林业出版社，1997.
［4］贺士元，等. 河北植物志［M］. 北京：科学技术出版社，1986.
［5］王振杰，等. 河北山地高等植物区系与珍稀最濒危植物资源［M］. 科学出版社，2010.
［6］秦淑英，等. 雾灵山云杉林群落结构及动态分析［J］. 河北果研究，1998，13（3）：82-86.
［7］河北森林编辑委员会. 河北森林［M］. 北京：中国林业出版社，1988.
［8］佚名. 河北常见树种［EB/OL］.（2016-6-4）［2023-5-9］. http://wenku.so.com/d/7f6bf0ff87.
［9］郭晋平，等. 山西华北落叶松、云杉天然林数量成熟的研究［J］. 山西农业大学学报，1996，16（3）：258-261+324.
［10］程楠. 瑞典发现9500年前云杉，看上去仍很"年轻"［J］.（2014-2-19）［2023-5-29］. http://travel.cnr.cn/2011lvpd/gny/201402/t20140219_514883140.shtml.
［11］马银清，等. 云杉育苗技术［J］. 现代农业科技，2011（14）：236.

2. 油松

涿鹿黄羊山天然油松林

围场县头道川村八分沟天然油松林

松树是一类古老植物，起源可以追溯到2.6亿年前的二叠纪，到地球新生代的上新世，松树逐渐演化为现今较为成熟的形态[1]。松树为松科松属植物的统称，全世界有松树80多种，多数为高大挺拔的乔木，极少数为灌木状[2]。

油松（*Pinus tabulaceformis*）为松属温性针叶林树种，常绿乔木，高达25m，胸径1m以上。本种群有两个变种，即黑皮油松（*P. tabulaceformis* var. *mukdensis*）和扫帚油松（*P. tabulaceformis* var. *umbraculifera*），这两个变种在《河北树木志》中均有记载[3-4]。

油松林是我国暖温带落叶林区的一种重要森林类型，是河北的主要乡土树种，也是重要的用材树种、生态树种和园林树种。

油松已列入《河北省重点保护野生植物名录》。

（1）分布 [3, 5-7]

围场木兰五道沟天然油松林

油松为中国特有树种，分布于东北、华北、西北、西南、华东等地，产吉林南部、辽宁、河北、河南、山东、山西、内蒙古、陕西、甘肃、宁夏、青海及四川等地，生于海拔100～2600m地带，多组成单纯林。其垂直分布由东向西，由北向南逐渐增高。模式标本采自北京。

河北油松天然林主要分布在燕山地区和冀北山地，太行山北部有少量分布，冀西北盆地和坝上地区多为单株散生木。河北油松天然林分布的北界，东部大致与高原和山地的分界相符合，而西部则与冀西北盆地和太行山地的交界线相一致。至于其南界、东部可以燕山南麓和河北平原的交界线为准，而其西部分界线则在涞源以南由东向西跨过太行山地[5]。涞源、阜平以南的太行山区天然油松纯林已经很少，但一直到邯郸的涉县、武安、磁县仍有零星分布。

全省油松天然林连续分布的地区是在燕山东部唐山地区大部分山区和秦皇岛青龙一带山区。这片林区北界在喜峰口、青龙、周杖子一线，南到秦皇岛，西到遵化的洪山口和三屯营，东到山海关。东西长约120km，南北宽约100km，包括抚宁、迁西、迁安、昌黎、遵化、青龙等地。由此往西，到兴隆县寿王坟林场、怀柔汤河口、八道河、平谷刘店乡北吉山林场、延庆松山、北京西郊妙峰山等地则只有少量分布。

冀北山地燕山北麓至坝头沿线承德地区各县（市、区）也有较大面积的油松天然林分布。像围场的新丰、燕格柏、龙头山、北沟、四合永、山湾子、桃山等地都有片林分布，比较集中的是在燕格柏的玛哈吐、孟滦林场的南山嘴、新丰林场的布家店、四合永林场的头道川。丰宁油松天然林分布于邓栅子和平沟门。

太行山地区油松天然林主要分布于蔚县小五台山、涞源、阜平等地。小五台山油松林主要分布于松枝口、张家窑、大虎头等地，面积都不大。由涞源、阜平往南少见油松天然林[5]。

历史上，太行山松林茂密，一些县志中有"翳然松柏阴""疏翠千林柏""重重烟锁翠""松润作涛声"的描述。唐县境内的大茂山，《后魏书》中称它："横松疆柏，状如飞龙怒丸楸虬，叶皆四衍。"晋朝《石勒载记》记载："大兴二年（公元319年）大雨雾中山，常山尤甚，滹沱泛滥，陷山谷，巨松僵拔，浮于滹沱……"说明滹沱河上游的太行山上，有巨松生长，遇到山洪，被冲淤到定县城下。宋《太平寰宇记》记载："满城西北有松山（在今易县钟家店、巩庄一带），因松山遍布而得名。"至北宋末年，太行山南段的松林，已消失殆尽，北宋沈括在《梦溪笔谈》中写道，"今齐鲁间松林尽矣，渐至太行、京山、江南，松山大半皆童矣"。至明朝时太行山尚有"松林茂美""青松郁茂"的记载，但到20世纪50年代初期已所剩无几。

目前，河北原生的油松林已不复存在，仅残存有少量的油松古树，现有的天然油松林，均为解放后封育起来的次生林。

根据河北2015—2018年森林资源二类调查数据，全省有油松林总面积504551hm²，其中，天然油松林总面积77251hm²，蓄积381.6万m³。幼龄林6230hm²，占天然油松林面积的8.1%；中龄林65411hm²，占84.7%；近、成熟林5608.7hm²，占7.2%。按地区分，秦皇岛38130hm²，唐山20223hm²，承德17568hm²，张家口680hm²，邢台224hm²，保定210hm²，石家庄185hm²，邯郸32hm²，秦、唐、承3地占总面积的98%，是天然油松的主分布区。分布面积上万公顷的县（市、区）有青龙18093hm²，迁西17826hm²，抚宁12386hm²；另外，迁安、秦皇岛海港区、昌黎、平泉、承德、隆化、围场、木兰林场、滦平、丰宁、雾灵山、涿鹿均有较大面积分布。其他山区如遵化、赤城、怀安、怀来、尚义、蔚县、宣化、小五台自然保护区、阳原、涞源、阜平、易县、涞水、顺平、平山、赞皇、井陉、临城、内丘、信都、沙河、涉县、武安、磁县、塞罕坝机械林场等山区县（区、林场）均有少量分布。

20世纪80年代，河北在广大山区实施了规模化飞播造林，并取得了显著成效。其中，油松是飞播面积最大的一个树种，目前全省约有飞播油松林65000hm²。由于天然油松林和飞播油松林林分结构非常相似，两者不易区分。

油松天然林的垂直分布，尽管地理范围变化不大，但不同地区仍有一定差异，并具有一定的特殊性。燕山山地南麓唐山山区和青龙一带的油松天然林，从100m左右即可出现，但因这一带海拔较低，上限不明显。不过，雾灵山和都山一带，油松林上限以外还有云杉和落叶松，而油松上限可达1500m左右。由此向西，到小五台山，油松分布的上限略有提高而下限则显著增高。例如到北京的怀柔，油松分布在300m以上，在北京妙峰山，分布于800m以上，到太行山，则分布在1000~1600m处。

辽河源国家森林公园的天然油松林主要分布于大窝铺林场的大庙沟、小庙沟、大鹰窝沟、小鹰窝沟和老虎沟。海拔范围775m到油松最高分布线1465m，在海拔1500m以上，由于温度急剧下降，油松的生长量难以保证，胸径差异很大，油松的分布很分散，显然这一海拔不适合油松生长。

雾灵山自然保护区的天然油松林主要分布于松栎林带，海拔在800~1300m，在适生海拔范围内阳坡、阴坡均有，坡度在20°~30°，分布形式呈零星分散状，面积比较小，大多在沿山脊带状分布或石崖处散生，没有大片的分布。三岔口、北火道海拔800~1300m和中古院海拔1000~1300m范围内分布较多。

祖山林场海拔800～1300m有油松古树群分布。

大海陀国家自然保护区天然油松主要分布在1400～1500m。

涿鹿黄羊山森林公园油松主要分布在1200～1500m，由于当地降水量较少，油松主要分布在阴坡。

驼梁山森林公园，油松林主要分布在海拔900～1400的阴坡、半阴坡。

总体来看，河北油松天然林垂直分布下限不明显，上限约1600m，其中，在1000～1400m最为集中，海拔再高，气温偏低，油松生长不良。

关于纬度的高低与油松垂直分布的关系，可以燕山山地—七老图山—坝根山地一线为例。如前所述，在燕山山地油松垂直分布介于100～1500m，到七老图岭平泉光秀山一带，则分布于700～1400m，到围场大唤起一带，下限不明显，而上限可达1350m左右，在燕格伯可达1350～1500m，到丰宁干沟门和邓栅子，也可达1500m左右，到坝上边缘，只分布到1200m左右。可见，自南向北，油松垂直分布上限，有的地方略有降低，有的地方则变化不大，而下限则有提高趋势[5]。

经度的影响在油松天然林分布上有所反映。无论是上下限，自东向西均逐渐增高。在燕山山地东部，分布于100～1500m；在冀北山地，分布于800～1300m；在太行山北部，分布于1000～1600m。总之，油松天然林的面积西部不如东部多，山地垂直高度分布范围也较小，这是因为在河北范围内东部水湿条件比西部好所致。西部水分条件较差，特别是春季湿润度较低，影响油松天然林的分布。根据油松天然林的分布与春季湿润度的计算，春季湿润度约为1以上形成油松天然林所要求的湿润条件，这个条件在秦皇岛、青龙一带海拔100m以上即可达到，怀柔、密云一带海拔400m左右，到延庆、昌平、涿鹿、蔚县一带约为700m，到易县、紫荆关一带为500～600m才具备这样的湿润条件。这种由于经度不同从东往西春季湿润度的差别直接影响到油松的天然更新，因而影响到残存油松天然林的分布。

（2）生物生态学特性

针叶树的针叶，都具有明显的旱生结构，如针叶具有深陷的气孔，发达的角质层，含油脂等，这些结构是在系统发育中保留的古老特征，对适应寒冷和干旱条件起着有益的作用。

油松为温带树种，耐寒，在平泉辽河源自然保护区最低温–27.5℃，仍能正常生长。与水热条件的关系十分密切，水热条件既能成为油松适生的条件，又能成为油松分布的限制因子。因此，受水热条件的影响，天然林多分布于温暖、湿润的河流上游的阴坡和半阴坡。

阳性树种，喜光，幼树有一定耐阴能力，阳坡、阴坡都能够生长，在低海拔地带，大多分布在阴坡，这主要是由于阴坡的土壤水分条件较好。但在日照时间极短的"死阴坡"，即使有良好的土壤水分条件，生长也极为不良。

能适应大陆性气候，耐干旱瘠薄，可在母质为坡积物甚至裸岩地生长，但生长较差，遇到严重干旱会引起死亡。在水湿条件相对较好的燕山东段，油松可在山顶、山崖、石壁、石坡上顽强生长，形成岩生森林奇观。喜土层深厚、排水良好的酸性、中性或钙质黄土，在褐土、淋溶褐土、山地棕壤上生长良好，尤以棕壤及淋溶褐土为佳。不耐水湿及盐碱，在土壤黏重，积水及通透条件差的土壤上生长不良。

油松为深根性树种，主根和副主根粗壮发达，主根可深达3m以下，水平根系形成构架根，主要分布在0~60cm的土层中。油松的吸收根上有菌根菌共生，分布于地表30~40cm的土层。未经移植的苗木，根的生长以原有根系延伸为主，分生新根很少。苗木经移植后，原有根多数被切断，分生组织活动加强，以分生新根为主。新根主要从较细的须根腋间分生，在水分充足的情况下，造林后5天就能长出新根。因此，在造林时就要保护好细小的须根，对提高造林成活率是十分重要的[8]。

油松的生长状况随着立地条件和微生境的不同而有所差异，不同坡位油松的生长情况存在着异质性。根据崔同祥等[9]对木兰围场油松林的调查，位于谷平地的油松平均树高5.57m，平均枝下高0.74m；位于陡坡上的油松平均树高为18.82m，平均枝下高3.94m；位于山脊缓坡的油松平均树高为13.88m，平均枝下高3.51m，差异非常显著，这可能与坡地光照条件好，而谷地光照差、冷空气下沉、气温低有关。

不同坡向对油松生长也有较大的影响。根据隋玉龙等[10]对油松林不同坡向的研究，油松高生长阴坡优于阳坡，5~10年油松林材积生长阳坡的连年和平均生长量均大于阴坡，15年后阴坡的生长量超过阳坡，且整体趋于平缓趋势，说明在幼龄期时处于阳坡的油松有生长优势，但整体处于阴坡条件下更有利于油松的生长。

生长速度中。据有关调查[11]，油松栽植四五年后高生长开始加快，油松林树高生长旺盛期在10年以后，30~35年以后高生长量急剧下降。在高生长旺盛期间，每年树高生长甚至可达0.3~0.4m或更大。油松林胸径生长旺盛期比高生长来得晚，但持续时间也较长，一般从20年后生长加快，材积生长高峰出现于30年以后，40~50年迅速增加，到50~60年以后生长逐渐下降，并进入主伐期。100年时，材积连年生长量仍然大于平均生长量。立地条件好，地位级高的林分，生长比较快，大部分林分年平均蓄积生长量都在0.1~0.3m³。据原河北林业专科学校测树教研组对西陵两株老龄林木进行树干解析的结果表明，尽管年龄分别达到110年和150年，但材积平均生长量和连年生长量曲线刚刚接近，而未相交。在合理经营的情况下，20年能长成椽材，30~40年能长成檩材及中等的矿柱，50~60年能长成大径级材[8]。

油松雌雄同株异花，由于种内遗传、变异和自然选择的原因，有些个体以生长雌花为主，雄花少量；有些个体以生长雄花为主，雌花少量。有偏雌、偏雄的不同类型表现。油松偏雌类型树冠宽大，长势旺盛，轮枝稀疏，针叶长且密，生长快，雌花多，结实量大，适于经营速生用材林、母树林、种子园、采穗圃，在林地抚育间伐过程中，注意选留偏雌类型；偏雄类型新梢有大量的雄球花，结实少或不结实，是盛产油松花粉的重要资源[12]。

油松寿命长，年龄可达数百年甚至上千年。在《河北古树名木》中记载的油松古树就有70余株（处）。其中不乏千年以上的古松。像丰宁三道营的九龙松、清西陵的古油松群、青松岭的古油松、秦皇岛观海亭古油松，都是省内知名的油松古树。这些散生古树的大量存在，佐证了油松在华北地区的悠久历史，也为现有的油松林提供了原始种源[13]。

油松为常绿树种，冬春季仍然枝繁叶茂，雾凇、雨凇、雪凇对其的危害较大，凇害常导致折枝甚至折干现象，在承德地区甚至五六月份还有发生。

（3）群落结构

油松为亮针叶林。油松喜光，林分比较稀疏，自然整枝能力强，林内透光度大。

天然油松林多为纯林，郁闭度多在0.4~0.6，随着天然林的不断恢复和发展，有的林分郁闭度已达0.7~0.8。除此之外，也有相当数量的油松林混有其他树种，或与其他树种组成混交林，常见的混交树种有辽东栎（*Quercus wutaishanica*）、蒙古栎（*Q. mongolica*）、白桦和山杨等。油松林下灌木和亚乔木较多，主要有蔷薇科、桦木科、豆科和胡颓子科植物，也有的林分没有灌木层仅有乔木和草被物层，草本层则以蒿类和禾本科草类占据优势。在干旱阳坡有的甚至草被物层也不发达、不连续。这与河北降水量较少，土壤较贫瘠，人为破坏严重有关。

平泉辽河源国家森林公园的天然油松林，林中有20多种植物，群落有较高的生物多样性。林分主要组成树种有油松、山杨、白桦、蒙古栎等，有更新幼树居于亚层当中；灌木层有锦带花、胡枝子、榛（*Corylus heterophylla*）、毛榛、毛绣线菊（*Spiraea dasyantha*）、迎红杜鹃（*Rhododendron mucronulatum*）等；草被有细叶薹草、大油芒（*Spodiopogon sibiricus*）、野青茅（*Deyeuxia pyramidalis*）、玉竹（*Polygonatum odoratum*）等。灌木层、草本层的盖度分别为15.8%和26.5%，植被层的蓄水能力较强，油松林死地被物层最大持水量为37.3t/hm²[14]。

徐化成等[15]将平泉大窝铺林场的油松林划为阳坡裸岩油松林、阳坡禾草油松林、阴坡杜鹃油松林、阴坡毛叶绣线菊油松林、阴坡胡枝子油松林5个林型。这些不同的群落类型，林分结构、林木成长状况、林地更新都存在着一定差异。

雾灵山自然保护区天然油松林群落，以油松为主并伴生山杨和白桦的单林层结构，其他阔叶树零星分布，没有形成单独的林层。灌木层优势种为锦带花和胡枝子，总盖度10%~40%，草本层盖度为10%~25%，优势种为披针薹草和银背风毛菊。林下植被多样性较差、盖度小。植物群落内各类生活型的数量对比可以反映植物群落和气候的关系，雾灵山地区天然油松林群落以地面芽植物占优势，其次是高位芽植物和地下芽植物，这反映出分布地小气候是夏季温热湿润，冬季干旱寒冷的特点[7]。

祖山林场天然油松古树群平均树龄110年，与白桦、蒙古栎混交，伴生树种有紫椴、五角枫、裂叶榆等，树体高大，生长旺盛，主林层超过15m。林下植被有照山白、东陵绣球、牛叠肚、宽叶薹草、细叶薹草、糙苏等。林下植被种类较少、但覆盖度较高，可达50%以上。

涿鹿县黄羊山森林公园总面积2000hm²，其中油松林约700hm²，平均树龄约60年，平均胸径20cm，树高13m。该处年降水量少，约400mm，油松虽为强阳性树种，但主要分布在阴坡、半阴坡，阳坡主要是山杏（*Prunus sibirica*）、暴马丁香（*Syringa reticulata*）、蒙古栎、鼠李（*Rhamnus davurica*）等耐旱树种，表明在光与水的自然要素平衡中，水分是制约油松在当地分布的主要因素。该处油松已经过多次抚育，林分郁闭度0.6~0.8，为多代异龄林，伴生的主要乔木树种有白桦、山杨、蒙古栎、五角枫等，杨桦多分布在低洼地带。林下灌木主要有土庄绣线菊、虎榛子（*Ostryopsis davidiana*）、榛、山刺玫、胡枝子、六道木等，草本有细叶薹草、玉竹、唐松草（*Thalictrum aquilegiifolium*）、穿龙薯蓣（*Discorea nipponica*）、北乌头（*Aconitum kusnezoffii*）、分枝蓼（*Polygonum tortuosum*）等，灌草盖度多40%以下，林缘较密。在郁闭度较小地段，林下见有油松、五角枫、蒙古栎的实生更新幼苗。该处油松林位于桑干河畔，距官厅水库只有35km，距北京八达岭110km，对下游的水源涵养有直接作用。

（4）生态经济价值[3, 16]

油松是典型的喜光树种，是荒山造林的先锋树种，是全省森林资源构成的重要树种，也是全省现有林分面积和蓄积最大的树种之一，在水土保持、防风固沙、水源涵养、森林碳汇、木材储备中具有重要地位。

松树树干挺拔苍劲，四季常青，不畏风雪严寒，老树平顶，侧枝发达，扭曲盘移，遒劲多姿。一株即成景，三五株即可组成靓丽树景，形状各异的异型松，可作为广场、游园、公园的点睛之笔，增添诗情画意。油松在园林绿化配置中可孤植、丛植、群植，可做行道树。若配以枫类、栎类、桦木、侧柏等则可形成层次有别、树色多彩景观群带。

材质坚韧细致，富松脂，耐腐、耐久用，抗压力强，供建筑、车船、器具、造纸等用。

树干可割取松脂，提炼松节油及松香，叶可提取芳香油，树皮和针叶可提取栲胶。

松花粉含有丰富的氨基酸、全部天然维生素、多种生物活性酶、黄酮类、胡萝卜素及硒等，对提高人体免疫力，延缓衰老具有很好的作用，是时尚风靡的营养保健品。河北承德地区在松花粉的开发利用中已取得了很好的经济效益。

油松的松节、松针、松球、松花粉、松香均可入药，具有舒筋活络、明目安神、杀菌止痒、治疗疥癣疮毒、风湿关节肿痛等多种功效。

松针含有丰富的蛋白质、氨基酸、维生素、抗生素、糖类等营养成分，是制作饲料的良好原料。

（5）植物文化[13, 16]

松者，鬃也。松叶长针形，犹如鬃毛之状，故名"松"。

松柏被称为"百木之长"。宋代王安石《字说》："松为百木之长，犹公也。故字从公。"松字由"木"旁与"公"字构成，因此松又被称为"木公"。明代洪璐为松树立传，留下《木公传》名篇，而木字的笔画，又由"十"字与"八"字构成，所以松还被称为"十八公"。

松树四季常青，寿享千年，象征着坚韧、顽强不屈和永恒，显示着高风亮节的精神，为历代所歌颂，受到众多文人墨客无上的崇敬和礼赞。孔子《论语·子罕》"岁寒，然后知松柏之后凋也"；《庄子·内篇·德充符》"受命于地，唯松柏独也正，在冬夏青青；受命于天，唯尧舜独也正，在万物之首"；《荀子·大略》"岁不寒，无以知松柏。事不难，无以知君子"；李白《赠韦侍御黄裳》"太华生长松，亭亭凌霜雪。天与百尺高，岂为微飙折。桃李卖阳艳，路人行且迷。春光扫地尽，碧叶成黄泥。愿君学长松，慎勿作桃李。受屈不改心，然后知君子"……

我国人民自古以来就爱松、敬松，形成了大量以松为主要题材的文化，如诗书画中的"岁寒三友""松鹤延年""寿比南山不老松"等。毛泽东《七绝·为李进同志题所摄庐山仙人洞照》："暮色苍茫看劲松，乱云飞渡仍从容"；陶铸《松树的风格》："要求人的甚少、给予人的甚多"；陈毅《青松》"大雪压青松，青松挺且直，要知松高洁，待到雪化时"……无一不是悟出松树的品格而得，成为千古绝唱。

（6）更新繁殖

油松没有萌生能力，天然更新靠种子繁殖。油松6~7年即可开花结实，但球果小，瘪籽多，发芽率低，15~20年后结实增多，种子质量也显著提高，30~60年为结实盛期，100年后仍有大量结实，但老树种子质量差[8]。由于油松结实丰富、种子较小，可以传播到较远的地方，加之油松种子发芽容易，幼苗耐阴，抗旱性较强，3~5年生幼苗能够突破灌草层，从而实现自我更新。但是，林型不同更新的好坏差异较大，甚至决定着群落的演替方向。

坡向影响着气象和土壤条件，不同坡向的森林植物群落结构也不同。阳坡的林型，在土壤条件较好时，适于种子发芽，但由于大陆性强、温度变化剧烈、土壤干燥，幼苗死亡率高；阴坡的林型，由于温度低，不适于种子发芽，但幼苗死亡率低。这就造成阳坡和阴坡的林型、油松幼树的年龄分配有着显著的区别。

根据徐化成等[15]的调查，生长在阳坡的油松林多为纯林，在裸岩油松林下，土层薄，水湿条件差，其他树木难以生长，灌草稀疏，油松种子萌发率低，幼树少，自然更新不良。阳坡的禾草油松林立地条件稍好，灌木层虽发育不良，但草被生长较好，林下油松幼苗更新良好，幼树多。生长在阴坡的油松林，由于土壤条件和水湿条件好，林下植被盖度较大，有的还伴生有其他阔叶乔木树种。阴坡的杜鹃油松林，更新的幼树基本上都是油松，而阴坡的绣线菊油松林、胡枝子油松林，阔叶树种的幼树占的比例较大，林地有可能演替为以阔叶树种为建群种的针阔叶混交林。当然，这种演替是符合生态服务要求的。以油松幼树总数来说，更新最好的是禾草油松林，其次是杜鹃油松林，更新最差的是裸岩油松林和胡枝子油松林。阳坡的林型，5年以上的幼树仅占总幼苗数的11%~17%，而阴坡的林型却占29%。在阴坡，过密的下木层，在阳坡过密的禾本科杂草对林冠下的油松更新不利。过厚的死地被物对幼苗的发生和生长，也有不利的影响。杜鹃油松林的演替，在旅游区，可以通过乔木层主伐和控制油松更新苗数量来释放杜鹃灌木层，并留下少量油松大树作为杜鹃林的遮阴树，逆向演替为景观林。这种人为控制的逆向演替，只是为了满足特殊需求的应变策略。

林分密度对油松天然更新影响较大。根据刘国兴[17]的调查，油松天然林更新幼苗数量与郁闭度成反比，郁闭度越小，幼树株数越多，生长越好。郁闭度0.5以下，基本上都可以实现天然更新，每公顷株数能达到2400株以上。林分更新成功后，应及时进行解放伐，解放伐过晚，生产作业易破坏幼树。林窗对油松幼苗更新影响较大。在阳坡的林型中，林窗下的油松更新不如林冠下好，阴坡的林型正相反。因为林窗的作用主要依坡向转移，在日光强、大陆性气候强、温暖的阳坡，林窗对油松更新不利（尤其对5年以下的幼树）；在大陆性气候弱、温度较低的阴坡，林窗可促进油松幼苗的发生和幼树的发育。

总体来说，油松阳坡更新不良，在阴坡一般可获得较满意的更新。

河北油松起源比较复杂，除天然更新外，还有人工造林、飞播造林、撒播成林等人工繁育途径。

（7）资源保育

河北天然油松林面积较大，不仅水平分布范围广，而且占据的垂直空间大。经过历朝历代的连续掠伐，目前原生的天然油松林已不复存在，现有的天然油松林多是20世纪50年代以后封育起来的天然次生林。但是大部分油松林经过多次择伐、过度修枝取薪以及松毛虫危害，给林地造成了很大破坏，应加强保护和科学经营。

7.1 加强古树基因资源保护

河北原始油松林已经消失，但由于油松寿命长，古树资源仍然较多，这些资源是河北现代人工油松林的种源基础，应对古树资源要做好挂牌保护，并做好古树复壮、基因资源的收集保护和利用工作，培育一批古树基因苗，建立对比林，选择优良种源。

7.2 做好封山育林

在河北有林下放牧的传统习惯，油松林下放牧看似对大树没有影响，但严重危害林冠下油松更新幼苗，对群落正常演替和林分结构发育影响很大，有的林地因长期放牧，林下灌草植被遭到严重破坏，地表径流严重，固土涵水效果差，应加强管护。油松人工林和天然林面积均较大，要做好病虫害防治和森林防火工作。

7.3 人工促进更新

借鉴油松不同群落天然更新演替规律，人工辅助天然更新，在油松林达到成熟龄时，对阳坡的林分可实行带状渐伐，阴坡可实行小面积块状皆伐，在阳坡尽量形成较小的林隙，在阴坡形成较大的林窗或林中空地，通过带状整地或块状整地，使种子落地后能够直接接触土壤，实现落地生根。砍伐应在种子年中进行。在阴坡于采伐时适当砍除下木和松土是保证油松更新的重要条件。

7.4 培育混交林

现有天然油松林纯林较多，林下植被结构简单，生物多样性差，林地自营养能力和生态服务功能较低，松毛虫危害严重。在林地经营中，应注意保护和培育与油松生态位相近的阔叶树种和更新幼树，适当增加阔叶树种比例，培育松阔混交林，保护好林下灌草植被，培育多树种、多层次、多龄级复合型林分，逐步向混交—异龄—复层林方向发展。

主要参考文献

[1] 松树. 起航知识小百科：大自然赐予的瑰宝［N/OL］.（2013-8-29）[2023-9-26]. https://zhidao.baidu.com/question/2113649972860788805.html.
[2] 党双忍，树木传奇1松树：傲骨挺立天地间［N］. 中国绿色时报，2019-7-8.
[3] 油松，中国植物志［M］. 北京：科学出版社，1978.
[4] 孙立元，任宪威. 河北树木志［M］. 北京：中国林业出版社，1997.
[5] 河北森林编辑委员会. 河北森林［M］. 北京：中国林业出版社，1988.
[6] 王艳娥，等. 辽河源国家森林公园天然油松林垂直分布差异性研究［J］. 河北林果研究，2010，25（2）：113-115.
[7] 冯学全. 雾灵山自然保护区的天然油松林［J］. 河北林果研究，2004（6）.
[8] 张欣，等. 油松的形态特征及生物学特性［J］. 现代农业科技，2012，19（2）：112-116.
[9] 崔同祥，等. 燕山山脉天然次生油松林群落物种多样性及生态位分析［J］. 河北林果研究，2010，1（25）：7-12.
[10] 隋玉龙，等. 冀北山地不同坡向人工油松林生长规律研究［J］. 河北林业科技，2013，6：7-9.
[11] 马增旺，等. 太行山油松天然次生林及生长分析［J］. 河北林业科技，1995，4（2）：20-24.
[12] 白玉琢，等. 油松不同类型的研究及其应用价值［J］. 河北林业科技，1993（3）：6-9.
[13] 河北省绿化委员会办公室. 河北古树名木［M］. 石家庄：河北科技出版社，2009.
[14] 项亚飞. 辽河源国家森林公园的天然油松林［J］. 河北林果研究，2005，4（20）：314-346.
[15] 徐化成，等. 河北省承德地区油松天然更新的研究［J］. 林业科学，1963（7）：223-237.
[16] 苏祖荣. 树木传奇1松树：傲骨峥嵘，百木之长［N］. 中国绿色时报，2022-7-18.
[17] 刘国兴. 冀北油松林的天然更新［J］. 林业建设，2009（4）：29-30.

3. 华北落叶松

碱房林场天然落叶松古树最大胸径达76cm，树高达25m

落叶松根系分布

塞罕坝千层板林场天然落叶松古树

塞罕坝天然落叶松

围场木兰林场孟滦林场碑梁沟林区榛柴沟天然落叶松古树林，分布范围2000亩左右，胸径30～80cm，树高15～25m，树龄80～100年。

围场木兰林场龙头山分场吉字林区天然落叶松林（最大胸径在70cm以上）

阜平驼梁山林场天然落叶松林内景观

阜平驼梁山辽道背天然落叶松林景观

阜平驼梁山林场辽道背天然落叶松林，伴生树种有花楸树

落叶松属（*Larix* Mill.）是松科中较为进化的一个属，在第三纪已出现在欧亚大陆，到第四纪受气温下降的影响，分布范围逐渐扩大。然后，随着冰后期气温的回升，分布区逐渐向北退缩和向山地抬升，才形成了今天的分布情况，并繁衍至今。全世界有落叶松属植物18种，其中，中国特有种6个[1]。

落叶松属在河北的自然分布只有华北落叶松一个种，有学者认为华北落叶松为兴安落叶松（*Larix gmelinii*）的变种，与东北植物区系有较近的亲缘关系。华北落叶松是河北重要的乡土树种，全省的天然落叶松林均为华北落叶松。此外，河北在1949年后营造的人工林中，还引进有落叶松、黄花落叶松（*L. olgensis*）（即长白落叶松）和日本落叶松（*L. kaempferi*）等。塞罕坝机械林场1992年又引种了新疆落叶松（*L. sibiricn*）（又称西伯利亚落叶松或俄国落叶松），本种与华北落叶松很相似。这些引进种发展面积都不大[2]。

华北落叶松列入《世界自然保护联盟红色名录》（IUCN）中，保护级别为易危（VU）[3]。

在小五台自然保护区东台到北台之间的山脊北侧，海拔高度2500～2700m，零星分布有天然华北落叶松古树群，树龄均超百年，由于生长条件极差，受到气候和风力影响，形成了千奇百怪的天然林奇观。

华北落叶松、云杉等树种是河北分布最高，被称为"离天最近的树木"，是河北中山、亚高山地区主要的人工造林树种，是河北重要的生态树种、用材树种、碳汇树种和森林景观树种。

（1）分布

落叶松原产北半球的高山区及高寒地带，广泛分布于北半球的亚洲、欧洲和北美洲的温带高寒温带和寒带地区，组成广袤的纯林[1]。华北落叶松为中国特有种，是华北地区高海拔针叶林带中的主要森林树种。其天然林主要分布在山西、河北两地。山西分布在管涔山、关帝庙、五台山、恒山、太岳山等地。河北主要分布在燕山山地、张承沿坝一线海拔较高的山峰、东部坝上丘陵阴坡、太行山西部高海拔山地阴坡，在围场、丰宁、隆化、兴隆、赤城、小五台、涞源、阜平、平山、北京密云、东灵山、百花山等地都有分布[2]。东北地区、西北地区有引种栽培。河北承德、张家口、保定、秦皇岛等地及北京地区都有大面积人工栽培，是河北人工林面积最大的树种之一。塞罕坝机械林场的人工林主要是落叶松林。

2017年隆化县西北部碱房林场，在碑梁林区，发现天然华北落叶松种群面积67hm²以上，林龄在120年以上。据碱房林场技术人员测算，该群落直径离散幅度25～76cm，平均树高19m，最大的一棵胸径76cm、树高24m，树干通直，树冠圆满，生长茂盛[4]。这么大规模的天然落叶松群落，在华北地区也是少见的。

根据赤城县黑龙山森林公园有关资料，该园黑河源景区在明清时期全部为落叶松林，由于清末发生大火，大部分被毁，只在马蜂沟和连阴寨之间，海拔2000～2180m处，保留有50hm²，树龄100多年，树高30～40m，密度大，树干直，十分壮观。由于距离村庄较远，海拔较高，人为干扰少，至今仍保持着较为原始的状态，是该景区的重要森林景观。赤城大海陀自然保护区峰骨嘴海拔2100m处，有一片落叶松古树群，面积约20hm²，平均胸径40cm，高20m，最大胸径90cm，平均年龄80年，最大年龄120年。林分组成6落3桦1杂，有少量五角枫，山杨等，林内有少量落叶松幼树和更新苗，整个林分为多代异龄林。当地林场认为这两处落叶松古树群为现有华北落叶松的重要种源，具有极高的科研价值。

青龙县祖山林场天女木兰园下落叶松分布海拔较低，1200m左右，与蒙古栎、白桦、油松形成混交林古树群，树龄约120年。

阜平县天然落叶松林主要分布在龙泉关镇、天生桥镇、砂窝乡、史家寨乡、夏庄乡、驼梁山林场及城南庄林场。其中，驼梁林场辽道背，集中分布着天然落叶松林66hm²。是太行山区较大的一个落叶松种群。

根据河北2015—2018年森林资源调查数据，全省有天然落叶松纯林面积1867hm²，另外还有一定数量的天然落叶松与桦树等组成的针阔叶混交林。根据《河北森林》记载[5]，20世纪80年代末，河北有天然落叶松约6410hm²，表明河北省的天然落叶松资源呈减少趋势，种群数量越来越少。在现有的天然落叶松纯林中，承德地区1584hm²，占全省的84.8%，张家口242hm²，占全省的12.9%。主要分布在塞罕坝机械林场、木兰林场、小五台山自然保护区以及隆化、丰宁、滦平、崇礼、赤城、涿鹿、阜平等县（区），承德县、宽城、兴隆、围场、承德双桥区、雾灵山自然保护区、宣化、怀来、蔚县、青龙、涞源、平山等地也有少量分布。

（2）生物生态学特性

落叶松是温带和寒温带树种，其天然林是河北山地森林垂直带谱的最高组分，能适应高海拔寒冷的气候条件。塞罕坝年均气温-1.5℃，无霜期60多天，极端最低温-43.3℃，落叶松生长良好。有关资料[5]报道，落叶松在-50℃的极端低温下亦能正常生长。落叶松根系能够在寒冷的土壤中进行生理活动，可在很短的生长期内通过强烈的同化和蒸腾作用完成生活周期。冬季落叶，使它具有较强的抗寒和抗风能力[5]。

落叶松分布的土壤有草甸棕壤、棕壤、灰色森林土、黑土型沙土等。在其分布区内，它能适应各种土壤条件，不论是干旱贫瘠的土壤（如塞罕坝梨树沟阳坡悬崖上有天然落叶松），还是冷湿的低洼地，均能正常生长。但只有在肥沃湿润而又排水良好的阴坡土壤和阳坡厚土上才能生长良好。在泥炭沼泽地和干旱瘠薄的山地阳坡均能生长，但发育不良，不耐积水。在阳坡薄土层和中厚土层的沙地上，不如樟子松（*P. sylvestria* var. *mongolica*）和榆树（*Ulmus pumila*）生长好[5]。

阳性树种，对光照需求量较大。在满足湿冷条件下，在光照充足的地段，生长势强；在林冠下或光照不足的立地上，生长势较弱。幼树不耐阴，郁闭的林冠下难以实现自然更新。

浅根系树种。由于落叶松分布海拔较高，林下土壤常具永冻层，根系难以下扎，因而根系较浅，但为了支撑高大的树体，进化出了发达的侧根根系。受雨水冲刷，在其林下常见暴露于地表蜿蜒盘曲的水平根。

速生用材树种。落叶松人工林从定植的第三年起高生长开始加速，栽植后有一个缓苗阶段。7～9年进入高生长迅速期，立地条件较好，20年生高生长不见减缓[5]。根据闫菁等[6]的研究，华北落叶松材积生长在前5年几乎没有出现，5～10年材积生长非常缓慢，10年后开始迅速增长，连年生长量在20年达到最大值，材积生长高峰期为18～24年，以后稳定增长至70年以上。

干旱胁迫和高温炙烤对其危害较大。落叶松夏季能耐35℃的高温，但地表温度达到35℃时，1年生苗会发生日灼，并大量死亡。塞罕坝1980年夏季大旱，造成6667hm²人工幼林死亡，当年造林存活率为0[5]。2000年承德地区夏季干旱，造成大量落叶松受损甚至死亡。落叶松是典型的森林树种，在群落的状态下，群内水湿条件较好，相互遮阴起到保护作用。在夏季干旱条件下，受干旱胁迫较大的是尚未郁闭的幼林、孤立木、林缘个体、林带、混交林中的突出木等，阳坡林地甚于阴坡，主要是干热空气的炙烤和强烈的水分蒸腾所致。2000年夏季，丰宁坝上50m宽的落叶松林带（中龄林）大部分被旱死。落叶松为寒温冷湿树种，干旱问题在人工造林中应引起重视，尤其在造林密度、混交造林的混交形式、园林绿化配置等方面，要科学安排。

雾凇对落叶松危害大，常引起折枝、折冠甚至折干现象，稀疏林受害比密林大，大林木比小林木受害重，上层木比下层木受害重。

（3）群落结构

以落叶松为主的针叶林称明亮针叶林。落叶松为喜光树种，树冠稀疏，冬季落叶，在寒冷瘠薄的气候土壤条件下形成单层纯林，自然整枝能力强，林冠开朗，林内透光度大。林下仅有灌木、杂草层，是针叶林中结构最简单的类型。

河北残存的天然落叶松常以小面积纯林、针阔叶混交林和伴生形式存在。

落叶松纯林主要分布海拔较高的亚高山区域，上限接亚高山草甸，下限与针阔叶混交林、桦木林相连。群落外貌呈翠绿色景观，秋季为金黄色景观，在森林中显得很突出，远观即容易辨认。纯林多为同龄林，年龄多在百年左右甚至更长的成龄林。落叶松纯林分布海拔最高，围场、承德、雾灵山分布海拔1400～1900m，小五台山、北京灵山及百花山、太行山（易县、涞源、阜平、平山）分布海拔1800～2400m。林内阔叶树种很少，常见白杆、臭冷杉生态位相近的耐寒针叶树种伴生。

在以落叶松为主的针阔叶混交林中，常见有白桦、云杉、棘皮桦（*B. dahurica*）、山杨、蒙古栎、椴树等（围场、雾灵山），还有落叶松与白杆、青杆的混交林（围场、雾灵山）。落叶松和云杉的混交林往往是原生林经过破坏后，植被向顶极群落演替的一个过渡阶段，在林内阴性树种云杉的各种年龄的幼树较多，最终形成云杉占优势的、稳定性更强的森林群落。幼树的多少往往决定着群落的发展方向。落叶松起先锋树种作用，为耐阴树种进入生长创造条件，推动群落向前进演替方向发展，并形成稳定性较大的森林类型。

针阔叶混交林往下为落叶阔叶林，而落叶松作为伴生树种，仅零星分布其中。

隆化县部碱房林场的天然落叶松林海拔15000m左右，林内伴生树种有白桦、蒙古栎、五角枫、花楸树（*Sorbus pohuashanensis*）等，林冠下植物繁茂，主要有毛榛、六道木、绣线菊（*Spiraea pubescens*）、刺五加（*Eleutherococcus senticosus*）、细叶薹草、唐松草、天南星（*Arisaema heterophyllum* Blume）、玉竹、铃兰（*Convallaria keiskei*）、升麻（*Actaea cimicifuga*）等。

雾灵山莲花池，海拔1700～1900m落叶松林纯林，林木层中夹有少量的青杆以及白桦、黑桦等。下木多由六道木、忍冬（*lonicera japonica*）、红丁香、锦带花、东陵绣球（*Hydrangea bretschneideri*）等较阴湿的灌木组成，分布稀疏。草本层较发达，有金莲花、绿豆升麻（*Actaea asiatica*）、华北耧斗菜（*Aquilegia yabeana*）、北乌头、银莲花（*Anemone cathayensis*）等[5]。

根据小五台山自然保护区资料，在小五台山地区，落叶松针叶林带分布于阴坡2000～2400m，有的地方下延至1700m，阳坡分布于1900～2000m。该带落叶松多为纯林，林内伴生有冷杉和云杉等。其上接亚高山灌丛带，主要树种为硕桦。其下接针阔叶混交林带，此带在山地阴坡的宽度较窄，在1700～2000m，而在阳坡则分布于1400～2000m的海拔，华北落叶松常为主要建群树种，共建种有云杉、臭冷杉、白桦，还有少量的蒙古栎、硕桦、五角枫等。落叶松占60%，臭冷杉占20%。该带以下为阔叶林带，分布于海拔1300-1700m山地的阴坡。建群种为白桦，而落叶松、云杉只是零星分布。由此可见落叶松在该地区随海拔垂直变化情况和群落内植被间的生态位关系。

平山驼梁山国家森林公园，华北落叶松林主要分布在海拔1800～2100m阴坡，单优群落，郁闭度0.8以上。伴生种有云杉、白桦、山杨、臭椿（*Ailathus altissima*）、红桦（*B. albosinensis*）。灌木层主要有美蔷薇（*Rosa bella*）、蓝果忍冬、绣线菊、六道木。草本层主要有毛茛（*Ranunculus jioponicus*）、肾叶鹿蹄草（*Pyrola renifolia*）、侧金盏花（*Adonis amurensis*）、白头翁（*Pulsatilla chinensis*）等。以华北落叶松为优势种的针阔叶混交林主要分布在海拔1500～2000m的陡坡上，郁闭度0.8以上，伴生种有白桦、红桦、黑桦、中华黄柳（*Salix sinica*）、山杨等。林下常见六道木、升麻、歪头菜（*Vicia unijuga*）、玉竹等。

驼梁林场辽道背林区落叶松天然林，海拔1800～2100m，位于阴坡的中、上部，树龄20～100年，平均树高18m，胸径10～60cm，为异龄纯林，林分郁闭度0.5～0.8。落叶松林木长势良好，伴生树种有白桦、红桦、花楸树、五角枫。灌木层优势种为毛榛，还有刺蔷薇（*Rose acicularis*）、土庄绣线菊、大花溲疏（*Deutzia gyandiflora*）、胡枝子、牛叠肚（*Rubus crataegifolius*）、覆盆子（*Rubus idaeus* L.）、六道木、鸡树条（*Viburnum opulus* var. *calvescens*）等。平均盖度65%。草本优势种为细叶薹草，还有地榆、宽叶薹草、蛇莓（*Duchesnea indica*）、山尖子、玉竹、橐吾（*Ligularia sibirica*）、北乌头等，盖度40%，草本种类并不多。群落乔灌草层次分明，水土保持效果较好。该林分曾进行过多次抚育，林内阔叶乔木树种如白桦等保留过少，只有零星存在，不利于培育混交林，应注意保护林内的阔叶树种。

在郁闭的落叶松纯林中，林下枯枝落叶厚，难分解，林下灌草植被稀少，而在针阔叶林中，植被种类比较丰富，生物多样性也比较好。

（4）生态经济价值

天然落叶松是宝贵的种质资源，是人工落叶松林的原始母树。因其起源古老，具有很高的研究价值。1961年春，时任林业部国有林场管理局副局长刘琨率队到塞罕坝考察时，在塞罕坝与赤峰交界处发现一棵百年落叶松孤树，由此坚定了塞罕坝可以种树的信心，也就此拉开了塞罕坝机械化造林的序幕，于是便有了一棵树到一片"海"的故事。经过多年发展，华北落叶松已成为华北地区森林组成的主要优势树种，分布广、面积大，对坝上地区和燕山山地防风固沙、水源涵养、水土保持意义重大，对林区生态系统的形成与维护发挥着不可代替的作用，对京津冀地区生态环境建设具有重要支撑作用。

重要的用材树种和碳汇树种。对气候的适应能力强，造林易成活，成林快，干形好，轮伐期短，病虫害较少，适宜大面积栽培，是速生丰产林、大径材林、储备林建设的主要树种。

落叶松材是全球重要的工业用材。木材纤维含量高，结构致密，耐腐性和力学性较强，材质优良，广泛用于建筑、电杆、矿柱、枕木、桥梁、舟车、家具、器具及木浆造纸和人造板加工。

树形高大雄伟，株型俏丽挺拔，叶簇状如金钱，尤其秋霜过后，树叶变为金黄色，可与南方金钱松（*Pseudolarix amabilis*）相媲美。9月的塞罕坝机械林场，落叶松秋林把整个塞罕坝染成一片金黄，在蓝天白云的映衬下，与蒙古栎（红）、樟子松（绿）、桦树（黄）共同构成一幅美轮美奂的季相森林景观，成为摄影家的天堂。雌球花在授粉时呈现出鲜艳的红色、紫红色或红绿色，颜色一直可以保持到球果成熟前，因此球果也具有非常高的景观价值。

褐马鸡是国家一级保护动物，小五台华北落叶松及次生针阔叶混交林是其主要栖息地。

落叶松林是"山珍"的宝库，在其林下生长着许多大型真菌如牛肝菌、红菇、马勃、野生平菇、紫云盘、小灰蘑等，具有很高的食用价值和经济价值。

（5）更新繁殖

华北落叶松种实量大，发芽能力较强，但落叶松为强阳性树种，不耐庇荫，存在着林下更新苗难以成树的现象，靠种子繁殖实现天然更新难度大，这使得落叶松难以形成稳定的、可以达到动态平衡的顶极群落的原因，这也是天然落叶松分布面积小的主要限制因素。落叶松林下更新这一难题，至今尚未得到很好的解决。

根据张树梓等[7]在塞罕坝机械林场的研究，林分更新苗在早期生长中受土壤枯落物因子限制比较大，而后林分结构因子和土壤养分逐渐成为主要的限制性因子。华北落叶松种子长度仅1～2mm，成熟落地后主要集中在枯落物层，枯落物层的保温保水能力为种子的萌发提供了良好条件，在枯落物中种子存活率明显高于裸露生境，在林下枯落物层中种子萌发量高。但由于更新苗萌发后的进一步生长需要扎根土壤，在枯落物中萌发的更新苗常常由于胚根不能达到土壤，进入自营养阶段后无法获得充足的养分，导致更新苗大量死亡，幼苗高度达到5cm时，70%幼苗已经死亡，达到20～40cm时，94%的幼苗已经死亡，说明枯落物厚度是影响更新苗成活的主要限制性因素。当幼苗高度达到40cm以上后，受草本植物的影响逐渐减弱，草被甚至有利于苗木生长。此时林分密度成为影响幼树生长的主要因子，密度越大幼树生长受到的抑制也越大。林下更新苗数量随苗龄增大而显著减少，3年生苗已很少见。

在阴坡落叶松稠密的林冠下，落叶松幼苗只能维持1年的生命。阴坡落叶松林缘的更新，使落叶松向周边的灌草地和阔叶疏林入侵扩张，是一种较多的现象，也是落叶松林空间扩散中较可靠的一种更新方式。

根据王国祥等[8]的调查研究，华北落叶松在立地条件好的撂荒地、采伐迹地、火烧迹地及灌木稀少的疏林地天然更新良好。但在林冠下（郁闭度0.7以上）天然更新不佳。

阜平辽道背的落叶松林异龄林，由于经过多次割灌抚育，林下自我更新较好，形成完整的异龄林。但近些年停止了割灌抚育，灌木盖度增大，同时随着林分郁闭度的不断增大，林下已很难见到更新幼苗，甚至20～30年生的、高度已经超过灌木层的更新幼树因林下光照不足而死亡，表明落叶松自我更新对光照的较强需求。

总体来看，华北落叶松混交林的天然更新远好于纯林。

华北落叶松人工繁殖主要靠种子育苗和嫩枝扦插育苗两种方式，承德地区的全光喷雾育苗技术已经非常成熟。

河北落叶松人工林主要营造在落叶松天然分布区内，在海拔较低的松桦、松栎混交林带营造的落叶松纯林或混交林也很成功。低价值的白桦林也常被改造为落叶松—白桦混交林。在海拔1000m以下的山区一般不适宜营造落叶松林。

（6）资源保育

华北落叶松作为寒温性高海拔树种，天然林仅出现于各山峰的较高处，生态位狭窄，呈间断性分布。强阳性致其林冠下更新困难，在树种之间的竞争上表现出脆弱性，从而决定了其在空间分布上的局限性。加上人为破坏，天然种源有递减甚至走向濒危的趋势。

6.1 结合自然保护区、森林公园建设，搞好对天然落叶松林的封育保护，尽量维持原生状态，重点用于科研。同时，注意保护好林地周边向外扩散的幼树资源，保持天然种群的接续性。

6.2 加强种质资源的保护和利用，通过建立种子库、基因苗圃地、种质园、对比林等途径，搞好不同区域种质资源的保护、收集贮存和利用，实现资源的保护和选择利用。

6.3 依托国有林场、自然保护区等主体单位，加强同高校和科研单位的协作，进一步摸清落叶松林下天然更新机制和人工促进天然更新有效途径。

6.4 河北部分落叶松林已逐渐进入成熟期和衰老期，从技术角度来说，这部分林地在更新时，如果林地为异龄林，可采用择伐的方式，逐步伐除成龄个体，然后选择新的目标树继续培育，更新时，注意保护林下幼树。如果林地为单一的纯林，更新时应：①采用小片皆伐的方式进行采伐，不宜大面积皆伐，避免引起局部种源枯竭及生态环境大的变动。②根据监测资料，在病虫害较少的种子年进行，在种子成熟落地后采伐。③在采伐迹地上可采用带状破土整地，使得当年落地的落叶松种子能接触到土壤并萌发出苗。④在采伐迹地上，一些先锋树种如山杨、桦树及灌草植被会迅速侵入领地，前5年应做好割灌除草工作，控制阔叶树的密度，保证落叶松更新层幼苗顺利超过灌木层进入幼林层，从而完成落叶松林地的人工辅助自然更新。

主要参考文献

［1］李红艳. 落叶松起源演化与利用价值述评［J］. 安徽林业科技，2013，39（1）：44-47.

［2］孙立元，任宪威. 河北树木志［M］，北京：中国林业出版社，1997.

［3］中国珍稀濒危植物信息系统，华北落叶松.［EB/OL］.（2018-7-20）［2023-8-9］. http://www.iplant.cn/rep/prot/larix%20gmelinii%20var.%20principis-rupprechtii.

［4］王仰发，等. 隆化发现千亩天然华北落叶松原始群落.［EB/OL］. 中国林业新闻网，（2017-9-18）［2023-7-20］. http://www.greentimes.com/greentimepaper/html/2017-09/18/content_3313387.htm.

［5］河北森林编辑委员会. 河北森林［M］. 北京：中国林业出版社，1988.

［6］闫菁，等. 不同坡位华北落叶松人工林生长规律研究［J］. 河北林果研究，2012，2（27）：120-125.

［7］张树梓，等. 塞罕坝华北落叶松人工林天然更新影响因子［J］. 生态学报，2015，16（35）：5403-5411.

［8］王国祥. 太行山华北落叶松天然林更新调查及采伐更新意见［J］. 山西林业科技，1995，4：9-12.

4. 侧柏

阜平吴王口周家河村3000年天然古柏

兴隆山生长的天然侧柏

平泉党坝乡大石湖林场天然侧柏林

平泉大石湖林场天然侧柏林

柏树为柏科（Cupressaceae）树木的总称，属古老植物，也是唯一在世界各地都能见到的针叶树。侧柏属（*Platycladus*）只有侧柏（*P. orientalis*）一种，在我国植物区系划分中属于中国—日本成分。按照传统的分类，我国有8属，39种，6变种，引入栽培1属15种[1]。柏科植物在河北种类较少，原生种只有侧柏和杜松（*Uniperus rigida*）两个种，其他均为引进栽培种。侧柏在河北常见的栽培种有千头柏（*P. orientalis* cv. Sieboldii）和金塔柏（*P. orientalis* cv. Aurea）两个变种[2]。

侧柏果实

侧柏为常绿乔木，高可达20m，胸径1m。叶小，呈鳞片状，紧贴小枝上呈交叉对生排列，小枝扁平，排列呈一个平面，枝条向上伸展或斜出，侧柏也由此而得名。

侧柏是河北石质山地的主要绿化树种，也是古老的园林树种。

（1）分布

中国特有种。分布于内蒙古南部、东北南部，经华北向南达广东、广西北部，西至陕西、甘肃，西南至四川、贵州、云南。除青海、新疆外均有分布。除我国外，朝鲜也有分布。

侧柏在我国北方山区分布广泛。在辽宁北镇、北京密云椎峰山、周口店上方山、山西的吕梁山、太岳山、中条山、陕西秦岭、甘肃东部等地均有侧柏天然林分布[3]。山西晋中灵石县国有林场有侧柏林面积4480.0hm^2，据称是华北地区最大的天然侧柏林分布区域[4]。

历史上柏树在河北广泛存在。许多县志中都有记载，《井陉县志料》："陉山（县北五十里）古柏参天阴翳不见日"；《后魏书》描述唐县境内的大茂山："横松疆柏，状如飞龙怒丸楸虬，叶皆四衍"，唐太宗描绘它"凝烟含翠""松萝挂云"。《宣化府志》："鹤山（赤城县西北马营堡东二里，俗称东山）柏桧森然。"《承德府志》："滴水崖松柏丛郁"等。从这些史料中，可以看出侧柏在河北的历史分布情况。然而，这些曾经繁茂的柏树原始林早已不复存在，只在悬崖和岩石裸露的石质山坡上星散存在一些原生个体，大面积的原生林分已经不多，现有的侧柏林均为次生林。

2012年，平泉七沟林场工作人员，在对古树名木进行调查登记时，发现一片天然侧柏古树群，面积为580hm^2，树龄最长的达1300年以上，平均年龄300年，少数超千年。大都生长在石灰岩山地陡峭的悬崖边和石缝中。如此成岭、成坡、成沟又相对集中的天然侧柏古树群罕见。这片古树群很可能是鸟类将侧柏的种子洒落到岩石缝中，生长出古树群的母树，随着母树种子向周围扩散，经年累月，从而形成了古树群[5]。这处天然侧柏林片林因受立地条件限制，树高多数在3～5m，高的7m，平均胸径13～14cm，最大的一株胸径80cm左右，这在全省乃至全国都属罕见，该古树群的发现对研究古代水文、地理和植被变迁史具有重要价值，是森林中的"活文物"。

在涿鹿赵家蓬区、谢家台乡交界处，集中分布着500hm^{2}天然侧柏林，平均树龄300年，最大1000年以上，树高2～5m，多生长在半阳坡，是河北冀西北地区罕见的古侧柏群。

根据2015—2018年河北森林资源二类调查数据，全省现有天然侧柏林11712hm²（占全省侧柏林总面积45320.0hm²的25.8%），蓄积14.5万m³。其中，幼林地9587.6hm²、中龄林1740.7hm²、近成熟林248.0hm²、过熟林135.7hm²，分别占81.9%、14.9%、2.1%、1.2%，以幼龄林为主。

在总面积中，承德10369.0hm²，占全省总面积的88.5%；张家口588.2hm²，保定478.7hm²，石家庄192.5hm²。其他地方较少。

其中，承德县2981.0hm²、宽城1699.4hm²、滦平2196.0hm²、兴隆1754.0hm²、平泉840.7hm²、滦平国有林场管理处739.8hm²、涿鹿544.9hm²、涞水264.8hm²、平山175.1hm²、阜平156.5hm²。丰宁、赤城、崇礼、怀来、小五台、雾灵山、迁安、迁西、易县、涞源、井陉、鹿泉、满城、内丘、信都区、磁县、涉县等山区也有少量片林分布。

可以看出，河北天然侧柏林主要分布在燕山北麓的承德地区，其他山区也有分布。太行山区从南到北呈逐步增加趋势，太行山南部地区天然松柏林稀少，主要是由于历史上遭到的破坏更加严重。北宋沈括《梦溪笔谈》："今齐鲁间松林尽矣，渐至太行、京山、江南，松山大半皆童矣。"说明在北宋末年，太行山南段的松柏林，多半已消失了。这些史料也印证了太行山南段的森林被破坏得较早、最为严重的事实。

侧柏是河北低山丘陵区自然分布的一个主要树种，垂直分布，天然林主要在海拔1200m以下的山坡、悬崖和裸露的石质山地，人工林主要分布在海拔1000m以下坡地，北自张家口，南至邯郸均有栽培。

（2）生物生态学特性

侧柏为温带旱生树种，能适应干冷及暖湿气候，喜光，幼树稍耐阴，20年后需光增大。可耐-35℃的低温，也耐强太阳光照射，能耐40℃的高温炙烤。喜暖湿气候。对土壤要求不严，喜钙质土，在酸性、中性、碱性土壤上均能生长，能耐pH7～9的轻盐碱，为石灰岩山地的钙质土指示植物。能生于干燥、贫瘠的悬崖峭壁的石缝中，不耐水涝，排水不良易烂根，在湿润排水良好的肥沃深厚土壤环境下生长更好。年降雨量300mm以上，年均温8～16℃的气候条件下能正常生长。

侧柏生长环境恶劣，土壤贫瘠多石，在长期的演化过程中形成浅根系特性，但侧根和须根发达。有一定萌生力强，枝干受损后能萌发出新枝，耐修剪。侧柏枝下高较低，侧枝可以长期生长，自然整枝能力差，即使枯死枝也不易从树干脱落，林地垂直郁闭能力强，对树干有保护作用，对林下灌草植被的生长影响较大。信都区鳖鱼山东侧一株侧柏砍伐后从基部萌生出许多枝条，并能长成大树，当地称为"再生柏"，为柏树中少见。

自然环境条件下生长极其缓慢，一株柏树成年，需要数百年时间；一株10cm粗的侧柏树，年龄就有可能上百岁。生长在山区的悬崖峭壁上的侧柏，自然状况下多呈平顶或馒头状，树干扭曲似盆景，实质上是一种矮型老林。原湖北西陵林研所在西陵营造的人工侧柏林20年生高度3.8m，胸径4cm[3]。北京人工侧柏林胸径4～5cm，树高3～4m的植株，年龄已达31年[6]。

在立地条件较好的情况下，侧柏生长也比较快。易县20年生的侧柏林，在深厚土壤上生长良好，林分平均高6m；而在贫瘠干旱的阳坡，平均高为3m。迁西县新庄子镇大峪山林场后山营造有大面积人工侧柏林，年龄60年，平均胸径12cm，最大见有18cm。

寿命长，可达数百年甚至数千年。赵县柏林禅寺，始建于东汉末年，建寺时所植的柏树如今尚存23株。阜平县吴王口乡周家河后村有一株古侧柏树龄3000年以上，树高18.5m，基围710cm，冠幅19.5m×19m。陕西黄帝陵轩辕黄帝手植柏，距今已栉风沐雨5000年。

（3）群落结构

侧柏林所处的生境干燥，温差大，土层瘠薄，侧柏群系多为单纯林，伴生树种少，林分结构较简单，林下的植物种类较少。在陡峭的悬崖峭壁上，侧柏常呈零散分布，树冠低矮，干形弯曲。侧柏具有天然下种更新能力，植株可向周围缓慢扩散，群落呈团块状、片状分布。

根据对平泉市天然侧柏林的调查，侧柏在阳坡、阴坡都有分布，阳坡较多，但阴坡的长势比阳坡好。多为单纯异龄林，林分郁闭度0.3~0.7，局部较密，分布不均，林相稳定，无病虫害发生。侧柏为绝对优势种，伴生乔木树种有栎属（*Quercus*）、大果榆（*Ulmus macrocarpa*）、鹅耳枥（*Carpinus turczaninowii*）、五角枫等，数量较少。下木层优势种为荆条（*Vitex negundo* var. *heterophylla*），还有山杏、榛、小叶鼠李（*Rhamnus parvifolia*）、多花胡枝子（*Lespedeza floribunda*）等，覆盖度30%左右，这些灌木都具有的很强适应性。草被层被物层以细叶薹草、白莲蒿（*Artemisia stechmanniana*）、黄芩（*Scutellaria baicalensis*）、竹叶柴胡（*Bupleurum scorzoneirfolium*）、苍术（*Atractylodes cancea*）、漏芦（*Rhaponticum uniflorum*）、山丹（*Lilium pumilum*）等，草被种类较多，但盖度较低，40%左右，阴坡林下植被稍好。林下植被以中生及旱生植被为主。林缘或林隙见有幼苗及幼树，自然更新缓慢。侧柏为林下灌草的生长创造了条件，灌木对侧柏幼树的生长形成庇护。侧柏与林下的灌草植被共同构成了相对稳定的生态系统，在干旱贫瘠的条件下，形成了有较好水源涵养及水土保持能力的生态体系。

根据陈灵芝等[6]对北京山区天然侧柏林的调查，北京山区的侧柏林分布多在海拔200~900cm，大多出现在阳坡和半阳坡。组成侧柏林植物的生活型谱，以地面芽和高位芽植物所占比例较大，分别为38%和37%，地下芽植物占12%，反映了当地干旱的生境特点。其林分明显分为3层，乔木层以侧柏占绝对优势，为森林的建群层片。侧柏无大树，但幼树较多。其他乔木树种有栓皮栎（*Quercus variabilis*）、槲树（*Q. dentata*）、黑榆（*Ulmus davidinan*）、栾（*koelreuteria paniculata*）、花曲柳（*Fraxinus chinensis* subsp. *rhynchophylla*）和朴树（*Celtis sinensis*）等，也多为幼苗或幼树，常处于灌木层中，数量少，存在度低。灌木层以小叶梣（*F. bungeana*）、山杏、荆条为优势种。草本层组成种类很多，以矮丛薹草（*Carex callitrichos* var. *nana*）、丛生隐子草（*Cleistogenes caespitosa*）、白羊草（*Bothriochloa ischaemum*）、远志（*Polygala tenuifolia*）为主。一年生植物有狗尾草（*Setaria viridis*）、小花鬼针草（*Bidens Parvflora*）和荩草（*Artharxo hispidus*）等，这类一年生植物的出现与人类活动频繁有关。从林分构成看，该群落正处于演替过程中。

根据韩飞腾[7]对唐县大茂山森林植被的调查，侧柏群系有两种：①侧柏林纯林：林下主要灌木有薄皮木（*Leptodermis oblonga*）、荆条、河北木蓝（*Indigofera bungena*）、酸枣（*Ziziphus jujuba*）、笐子梢（*Campylotropis macrocarpa*）、三裂绣线菊（*Spiraea trilobata*）等6种，草本主要有蔓出卷柏（*Selaginella davidii*）、小红菊（*Dendranthema chanetii*）、细叶薹草等9种。②油松—侧柏群丛：林下主要有三裂绣线菊、雀儿舌头（*Leptopus chinensis*）、蚂蚱腿子（*Pertya dioica*）、荆条、毛丁香（*Syringa tomentella*）、鞘柄菝葜（*Smilax stans*）等19种，草本主要有大叶糙苏（*Phlomis maximowiczii*）、山萮苣

（*Lactuca sibirica*）、小红菊等20种。油松侧柏混交林林下物种丰富度指数以及物种多样性指数均比侧柏纯林高，其原因可能是混交林积累的森林枯落物数量比纯林多，有效提高土壤肥力的原因。

（4）生态经济价值

侧柏生长缓慢，但它是河北最耐干旱贫瘠的树种之一，根系发达，抗逆性强，耗水量比阔叶树少，为节水树种。在干旱的阳坡和半阳坡多石质山地，甚至在悬崖峭壁岩石裸露的严酷生境下，其他乔木树种难以存活，侧柏却可以正常生长并繁衍演进，是山地营造水土保持林和景观林的重要树种，也是太行山区石灰岩山地生态修复的首选树种。实践证明，在母岩为石灰岩干旱瘠薄的低海拔山地，侧柏比油松、臭椿（*Ailathus altissima*）、刺槐（*Robinia pseudoacacia*）的造林效果好。

抗烟尘，抗二氧化硫、硫化氢等有害气体。

据报道，1hm^{2}桧柏（*Sabina chinensis*）一昼夜能分泌30kg芳香的植物杀菌素[1]，柏树也具有同样的功能。柏树释放的芳香气体主要成分为崧萜、柠檬萜，能杀灭空气中的细菌，有净化空气的作用。森林中的负氧离子有"空气维生素""长寿素"之誉，能分解体内有害物质，提高人体免疫机能，抑制衰老，稳定情绪等许多有益作用。负氧离子是衡量空气清新的重要指标，世界卫生组织对空气清新的界定是负氧离子浓度达到1000～1500个/cm^3，浓度达到4000个/cm^{3}则具备养生保健功能。森林环境负氧离子浓度最高可以超过20000个/cm^3，而密集的城市环境只有100个/cm^{3}左右。柏树林中弥漫着大量负氧离子，是森林康养的理想场所。

侧柏四季常青，树姿优美，叶色翠绿，幼树树冠尖塔形，老树树冠则为圆形，枝条斜出，其形独特，孤植、群植、列植、丛植效果都比较好。病虫害少，管理容易。耐修剪，发枝力强，可做园林绿篱，是我国古老的园林树种。树干扭曲，具有天造地设般的百变形态，洒脱流畅而又苍劲古朴，是上佳的盆景材料。悬崖峭壁上的老桩是绝佳的工艺品，但也因此常遭采挖"劫难"。

侧柏木材淡黄色，结构细密坚重，密度0.58，年轮细密如丝，不挠不裂不变形，树脂充盈，有香气，耐腐蚀，属上等木材，可供家具、建筑、桥梁、棺木、雕刻等用。

种子入药称"柏子仁"，《神农本草经》将其列入上品药材，有安神、滋补强壮之功效。种子榨油，可供食用。侧柏叶和枝入药，可收敛止血、滋养秀发、利尿健胃、解毒散瘀。《本草纲目》谓其主治头发不生，被作为生发乌发的良药。叶可提取芳香油，树根可提炼柏油，为传统出口产品。古代道家常用柏木制作药枕，促进睡眠。四川人用柏枝熏制腊肉，其味独特。

（5）植物文化

柏树性坚毅刚强，不惧寒暑贫瘠，经冬不凋，临风不倒，信念执着，象征着正直高尚，威武不屈的英雄气概。张说《代寄薛四》："岁寒众木改，松柏心常在"；青居士子《松柏》："凛凛西风急，昂昂松柏劲"；郭沫若题昆明黑龙潭宋柏："惊破唐梅睁眼倦，陪衬宋柏倍姿雄"……从古至今，柏树深受文人称颂，赋予了高尚的道德精神内涵。

柏树庄重肃穆，宁静幽香，被视为"神树"，古寺名刹、宫殿陵墓、纪念堂馆、皇家园林、医院、学府等地广泛栽植。如北京天坛、曲阜孔林、陕西黄帝陵、仓颉庙、四川蜀道云廊、太原晋祠、河南嵩阳书院、少林寺等，都是古柏参天。陕西黄帝陵8万余株古柏蔚为壮观，轩辕黄帝手植柏被国内外认定为最古老、最粗壮的柏树，被全国绿化委员会2016年认定为"中国最美侧柏"。"要觅古，到曲阜"，山东曲阜孔庙有以古侧柏为主的"孔林"200hm²，其中就有孔子手植柏，故主高风，昭示后人。承德外八庙大成阁千手千眼观音，就是用松柏等5种木材雕组而成，重约110t，中间的通柱是一根直径65cm、高25m的柏木直达头顶，堪称奇观[1]。

古老柏树树冠像龙首，树干纹理清晰，扭曲盘绕如游蛇，"龙首蛇身"，苍老遒劲，象征着权威、力量与智慧。古柏与圣人相伴，炎帝、皇帝、孔子、释迦牟尼等故地，以及北京、西藏等圣地，都生长大量数千年以上的古柏，这是中国历史文化上的奇迹。

柏树长寿，寓意精神长存，墓地多植柏以示后人对前人的敬仰和怀念。古人认为柏树性属阴静，柏阴森森，人死后需要这样安静舒适的环境，不被侵扰。传上古部落联盟首领颛顼有3个儿子，在他们死后化为3个害人的怪物，其中1个就是魍魉，死后变为水怪，为水鬼或疫神，凶残暴戾，喜盗食尸体和心肝，但柏树威严阴沉可镇之，人死后墓地常植柏以驱鬼镇邪，故柏树又称"辟邪树"。

传说北京孔庙大成殿西侧柏树为元朝国子监祭酒许衡手植，明奸相严嵩曾来代帝祭孔，不料柏枝扫落其乌纱帽，奸相惊恐不已。宦官魏忠贤来此祭孔时，柏枝掉落将其打中，把他吓出一场大病。从此，柏树便成为"除奸柏"[1]。

在我国南方如江西、广西等地，新人结婚要挂柏枝，寓意白头到老，吉祥如意。在石家庄西部山区一带，年节或元宵节有燃烧新鲜柏枝烤火的习俗，据说烤过"柏灵火"的人，一年四季无病无灾。

侧柏是北京和拉萨的市树，塔柏是四川广元市的市树。

柏树蕴含着浓郁而久远的文化气息和厚重的历史积淀，已超越"树"的自然属性，形成一种独特的植物文化，闪耀着生态文明之光。

（6）更新繁殖

侧柏林下自然更新靠种子繁殖。花期3～4月，球果成熟期10月，种子可保存2年左右。种子靠鸟类、风力和水流传播。

根据查同刚[8]在2000年对北京西山20世纪50～60年代侧柏人工林的研究，其种子雨降雨时间主要集中在8月25日至10月9日，历时46天，总雨量为213粒/m²，输入种子库雨量为18粒/m²，最大雨强每天15～20粒/m²。鸟类动物摄食和携带是造成种子损失的主要因素。在总雨量中，完整种子为213粒/m²，占总量的63.4%，完整种子的发芽率仅为32.6%。虽然侧柏种子雨总雨量不小，但真正具有生命活力的种子数量并不大，这是侧柏自身结实特点与环境条件共同作用的结果，如胚胎发育不完全、病虫害及环境影响导致种子败育。侧柏林种子雨在林缘的分布随距母树距离的增大，呈现明显的递减趋势，主要集中在林下以及距林木1倍树高的范围内，在此以外区域很少分布，说明侧柏具有向林缘以外一定距离范围内自我扩张的能力。

侧柏幼苗和幼树较耐庇荫，在郁闭度0.8以下的林地，种子更新良好，从1年生幼苗到20年生幼树均有，因而天然更新的侧柏林多为异龄林。徐化成认为，河北和北京地区侧柏主要分布在800m以下海拔较低地区，在这个范围内，不管天然林或人工林，侧柏林下幼树天然更新良好，每公顷可达几万株，说明侧柏在华北、西北山区的低海拔地区是基本成林树种[3]。

根据鲁法典[9]对泰安市50年生侧柏人工林的研究，郁闭度0.6以下、土壤条件好并且是阴坡的情况下，最有利于侧柏天然更新，10cm以上更新苗株数达到3000株/hm²，天然更新状态良好。而以郁闭度0.8以上、土壤条件差并且是阳坡的情况最不利于天然更新。

从尹俊武[10]对青龙河流域树龄100～200年侧柏天然林调查结果看，侧柏林下幼树为375～2370株/hm²，数量较多，表明在适宜条件下，侧柏林下天然更新良好。

平泉古侧柏群，因有连年不断的天然下种更新，年龄最大的上千年，最小的仅几年，林分中包含各个年龄阶段的植株，呈现出不同龄级的连续分布，是典型的异龄林。

侧柏在严酷的自然条件下，能够实现种群的进出平衡，具备形成土壤性顶极群落条件。

侧柏人工繁殖主要以种子繁育为主，也可扦插或嫁接。

侧柏球果的成熟期是从9月中旬到10月下旬为止，当球果果鳞由绿色变为黄绿色，果鳞微裂时，应立即采种，当球果木质完全开裂后，种子易脱落或被鸟食流失。

（7）资源保育

历史上柏树是遭受破坏最严重的树种之一，河北柏树原始林在宋朝时已经破坏殆尽。近些年，"崖柏"受到文玩市场追捧，在网上、旅游区、古董售卖摊点，经常可以见到兜售的"崖柏"老桩工艺品、雕刻工艺品。一些商家故意在网上炒作"崖柏"的药用作用和文玩价值，宣称"太行崖柏是其中最为珍贵的品种"。一些地方的农民和商人大肆非法采挖、加工、贩卖"崖柏"等多年生树木和老桩，给柏树资源构成巨大威胁。石家庄新闻网[11]：《盗挖贩卖加工"崖柏"将被依法严肃查处——平山万亩柏树林屡遭盗伐惹人忧》；齐鲁晚报[12]：《为采集药用的柏树籽济南牛青山上有人毁山林》；张家口新闻网[13]：《售卖"崖柏"之风开始蔓延，网友呼吁保护好张家口周边柏树林》；河北新闻网[14]：武安集中销毁非法盗采"崖柏"827根……类似于这些案件许多地方都曾有发生，早在2014年，河北省林业厅就印发了《关于禁止采挖"崖柏"等多年生树木的通知》。

根据中国生物多样性保护与绿色发展基金会有关资料，崖柏（*Thuja sutchuenensis*）为柏科崖柏属（*Thuja*）灌木或乔木，我国特有种，主要分布在四川、重庆一带，曾一度被IUCN（世界自然保护联盟）列为中国已灭绝的植物。崖柏在河北、河南并没有自然分布，所谓的"太行崖柏"其实为侧柏。侧柏在《世界自然保护联盟濒危物种红色名录》中已被列为近危种，同样面临着巨大生存压力。

加强侧柏资源的保护和培育，重点应做好以下几个方面的工作。

7.1 强化就地保护和种源收集保护

天然侧柏大多生长在石崖、石坡生态环境脆弱区，对保护生态地理环境具有重要作用，一旦破坏，很难恢复，造成严重水土流失。要严格保护制度，加大综合执法力度，严禁采挖"崖柏"树木和老桩的行为，加强源头管理。同时，要加强运输、贩卖和经营加工环节的管理，多措并举搞好对天人侧柏资源的就地保护。侧柏古树资源丰富，这些古树都是历经风霜，通过自然选择得以存续下来的优良种质资源，是大自然留给人类的宝贵"遗产"，在做好古树调查建档、挂牌保护的同时，收集不同古树基因资源，培育一批古树基因苗，建立对比林，筛选优势种源，进行良种扩繁，实现就地保护和迁地保护。

7.2 搞好疏林地修复

太行山区多石质山地有较多散生侧柏个体，可选择资源相对集中的疏林地，在立地条件较好处或利用岩石间的"鸡窝土"，见缝插针，营造一部分侧柏大苗，与原有侧柏及灌草植被搭配，共同组成以侧柏为优势树种、乔灌草共存的连续森林群落，逐步恢复山地森林植被景观，缩短生态修复时间，实现人工辅助自然修复。

7.3 促进天然更新

对林分质量较好、天然下种能力较强，郁闭度较高但林下自然更新不良的林地（包括人工林），在种子丰年可进行树木修枝透光、局部除草和破土整地，以利种子落地生根和幼苗生长，通过人工促进天然更新，培育可持续演进的侧柏异龄林。

7.4 扩大混交造林

侧柏是河北干旱地区人工造林的主要树种之一，人工造林面积大，但纯林多，长势差。侧柏混交林比纯林生产力大2～3倍，多数生长较好的混交林，8～10年林冠就基本郁闭，而纯林则长期不能郁闭[3]。所以，人工造林应加大混交林比例。适宜与侧柏混交的树种选项很多，如油松、刺槐、栓皮栎、野皂荚（*Gleditsia microphylla* Gordon）、青檀（*Pteroceltis tatarinowii*）、五角枫、黄连木（*Pistaci chinensis*）、栾、山杏、黄栌（*Cotinus coggygria* Scop. var. *cinereus*）、连翘（*Forsthia suspensa*）等。在地形破碎的山地，可选择块状混交，在立地条件较好地段，可采用带状混交。注意保护造林地上原有的植被，培育乔灌草完整的植被群落。新造林地要及时封育保护。

7.5 适度修枝抚育

侧柏自然整枝能力弱，侧枝细密，枝下高较低，人工造林一般初植密度较大，常形成立体郁闭的密实林地，林下植被稀少。对立地条件较好，密度大的林地，在经营中可适度修枝，修去树干1/3高度以下的枝条，保持冠高比为2/3左右。通过修枝，形成通直树干，也为林下灌草植被提供营养生长空间，促进下层植被发育，提高林地生物多样性和生态服务功能。

主要参考文献

［1］蒋红星. 林草科普|柏树家族演绎绿色传奇［EB/OL］.（2022-2-28）［2024-2-29］. https://lcj.jz.gov.cn/info/1038/3494.htm.

［2］孙立元，任宪威. 河北树木志［M］. 北京：中国林业出版社，1997.

［3］徐化成. 华北低山区侧柏混交林林学特性的研究［J］. 中国林业科学，1978（3）：21-30.

［4］郝凯婕. 灵石县退化天然侧柏林生态修复技术探讨［J］. 山西林业，2019（5）：32-33.

［5］姚伟强，等. 河北发现罕见天然侧柏古树群树龄最高超千年.（2013-3-22）［2024-1-29］. https://hebei.hebnews.cn/2013-03/22/content_3162881.htm.

［6］陈灵芝，等. 北京山区的侧柏林及其生物量研究［J］. 植物生态学与地植物学丛刊，1986（1）：17-25.

［7］韩飞腾，河北唐县大茂山主要森林群落植物物种多样性研究［D/OL］. 保定：河北农业大学.（2015-2）［2023-9-20］. https://cdmd.cnki.com.cn/Article/CDMD-10086-1015392824.htm.

［8］查同刚. 北京西山地区人工侧柏林种子雨的研究［J］. 北京林业大学学报，2003，25（1）：28-31.

［9］鲁法典. 泰山侧柏林下幼树分布规律及天然更新研究［J］. 河北林果研究，2006，25（1）：35-38.

［10］尹俊武. 辽西天然侧柏林分布与生态利用［J］. 河南农业，2016（8）：49.

［11］崔红，孙阁. 盗挖贩卖加工"崖柏"将被依法严肃查处，副标题为《平山万亩柏树林屡遭盗伐惹人忧》追踪［EB/OL］.（2015-3-5）［2023-6-18］. http://news.sjzdaily.com.cn/2015/03/05/99106573.html.

［12］王珊珊. 为采集药用的柏树籽济南牛青山上有人毁山林［N］. 齐鲁晚报，2012-8-22.

［13］丁璨. 售卖"崖柏"之风开始蔓延，网友呼吁保护好张家口周边柏树林［EB/OL］.（2015-10-10）［2023-7-19］. http://zjk.hebnews.cn/2015-10/10/content_5086122.htm.

［14］燕妮. 武安集中销毁非法盗采"崖柏"827根［EB/OL］.（2015-10-29）［2023-8-20］. http://oldszbz.hbfzb.com/html/2015-10/30/content_70398.htm.

5. 杜松

杜松果实

涿鹿大堡镇下刁蝉村天然杜松林

涿鹿大堡镇下刁蝉村在裸岩山崖上生长的天然杜松林

涿鹿辉耀乡姚家沟杜松林

尚义小蒜沟下乌兰哈达村天然杜松古树，从根部分成两株，胸径分别为45cm、39cm，树高7m左右，估算树龄超千年

杜松（*Juniperus rigida*）为柏科（Cupressaceae）刺柏属（*Juniperus* L.）植物，是我国干旱寒冷地区的一个典型的常绿针叶树种。天然杜松林非常稀少，已列入《世界自然保护联盟濒危物种红色名录》（IUCN）—近危种（NT）[1]，是陕北黄土高原重点保护植物[2]，也是河北第一批公布的重点野生保护植物[3]。

杜松是河北西北干旱山地的一个小种群树种，是干旱寒冷地区难得的水土保持树种和园林绿化树种。

（1）形态特征

乔木，高达12m，胸径可达1m；树冠塔形或圆锥形。大枝直立，小枝下垂。叶条状刺形，硬而直，长1.2～1.7cm，宽约1mm，先端锐尖，表面深凹，内有一条白色气孔带，背面有明显纵脊，无腺体。花雄性花黄色，雌性花蓝色，雌雄异株。球果近球形，径6～8mm，熟时淡褐黑或蓝黑色，常被白粉，含种子2～4粒。种子近卵圆形，长约6mm，先端尖，有4条钝棱。花期5月；球果成熟期翌年10月[4]。

（2）分布

主要分布于我国暖温带落叶阔叶林带和草原带的过渡地区，在吉林、辽宁、内蒙古、河北、山西、陕西、甘肃、宁夏地都有分布，黄土高原地区是其分布的主要区域之一。朝鲜、日本也有分布。

杜松在东北地区常分布于海拔500m以下，在华北、西北地区多分布于1400～2200m山地。河北主要分布在张家口市的涿鹿、宣化、蔚县、尚义、崇礼等地，保定地区的涞源都有零星分布。赤城的黑龙山林场、承德的滦河源也见有自然分布的报道。目前，全省杜松林面积约270hm²。

杜松在东北地区常分布于海拔500m以下，在华北、西北地区多分布于1400～2200m山地。河北主要分布在张家口的涿鹿、宣化、蔚县、尚义、崇礼等地，保定地区的涞源都有零星分布。赤城的黑龙山林场、承德的滦河源也见有自然分布的报道。目前，全省杜松林面积约300hm²，种源稀少，分布区域狭窄。

河北张家口地区林业局于1983年的林木良种普查中，在涿鹿、尚义和崇礼等地，发现了4片天然杜松纯林，共有70hm²，涿鹿较大的一片约60hm²。大树树龄约200多年，一般几十年到上百年，均生长良好[5]。

根据郑钧宝1987年的调查报道[6]，在河北，残存的杜松林均为天然林，分布在燕山山系灵山支脉、太行山北段和恒山的结合部，东经105°～130°，北纬35°～40°，海拔1000～1500m。分布面积最大的是涿鹿大堡乡下刁蝉村。2022年6月，我们对该处的杜松林进行了实地调查，根据当地村民介绍，近40年来，由于实施了封山育林，尤其是近些年实施了天然林保护和限牧禁牧政策，当地的杜松林面积增加了3倍以上，已经扩展到下刁蝉周边的330hm²的山地中，其中集中连片的有200hm²，林分郁闭度0.2～0.8，树高2～5m，平均胸径8cm，平均年龄近百年，最大胸径20cm，年龄达数百年。另外，涿鹿的辉耀镇史家沟村也有杜松林分布，面积约20hm²。

根据尚义县人民政府网报道[7]，该县小蒜沟镇下乌拉哈达村南山丘，半阳坡，海拔1200m处，生长着1.3hm²绿意盎然的杜松古树群，共计105株。其中在黑龙庙（明代）遗址处树龄最大的有两株，达500年以上。生长旺盛的一株高13m，胸围240cm，冠幅7m×8m。其中树龄200年以上的11

株，平均树高5.5m，胸围94cm，不足200年的92株，均分布在30°以上的山坡上。当地村民视为"风水树"或"神树"，被赋予了神秘色彩。根据河北省天保中心2022年6月的调查，该处杜松群生长在基岩为砂岩的裸岩丘陵上，原来最大的一株已经死亡成枯立木，现存最大的一株基径97cm，在距地面30cm处分叉成两株，胸径分别为48cm和39cm，目前仍具有较强的结果能力。该林地为异龄林，老中幼不同龄级的个体均有，最小的一株自然更新苗高度只有13cm。该林地郁闭度最大处可达0.8，稀疏的地段甚至达不到林分标准（郁闭度0.2以下），现当地主管部门已经补植了部分杜松人工苗。

在太行山北段保定地区涞源县上庄公社西泉水村，海拔1000m的东北坡油松人工林边缘，有1.5～2m高的杜松400～500株[6]。

（3）生物生态学特性

强阳性树种，稍耐庇荫，极耐干旱、耐严寒，喜冷凉气候，喜石灰岩形成的栗钙土或黄土形成的灰钙土，常生于山顶或向阳的石质山坡，干燥的砂岩、砾岩山地或岩石缝也能正常生长，并进行着强烈的生物风化作用。杜松的纯林主要分布在森林被反复破坏，因水土流失土层变薄，其他乔木树种不易天然更新的地段。

涿鹿天然杜松林主要分布区域年均温8.8℃，1月均温-8.1℃，7月均温23.6℃，年降水372.7mm，全年日照时数2875h。

杜松分枝能力较强，可从基部抽生出十几根枝条，下部枝条比上部长，使树体呈现尖塔形。像侧柏一样，杜松自然整枝能力弱，侧枝可长期生存。由于抽生枝条密集，内部枝条光照强度不足，夏季高温季节，会出现"烧膛"现象而死亡，这种现象多发生在植株下部。

杜松为深根性树种，主根长，侧根也十分发达。尚义乌拉哈达村现存最大的一株杜松古树有6条侧根暴露在地表，根径10～14cm，其中露出地面最长的一根长达6m。灰色的树根似游龙盘蛇，苍劲古朴，令人叹为观止。

杜松在严酷的生长环境下生长十分缓慢，每年的生长高度一般不超过10cm，30年生高度约3m。

（4）群落结构

杜松是在原有天然阔叶林及次生的灌草植被遭到反复破坏，水土流失严重，立地条件恶劣的环境下，在裸露地表上发育起来的先锋树种。阴、阳坡都有分布，阳坡较多，但长势不如阴坡。阳坡的杜松多生长在基岩裸露的砂岩或砾岩上，能在悬崖峭壁上甚至岩石缝中生长。在阴坡、凹形坡内常生长有茂密的灌木或桦树、山杨等高大乔木，杜松多分布在直线坡或梁脊上。

涿鹿下刁蝉村的杜松林，阳坡大多生长在裸岩山地上，常以散生、疏林和林分形式存在，随着杜松林的天然下种扩散，原来散生林地密度增加，缓慢向林分方向发展，现有林分个体分布不均，且多为异龄林。林间常见的伴生灌木有沙棘（*Hippohae rhamnoides*）、三裂绣线菊（*Spiraea trilobata*）、榛、鼠李、山刺玫、北京丁香（*Syringa reticulate* subsp. *pekinensis*）、小叶锦鸡儿（*Caragana microphylla*）等灌木，灌木盖度30%左右，灌木种类较少。沙棘多分布在沟岔内，盖度可达100%。草被主要有羊胡子草（*Eriophorum scheuchzeri*）、白莲蒿、漏芦、野菊（*Chrysanthemum indicum*）、瓣蕊唐松草（*Thalicturm petaloideum*）、石竹（*Dianthus chinensis*）、异叶败酱（*Patrinia heterophylla*）、红柴胡

（*Bupleurum scorzoneirfolium*）、黄芩、苍术、野鸢尾（*Iris dichotoma*）等，草被盖度35%左右，虽然长势较差，但种类较多。这些灌草植被多为耐干旱耐贫瘠植物成分，与杜松林共同构成了裸岩山地林草生态系统，在植被群落演替的早期阶段发挥着重要作用。阳坡的杜松林中，少见有其他乔木树种分布，杜松林较稳定。阴坡的杜松林，常以疏林、纯林和混交林形式存在。在杜松疏林中，林下虎榛子茂密，绣线菊的成分也有所增加，灌木盖度可达90%以上，水土保持效果较好。阴坡的杜松林纯林，往往密度较大，林地垂直郁闭能力强，林下灌木盖度不足30%，阔叶乔木也不易侵入，群落稳定性好。在阴坡的凹形坡内有少量山杨、桦树与杜松的混交林分布，由于阔叶树生长速度较快，杜松矮小，建群作用小，在竞争中不具优势，这时杜松有明显的被压现象，甚至会逐渐退出竞争。

在涿鹿辉耀乡要家沟村，在海拔1200m的北坡深厚土壤上，林木组成为5杜松4白桦1山杨。杜松平均高2.3m、白桦4.7m，山杨2.8m，郁闭度0.6。这里桦木呈团状分布，杜松分布在团与团之间的空地上。与白桦生长在一起的杜松，有明显的被压形态特征，顶端干枯、偏冠、枝叶稀疏、针叶发黄[6]。这种混交林往往是群落演替的短暂阶段，杜松终将被高大的优势树种所代替。

（5）生态经济价值

杜松耐性强、根系发达，在其他乔木树种不易天然更新的贫瘠山地，而杜松却能正常生长，是我国干旱寒冷地区难得的水土保持树种。

树冠圆柱形或圆锥形，枝叶浓密下垂，树姿优美，适宜公园、庭院、绿地、陵园、孤植、对植、丛植、列植或群植。还可栽植绿篱、制作盆景，是优良的园林绿化树种。

具有较高的药用价值。枝叶具有利尿、兴奋剂的作用，精油可防治传染病蔓延、清除体内尿酸和毒素、消肿利尿、蚊叮虫咬、减肥。藏民称杜松为巴朱木、巴玛、拉树格等，杜松是主要的蒙药、藏药药源之一。目前，关于杜松精油及甲醇提取物的化学成分、抗氧化活性等方面研究表明，杜松枝叶及球果精油含量较高，提取率分别可以达到2.5%、0.8%、1%。精油由60多种化合物组成，对金黄葡萄球菌有很好的抑制作用[8]。

杜松不是主要的用材树种，以生产小径材为主。其木材坚硬，边材黄白色，心材淡褐色，纹理致密，耐腐蚀，可做家具、工艺品、雕刻品、农具等。

（6）植物文化

杜松有长寿、吉祥的寓意。在我国西藏杜松枝被用来防止病毒的传播，在内蒙古用于妇女临盆助产。在英国等一些欧洲国家，燃烧杜松枝辟邪、防疫。在法国医院焚烧杜松枝和迷迭香以清洁空气、愉悦精神。在原南斯拉夫，被尊为万灵丹。杜松子酒称作"gin"，以琴酒（又称金酒）的成分而闻名。在圣经中曾提到杜松补给疲惫心灵的效果，在《列王纪》19章第4节及第5节中记载，筋疲力尽的伊莱贾倒卧在一棵罗腾（即杜松）树下。

（7）更新繁殖[9, 10]

杜松自然更新繁殖靠种子繁殖。其种子种皮致密而坚硬，表面有大量油脂，透水性差，萌发困难，不利于杜松种群的自然更新。据尚义乌拉哈达当地人介绍，杜松种子自然状态不能发芽，只有通过鸟食过腹，随粪便落地以后才会生根发芽。从涿鹿、尚义现有的杜松天然更新情况看，在人为活动较少的情况下，林地内周边均有更新苗出现，现有的林分也多为异龄林，表明杜松通过种子萌发可以实现自我更新和种群扩散，但自然状态下成苗率很低。

杜松人工育苗有播种繁殖、扦插繁殖和嫁接繁殖等多种方法。

播种繁殖：秋季果实采收后晾干，除去果皮、果肉。杜松的种皮坚硬，透水性差，需采用高温浸种的方法打破种子的休眠，可采用0.5%高锰酸钾溶液消毒，捞出洗净，用80℃的热水浸种3天，再用40℃的温水浸种7～10天后沙藏，按种子与沙1∶3的体积比混合拌匀，于背风阴凉处挖坑埋藏，再以积雪掩盖，并用草帘或秸秆遮挡。于播种前15天将种子取出，随着气温回升，种子很快萌动，有30%以上种子露白时立即播种。

扦插繁殖：常于春末秋初，用当年生的枝条进行嫩枝扦插；或于早春，用上一年生的枝条进行老枝扦插。插条要用侧枝上的正头，长5～15cm，每段要带3个以上的叶节。用来扦插的营养土可以选择河砂、泥炭土等材料。插穗生根的最适温度为20℃～30℃，扦插后温度太高时，要给插穗遮阴喷雾，湿度在75%～85%。

嫁接繁殖：选用臭柏（沙地柏）做杜松嫁接砧木。剪取1～2年生有顶芽、生长健壮、无病虫害的接穗，接穗长10～15cm。最佳嫁接时间为3月下旬至4月下旬。嫁接方法采用髓心形成层贴接法。

（8）资源保育

8.1 加强资源保护

杜松在河北分布范围小、种群数量少，曾遭受严重破坏，应加强对片林和散生株的保护，禁止放牧、采樵、大树移栽等。在资源集中分布区可建立保护区，对小片的杜松古树群应增加围栏设施，对古树挂牌保护并建立电子档案。

8.2 搞好疏林地补植补造

在分布零散的疏林中，可利用岩石间的"鸡窝土"，见缝插针补植补造人工大苗，人工促进自然修复，加快林分形成和生态重建。

8.3 扩大人工造林

河北冀西北地区黄土丘陵、贫瘠荒山面积大，适宜规模化造林的树种少，杜松适应性强，可列入当地人工造林树种，选择优良种源进行人工育苗，实施工程造林。

杜松为常绿树种，而且孤植、群植均可良好生长，在气候比较寒冷、桧柏和侧柏不能正常生长的河北北部城市，尤其是坝上地区，可纳入城市绿化常绿树种的发展选项。

需要注意的是，杜松为梨锈病中间寄主，忌在梨园、苹果园附近种植。

主要参考文献

[1] 杜松. 中国珍稀濒危植物信息系统［EB/OL］.（2021-6-17）[2023-7-20]. http://www.iplant.cn/rep/prot/juniperus%20rigida.
[2] 李登武. 陕北高原植物区系地理研究［R］. 杨凌：西北农林大学科技出版社，2009.
[3] 河北省重点保护野生植物名录［J］. 河北林业，2010（10）：36-39.
[4] 孙立元，任宪威. 河北树木志［M］. 北京：中国林业出版社，1997.
[5] 张廓玉，等. 张家口地区的天然杜松林［J］. 中国水土保持，1984（6）：38-39.
[6] 郑钧宝，等. 河北的杜松林［J］. 河北林学院学报，1987（1）：95-98.
[7] 佚名. 华北第一古杜松群——河北省尚义县小蒜沟镇［EB/OL］.（2012-8-30）[2023-9-27]. http://zjk.hebnews.cn/2014-11/27/content_4345410.htm.
[8] 刘巧华. 杜松不同部位化学成分及其抗氧化活性研究［D］. 杨凌：西北农林科技大学，2016.
[9] 黄荣雁，等. 杜松育苗及栽培技术防护林科技［J］. 防护林科技，2019，11：94-95.
[10] 佚名. 杜松的养殖方法以及养护管理［EB/OL］.（2019-08-26）[2024-07-29］. https://www.xian.com/huayu/50812.html.

第二章 天然阔叶林树种

1. 栎类

蒙古栎

井陉南寺掌林场天然蒙古栎古树

井陉南寺掌林场天然蒙古栎古树

木兰林场燕格柏分场天然蒙古栎次生林

木兰林场燕格柏分场更新采伐后形成的蒙古栎实生幼苗

丰宁两间房林场间伐后的蒙古栎林

青龙祖山天然蒙古栎古树群，平均树龄达130多年

木兰燕格柏分场秋后蒙古栎景色艳丽多彩

栓皮栎

栓皮栎叶片

沙河市禅房乡天然栓皮栎古树

赞皇嶂石岩纸糊套景区天然栓皮栎树干

沙河禅房乡水磨头村直播形成的栓皮栎林

栓皮栎种子

槲树

涉县天然槲树枝叶

信都区冀家村乡老道仡佬村天然槲树林

槲树种子

涉县青峰村东山天然槲树林

槲栎

北京槲栎

信都区冀家村乡老道伫佬村天然槲树林

麻栎

麻栎种子

迁西大峪林场天然麻栎

壳斗科（Fagaceae）植物是亚热带常绿阔叶林的主要建群种，也是温带阔叶落叶林的优势种。栎属（Quecrus）是壳斗科中最大的属，栎、柞、橡均为栎属植物的统称。栎类是一类古老植物，起源于晚白垩纪，大约在6500万年前，是第三纪地史植物的重要成分，从始新世到第四系，在北美和欧亚大陆都有丰富的化石发现[1-2]。《诗经·国风·秦风》"山有苞栎，隰有六驳"，描述的就是山上长着茂密的栎林。

栎类面积占全国乔木林面积的10.15%，也就是说每10棵树中就有1棵是栎树。有学者认为，栎类是支撑森林生态系统长期稳定的"柱石"，在中国的亚热带和暖温带具有重要地位，栎类经营好了，其他天然林的经营问题也就迎刃而解，甚至对人工林经营也有重要的指导和借鉴意义。我国近自然林经营首选的研究对象就是栎林[3]。

栎类是河北最重要的地带性天然林树种，面积大，分布广，将近占全省天然林的1/3，是河北山区重要的生态树种，在京津冀森林生态系统构建中具有基础地位。栎类也是优质用材树种和重要的碳汇树种。

（1）种类

中国栎类分属栎属、栲属（Castanopsis）、青冈属（Cyclobalanopsis）、石栎属（Lithocarpus）、水青冈属（Fagus）5属。在中国，形成森林群落的落叶栎类主要有蒙古栎、麻栎（Q. acutissima）、栓皮栎、水青冈（Fagus longipetiolata Seemen）等；常绿阔叶林有青冈（Q. glacua）、栲类、石栎（Lithocarpus glaber）等；属硬叶栎类的，有高山栎（Q. semecarpifolia）、高山石栎（Q. semecarpifolia）等[3]。

中国栎属植物分为5个组：麻栎组（Section Aegilops）、槲栎组（Section Quercus）、高山栎组（Section Bruchylepides）、巴东栎组（Section Engleriana）和橿子栎组（Section Echinolepides）[3]。

栎属是壳斗科中种类最多的属，450～500种。中国栎属有60个以上种或变种。1997年和2001年，中国林业科学研究院从美国先后引进了一批栎属树种在北京、江苏、河北、河南等地试种。

河北自然分布的栎属植物全部为落叶栎类，主要有蒙古栎、辽东栎、槲树、槲栎（Q. aliena）、栓皮栎、麻栎等。此外，还有少量河北栎（Q. hopeiensis）、房山栎（Q. fangshanensis）分布[4]。

河北栎属植物分种简易检索表：

1.叶片披针形，叶小

  2.叶背面有毛；小枝无毛；树皮木栓层发达···1.栓皮栎

  2.叶两面无毛或仅脉上有毛；幼枝被毛；树皮木栓层不发达·······································2.麻栎

1.叶片倒卵形或椭圆形，叶大

    3.苞片披针状

      4.叶柄短，长2～5mm，果实小苞片披针形，外翻，红棕色·······························3.槲树

      4.叶柄长约1～2cm，果实小苞片披针形，不外翻···4.房山栎

      4.叶柄不及1cm，果实小苞片披针形，不外翻···5.河北栎

    3.苞片鳞片状、瘤状、三角扁平状

      5.叶柄长1～1.3cm，小苞片鳞片状···6.槲栎

      5.叶柄长，2.5～3.5cm，小苞片扁平状向内反折形成厚缘壳斗··················7.北京槲栎

      5.叶柄短，长2～8mm，侧脉7～11对，小苞片呈瘤状突起··························8.蒙古栎

      5.叶柄短，长2～5mm，侧脉6～9对，小苞片扁平三角形··························9.辽东栎

（2）分布

栎属是壳斗科中分布最广的属，亚洲、欧洲、非洲、美洲均有分布。在我国，栎类广泛分布温带和亚热带地区，全国除新疆只有栽培种外，其他各地均有自然分布。一般认为我国常绿栎类的分布中心为云贵高原，华北地区是落叶栎类的分布中心，一些栎类尤其是落叶栎类是我国大部分地区森林的重要建群树种。蒙古栎分布于寒温带、温带，辽东栎分布在暖温带北部，麻栎、栓皮栎分布于暖温带到中亚热带。

栎类在河北是山地地带性植被，在天然林中分布较广。在燕山山系、冀北山地（阴山余脉和七老图岭山）、太行山山系、恒山山系的小五台山，从海拔100~1500m均有分布，最高可达2000m，多为萌生林。

蒙古栎：在栎林中面积最大，河北各山区均有分布，以燕山山脉和太行山北段分布较多，主要分布于围场、隆化、平泉、兴隆、承德、滦平、青龙等地，在小五台山、雾灵山深处有古树群分布。黑龙江、吉林、辽宁、山东等地有分布。

辽东栎：河北各山区均有分布，主要分布在燕山山系的青龙、遵化、山海关等地。黑龙江、吉林、辽宁、内蒙古、山西、河南、陕西、甘肃、宁夏、西至青海、西南至四川北部均有分布。

栓皮栎：分布在太行山、燕山山系，邢台等地有大面积人工林，主要为20世纪五六十年代营造。北自辽宁，南至广东、广西，东自台湾，西至云南均有分布。

麻栎：麻栎林是暖温带落叶阔叶林区低山丘陵上最主要的落叶阔叶林之一。河北分布在太行山、燕山山系，全省残存的麻栎林已经不多。在燕山东部地区有一定数量的片林分布，在海港区蟠桃峪周边有一定面积的中幼龄片林。在海港区园明山等地见有较大的麻栎古树。20世纪50年代，山海关林场利用播种造林，发展了一批麻栎林。麻栎在国内分布与栓皮栎大致相同。

槲栎：产小五台山、遵化、迁安、青龙、来源、易县、平山、井陉、沙河、邢台、磁县等地。国内主要分布在亚热带至暖温带地区。

槲树：是河北分布较广的栎树之一，主要分布在承德、张家口、小五台山、秦皇岛、保定、石家庄、邢台等地。分布与栓皮栎分布范围相近，或者在阳坡与栓皮栎混交。在秦皇岛常见与麻栎、蒙古栎混交，在海港区圆明山见有胸径60cm以上的古树分布。在邢台地区见有与栓皮栎、北京槲栎混交。垂直分布海拔1000m以下，北自黑龙江东部，南至湖南，东自台湾，西至甘、川、滇均有分布。

河北在各类森林资源调查中，把栎属植物并为一类进行调查，统称为柞树，没有区分到种，因而各个种的面积不详。根据河北森林资源调查（2015—2018年）数据，全省现有柞树总面积96.9万hm²，蓄积2010.1万m³。面积占全省天然林面积（345.0万hm²）的28.1%，蓄积占全省天然林蓄积（5652.9万m³）的35.5%。也就是说，栎类树种将近占河北天然林资源的1/3，经营好了栎类资源，就解决了全省1/3的天然林问题，可见柞树在河北天然林乃至全省森林生态系统中的重要地位。

在全省栎林中，幼龄林面积92.2万hm²，中龄林面积4.3万hm²，近熟林面积4137万hm²，分别占总面积的95.1%、4.4%、0.4%，成熟林极少。幼龄林蓄积1750万m³，中龄林236.3万m³，近熟林23.8万m³，分别占总蓄积的87.1%、11.3%、1.2%。说明全省柞树资源幼龄林占绝大多数，幼龄林经营是阶段性工作重点。

按地区分，承德63.8万hm²，秦皇岛10.4万hm²，张家口7.3万hm²，保定5.6万hm²，邢台4.8万hm²，石家庄2.1万hm²，木兰林场1.1万hm²，唐山0.8万hm²，邯郸0.3万hm²，塞罕坝0.4万hm²，雾灵山自然保护区0.2万hm²，小五台山自然保护区0.1万hm²。其中，承德占全省柞树总面积的65.8%，秦皇岛占10.8%，张家口占7.5%，三市合计占全省栎林资源的84.1%。

上万公顷的县（区、林场）有丰宁11.3万hm²、兴隆11万hm²、隆化10.9万hm²、承德县9.1万hm²、青龙8.7万hm²、宽城6.5hm²、滦平6hm²、平泉3.4万hm²、围场3.3万hm²、赤城3.2万hm²、涿鹿3万hm²、涞水2.2hm²、涞源1.1万hm²、秦皇岛海港区1万hm²、滦平国有林场1.2万hm²。

总的来看，栎类分布从南向北逐渐增加，主分布区在冀北山地和燕山山地，太行山北段也有较多分布，南段分布较少。历史上河北太行山区森林类型主要是以栎类为优势树种的落叶阔叶林群落，迄今为止已遭到严重破坏。

（3）生物生态学特性

多为喜光树种，喜温暖湿润气候，稍耐阴，中生阳性，蒙古栎常分布在低山顶部和山脊以及坡度较小的各个坡向。栓皮栎、麻栎、槲栎喜阳坡深厚土壤，辽东栎在阳坡、阴坡山脊上都有生长。

耐寒、耐热，抗霜冻，抗风，蒙古栎能在-60℃的极端低温下生存，是栎属中能分布到最北的一种。辽东栎能耐-38℃的低温，极端最高温38℃。

耐干旱贫瘠，对土壤要求不高，可以在岩石裸露的山脊上，特别是能够在其他树种难以存活的干旱阳坡及人为破坏严重的山地、土体发育不全的粗骨土上成林，在酸性、微酸性和褐土、棕壤、棕色森林土上均可良好生长，在石灰岩的碱性土壤上也能生长。

栓皮栎外皮的木栓组织是防止内部水分蒸腾的保水组织，且不易燃烧，抗火。

蒙古栎根系发达，主根深，生长快，侧根分布范围可达6～7m，水分蒸发快，发达的根系有利于汲取更多的营养和水分[1]。辽东栎对水分反应敏感，适宜年均降水量300～650mm，不耐水湿。

蒙古栎枯叶宿存，经冬不落。有学者认为这一特征反映了栎属从常绿的原始类型向落叶的温带树种进化的过程。

栎类生长速度中等，栓皮栎、麻栎相对生长较快一点。在麻栎与栓皮栎的混交林中，生长在坡下部的麻栎生长优于栓皮栎，而坡上部的林分栓皮栎生长比麻栎好。坡上部土壤石砾含量高，水分含量低，表明栓皮栎比麻栎更能忍耐干旱瘠薄。

寿命长。在《河北古树名木》中，蒙古栎、栓皮栎、麻栎、槲栎、槲树都有古树记载。位于邢台县浆水镇马兰村栓皮栎，树龄1000年左右，树高15m，胸围280cm，生长旺盛。大量古树的存在表明这些树种自古就是河北的乡土树种[5]。

（4）群落结构[6]

4.1 蒙古栎林

河北的栎林中蒙古栎林的面积最大，分布也最广，是栎属中能分布到最北地区的一种，海拔500～2000m，也是分布海拔最高的栎类。有纯林也有混交林，纯林多在阳坡，在阳坡的蒙古栎林多为多代萌芽林，林木为丛生状，林分郁闭度低。阴坡多为混交林。混生的树种有辽东栎、油松、桦木、山杨、五角枫、紫椴（*Tilia amurensis*）、蒙椴（*Tilia mongolica*）、花楸树等。立地条件越好，混生树种越多。在混交林中，蒙古栎、桦木和山杨在上层，五角枫，蒙椴、花楸树等在下层。下木层生长繁茂，有胡枝子、榛、照山白（*Rhododendron micranthum*）、绣线菊、圆叶鼠李（*Rhamnus globosus*）、大花溲疏等。活地被物覆盖度为20%左右，有矮生薹草（*Carex pumila*）、矮桃（*Lysimachia clethroides*）、唐松草等，生物多样性较高。

青龙祖山林场海拔1220m处，木兰苑周边，由于山高路远，交通不便，至今仍保存有小片蒙古栎古树群，面积约3hm²，平均树高18m，胸径30～50cm，大的约1m，目前长势仍然非常旺盛，是河北最好的栎林之一。林间混交有油松、紫椴、五角枫、裂叶榆（*Ulmus laciniata*）、白桦等树种。林下灌木主要为照山白，盖度约50%，林下草被主要为宽叶薹草、山冷水花等，种类少、覆盖度低。

4.2　辽东栎林

辽东栎分布在海拔600～1700m。林木层除辽东栎占优势外，常见伴生树种有槲栎、油松、山杨、蒙椴、五角枫、黑榆、花楸树、胡桃楸（*Juglans mandshurica*）、花曲柳（*Fraxinus chinensis* var. *rhynchophyila*）等。花曲柳喜欢温暖，故在温暖生境下的林内较多；五角枫、蒙椴、黑桦、山杨、胡桃楸耐寒喜湿润，它们多出现在海拔较高的辽东栎林内。在气候较暖的石灰岩地区，林内还出现有鹅耳枥。林木层在树冠下更新良好，无论建群种和主要伴生种幼树均较多。灌木层盖度30%～50%，分布最普遍的是胡枝子、三裂绣线菊、毛榛等。活地被物层覆盖度约为30%～50%，以细叶薹草、地榆、唐松草为主。

4.3　栓皮栎林

一般分布在海拔1000m以下阳坡、土层较薄，水土流失严重的立地，是低山、丘陵主要天然树种之一。由于受生境的影响，栓皮栎林分布较稀疏，林木层一般郁闭度0.3～0.5，建群种栓皮栎占绝对优势，常见的伴生树种有槲树、栾，有时有极少量的蒙桑（*Morus mongolica*）、臭椿、榆树等。林下栓皮栎天然更新良好，除栓皮栎外，林内还可以看到蒙桑、榆、臭椿等的更新幼树。下木层覆盖度一般达60%，以荆条为优势种，还有扁担杆（*Grewia biloba*）、酸枣、多花胡枝子等，活地被物层覆盖度为10%～25%，成分比较简单。

邢台西部山区通过直播营建了大面积栓皮栎林。根据我们对沙河蝉房乡水磨头村栓皮栎林的调查，该林地为20世纪五六十年代的播种造林，树木平均胸径20cm，树高13m，郁闭度0.7，长势良好。林地经过多次割灌、除杂和修枝抚育，形成了单一纯林，树木干形通直，分布均匀，木材生产力水平较高，但伴生树种和林下灌草本很少，灌草盖度不足20%，主要有胡枝子、莨草、细叶薹草、穿龙薯蓣等，枯枝落叶层较厚，林下有下种更新的栓皮栎幼树，但保护不好，不能实现自我更新。

4.4　麻栎林

垂直分布海拔1000m以下山地，下限分布不明显，秦皇岛海港区最低100m左右丘陵地带可见有较多片林分布。有纯林也有混交林，阳坡较多。混交树种常见槲树、栓皮栎、辽东栎、花曲柳等。

海港区蟠桃峪村栓皮林，位于海拔100～200m的阴坡中部，郁闭度0.7，平均胸径15cm，高9m，有少量油松伴生，林下枯落物层较厚，林下植被有山花椒（*Zanthoxylum Aanthoxylum schifolium*）、荆条、花木蓝（*Indigofera kiriowii*）、白蔹（*Ampelopsis japonica*）、细叶薹草等，植被盖度较低，种类也不多。

迁西新庄子镇大峪山林场场部后山原为以麻栎为主的天然林，麻栎林遭到破坏后已改种为侧柏林，仅在山坡下部间断保留少量麻栎片林，林下常见有酸枣、山杏、雀儿舌头、白蔹、莨草等灌草植被。

麻栎干型通直，长势良好。在改种的侧柏林内仍保留有少量麻栎成分，侧柏及麻栎均生长良好。

4.5 槲栎林

槲栎分布在海拔100～2000m。

分布在燕山东段一带低海拔的槲栎林生长茂密，林相整齐，林木层以槲栎为主，混有辽东栎与槲树，有时混有少量的油松。

分布在小五台山等地的槲栎林在小五台山、太行山北段的甸子梁、白石山、摩天岭等地，槲栎因分布海拔不同林木层组成亦异。分布在海拔较高处，槲栎常与辽东栎、槲树混生，在海拔较低处，槲树则与栓皮栎共成建群。

分布在京北山地的槲栎林因所处海拔不同，林木层的组成成分亦异：在海拔1000m以下地带，由于生境干燥，以槲栎为主，耐旱的大果榆为伴生树种，有时混有少量侧柏。在海拔1000m左右，林木层以槲栎为主，伴生种多为花曲柳，其次是辽东栎、元宝槭（*Acer truncatum*），有时出现少数的蒙桑、槲树、黑弹树（*Celtis bungeana*）等。

4.6 槲树林

槲树主要分布于栓皮栎分布的海拔范围内的阴坡，在燕山也有高到海拔1500m者，或在阳坡与栓皮栎混交。

燕山山区：槲树林多分布在1500m以下的山地，西部较多，东部较少。林木层以槲树为主，伴生树种有桦木、蒙椴、紫椴、花楸树等。

小五台山区：阳坡分布在1000m以下，林木层以槲树为主，伴生树有：花曲柳、大果榆、鹅耳枥等。

太行山区：多分布在低山阴坡，林木层以槲树为主，伴生树种有：臭椿、苦木（*Picrasma quassioides*）、白蜡树、黄连木等。

在邢台信都区冀家村乡老道旮旯村生长着一片由北京槲栎、槲树、栓皮栎组成的混交林，比例为4∶3∶3，坡向东，坡度约25°，海拔850m，林分郁闭度0.7，平均胸径18cm，树高11m，树干通直，山坡下部槲树和栓皮栎较多，上部北京槲栎较多。由于多次抚育，林间伴生的乔木树种及林下更新幼树已经去除，林下的灌草植被也很稀少，林下散生有漆、黑枣（*Diospyros lotus*）、五角枫、胡枝子、荆条、三裂绣线菊、毛黄栌、细叶薹草、轮叶黄精（*Polygonatum verticillatum*）、穿龙薯蓣、唐松草、大野豌豆（*Vicia sinogigantea*）、苋草等植物，盖度10%。北京槲栎在当地被称为"青冈"，青冈分布在秦岭以南地区，河北无青冈自然分布。

（5）生态经济价值

栎类本为高大乔木，由于人为破坏，多呈矮林甚至灌木状，成材性并不好，多作为薪材之用。因此，在古文中"栎"经常与"樗（chū）"联系在一起，樗是指同样不成材的椿树，文人们常常借此自谦才疏学浅。"樗栎无妙姿""常恐樗栎身""赖是水乡樗栎贱""山樵夏斩樗栎枝"……这些多带贬义的诗词，反映了我国古代栎树的地位。千百年来，绝大多数栎类就这样生长在丘陵或深山里，"以不材得终其天年"[7]。

但是，"无用之用，斯为大用"，栎类是中国的亚热带和暖温带的主要建群树种，也是我国面积、蓄积最大的树种，在森林生态系构建及生态服务、森林碳汇、珍稀材培育、大径材培育、木材战略储备等方面是无可替代的资源。

栎类因其树体高大，根系深，萌芽力强，抗逆性强，在生态系统中常占据林冠上层，可形成地带性区域顶级群落，是生态防护林的首选树种。有学者提出，栎类是世界上最长寿的树种之一，森林生态系统以栎类为支撑，就可以长久稳定。栎柞类多为混交林，群落结构复杂，生物多样性高，水土保持、水源涵养能力强，对有害气体抗性强，有利于净化空气，栎类消耗水分比其他树种少30%，对气候变化具有更强的适应性，是良好的生态树种。栎树有遇火不易燃烧的特性，可以用作防火隔离带[3]。

栎树树体优雅，冠大阴浓，叶色多姿，具有较佳的视觉美感和文化内涵，也是优美的园林观赏树种，国外在园林绿化中早已广泛应用。近些年，河北平原地区的森林公园开始种植栎类树木。在秦皇岛市区内见有蒙古栎行道树，胸径15～25cm，树高6～9m，景观效果甚佳，完全可以推广。

橡木是仅次于红木的珍贵木材。材质坚硬，耐腐力强，可供车船、建筑、坑木等用材，压缩木可供作机械零件。可以做高档家具和地板，既不腐烂也不变形。橡木是制作装酒和酿酒木桶的首选原料。橡木桶酿酒的历史悠久，源远流长。世界著名的葡萄酒、白兰地、威士忌等都是由橡木桶陈酿而成。通过橡木桶贮藏的陈酿，能够极大地改善和提高其产品质量，使其达到臻于完善的程度[8]。

橡子是动画片《冰河世纪》里那只松鼠想尽办法都没能吃到嘴里的"美食"。橡子号称是比水稻、小麦"资格"还要老的粮食。人们食用橡子的历史可以追溯到公元前600多年，在饥荒之年人们把橡子碾碎，制成橡子面充饥。研究表明，橡子仁含蛋白质8.52%、脂肪4.56%、粗纤维9.73%，还含有18种氨基酸和丰富的矿物质元素以及糖类等，其营养价值和热值均与玉米、高粱相近，是一种有很高开发利用价值的野生植物资源。《中国绿色时报》刘慎元发表的文章《树粮，能否成为国人新一代主粮？》中提到，粮食并非只种在农田里。我国耕地红线之外广阔的林地，藏有一座座"大粮仓"。作为树粮的栎类，结实量大，结果年限长，栎树作为"救荒植物"，对粮食安全潜在作用意义深远[8]。

栎树的叶含蛋白质、碳水化合物、脂肪、灰分、纤维素等成分，可用来养蚕。果实俗称橡子，含淀粉较多，可用来制作橡酒、酒精、淀粉、橡油等，也可做饲料。利用酒精加工制成的燃料清洁环保，是近年来重点发展的生物能源。从栎树树皮、叶片、壳斗、橡实中提取的单宁，是制革工业、印染工业和渔业上所必需的材料。栓皮的皮层较厚可作工业上的软木材料。栎树还可培养木耳、香菇、灵芝等多种食药用菌。

（6）植物文化

在我国，栎树历史悠久，早在先秦以前，人们把栎树视为社树。举行祭祀活动时，人们会在栎树下载歌载舞。古时"乐"字原指声音之统称，篆书"乐"字形如木架之上端放着鼓，栎树果实的下方，生有一个碗状的壳，其状与鼓形相似，栎树由此得名，栎树也因此成为音乐的象征，所以在一些古代文献当中，栎树的"栎"与音乐的"乐"都是同一个字——欒。因其剥去果实之后余下的空壳，像是盛粮食所用的斗，所以称此壳为"斗"，古称"象斗"，后来讹传为"橡斗"。于是，栎树的果实自汉朝之后，常被称为"橡实"或"橡子"；明清时栎树被笼统地称为"橡树"[9]。

在欧美，橡树被视为神秘之树，对橡树有着一种莫名的崇拜。传说这种高大粗壮树木的掌管者是希腊主神宙斯、罗马爱神丘比特以及灶神维斯塔，在宙斯神殿里的山地森林里，矗立着一棵具有神力的参天橡树，橡树叶的沙沙声就是主神宙斯对希腊人的晓喻，而宙斯的祭司在施行求雨的巫术时，也会手持栎树枝往圣泉中沾水。许多国家皆将橡树视为圣树，认为它具有魔力，是长寿、强壮和骄傲的象征。橡树材质坚硬，树冠宽大，有"森林之王"的美称。橡树英文为oak，人们常把红丝带系在橡树上来表示对远方亲人的盼望与思念。

在亚洲，栎树经常被广泛应用到文学作品中，深受读者的喜爱，如中屋美和的"壳斗村"温情职业体验三部曲、驹谷贯的《橡子，橡子！》、舒婷的《致橡树》等，均对橡树给予了深情厚爱[9]。

（7）更新繁殖

栎类天然更新主要有种子繁殖和萌蘖繁殖两种形式。

各种栎类树种如蒙古栎、麻栎、栓皮栎、槲树、槲栎等，结果能力都比较强，种实量大，种子萌发能力良好，幼苗及幼树有一定耐阴能力，因而在林冠下常能通过种子繁殖实现自我更新。实生个体发育的树木树体高大通直，是天然群落的建群树种，也是天然林经营的"目标树"。但是，栎类为大型种子，掉落在地上的种子容易被啮齿动物或野猪捡食，在林区人们也有捡橡子做特色食品的习惯，这就造成了种子库的大量流失和亏损，大大降低了栎林实生更新能力。

栎类萌生能力很强，在大树采伐后可从基部抽生大量枝条，并发育成新的个体，从而实现自我更新，使得栎类资源得以存续。萌蘖更新是栎类的主要更新形式，河北现有栎类资源，大部分都属于经过多次采伐后形成的萌生矮林。萌生树生长衰退早，成材性差，甚至呈灌木状生长，常被作为薪柴，距离伐桩越近的个体越容易老化。过于老化的矮林，结实率很低，甚至种子也不发芽，本身几乎丧失了天然更新能力。这样的林分的生态功能很差，如果没有科学经营，会很快退化。根据有关调查，多代萌生的栎类，高、径、材积速生期一般出现在6~9年，数量成熟为16年，6~10年出现幼林郁闭后的第一次稀疏，死亡株树占幼林期的66%；经强烈稀疏后林分进入稳定阶段，到20年左右出现第二次枯死，稀疏量约为上次的1/3。这时，形成较为明显的单层林冠。25年后，进入上层缓慢稀疏过程，并逐步枯死，最终逆向演替回到灌丛阶段[3]。

栎类实生更新是培育乔林的基础，是改良现有林分质量的希望所在，保护林内种子库和天然更新的实生幼苗非常重要。必要时可在林内人工直播种子，填补种子库的自然亏损。

栎类人工育苗多用种子繁殖。种子采收后可用50℃温水浸种，去除虫蛀种子和瘪种，可用敌敌畏或其他药物熏蒸进行杀虫处理，秋播或春播育苗均可，春播需在冷室混砂催芽。播种后15~20天出苗，待幼苗长出4片真叶后，在苗床上做断根处理，促发须根，提高栽植成活率。

（8）栎类近自然经营

栎柞类是中国和河北最重要的森林树种之一，但是由于历史上长期不合理的、过度的无序采伐，使得栎类原生资源遭到巨大破坏。河北90%以上的栎林，经过多次采伐已经变成残次的萌生矮林，乔林资源已经很难见到，太行山中南地区的栎林已呈碎片化分布。一些稀疏的栎林，由于多代萌生，造成林分林木冠幅小，而且树干分权多，主干低（枝下高多在4m以下），干多弯曲，不能成材，蓄积量低，生长严重衰退，林地生物多样性和生态服务功能低下，不能适应现代生态文明建设支撑需要。

根据我国第八次森林资源清查数据，我国的栎类资源，平均每公顷蓄积70m^3，德国是305m^3[3]，而河北栎类平均每公顷蓄积是20.7m^3，德国是中国的4倍，是河北的15倍。

河北的栎林资源和全国一样，幼龄林多，大多为近些年封育的成果。一般认为，栎类最佳经营期在20～30年，错过这一时期，将造成不可挽回的损失，对栎林资源实施精准经营和质量提升已迫在眉睫[3]。

所幸的是，近些年栎类的经营得到我国林学界的广泛重视，在一批林学家们的共同努力下，德国、法国等欧洲先进的近自然森林经营理念在我国逐渐传播，并逐步形成理论框架体系，对我国栎类的经营具有里程碑意义。专家们认为，栎类经营好了，其他天然林的经营问题也就迎刃而解。

2010年前后，河北木兰林场、丰宁、围场、隆化、滦平、平泉地等与德国及国内科研院所单位合作，通过编制新型森林经验方案，开展了不同树种的近自然经营试验，并取得了良好效果，木兰林场被列入全国森林近自然经营示范单位。

栎类近自然经营模式[3]和对这一新思维的理解概括如下。

8.1　经营理念——"近自然原则下的综合经营+目标树体系"

近自然：天然林内部生态系统各物种都是互为依靠、互相帮扶、共生共荣的。近自然育林理念，具体说，就是遵循天然林的发育机制来经营管理森林，本质上是要保持森林的自然属性，充分发挥天然林的自保、自养、自肥、自育功能，"模仿自然，加速培育"，主流技术没有育苗、育种、造林、无性系、组培这类技术思路。

目标树：栎类是天然次生林的代表，是世界上最长寿的树种之一，森林生态系统以栎类为支撑，就可以长久稳定。以栎类天然林的近自然经营，开启我国森林资源建设的天然林时代和近自然育林时代，包括一般人工林向近自然化方向的转变。因而，大而言之，栎类，就是我国森林经营近自然发展的"目标树"。

具体来说，在近自然的森林生态系统内，要有可以使得系统长久稳定的"柱石"，这些柱石，就是生命周期长的、在林分内均匀分布的目标树。某一阶段（如5～10年）的目标树，每公顷只有几十株，目标树成熟以后是要择伐的，采伐后从林地保留的次林层中选育新的目标树，进入新的培育周期，如此循环往复，形成持续稳定的生态系统。

8.2　经营目标——近自然异龄混交林

林分必须是多树种混交。

以乡土树种为基础。

树木群体必须是异龄的，就像一个多代同堂的大家庭。

林层是复层的，高中低的树木都有，乔灌草层次完整。林分的生态位是接近饱和的，林分里的部分树木（目标树）成熟后可以采伐，腾出的生态位，由下一层小的树木填充起来。

实行近自然经营，有意识地让植被自然生发，让树木依靠竞争生长，依靠枯枝落叶自肥，依靠生态系统自身涵水满足蒸腾需要，这样的森林必然是多功能的，虽然林分里的单株可以采伐，但林分不会断档，并且永远处于最有活力的状态，这样的森林就是所谓的恒续林或永久林。

8.3　栎类分类经营措施

栎类乔林、中林和矮林不同类型采取的经营技术路线不同。但总的来说，就是通过近自然转变，把原来过密、过疏、老龄的、单一树种的、低价值树种的、没有目的树种的林地，转变为优质异龄混交林。

①主林层目标树选择培育。在主林层中选择那些干型好、分布均匀、生长健壮的保留木作为目标树并做好标记。目标树尽量选择实生个体，实生树不足时，选择好的萌生树作目标树。目标树间距为目标胸径×200，如要培育胸径为60cm的目标树，则目标树的间距为12m。以萌生树为目标树时，可适当加密。影响目标树生长的干扰树要伐除，如枯死木、濒死木、老狼木、扭曲木、被压木、非目的低价值树木等，确保目标树的树冠能逐步透出并形成主林层。紫椴、胡桃楸、五角枫、黄檗（*Phellodendron amurense* Rupr.）、水曲柳、油松、云杉等高价值树种和珍稀保护树种（含有鸟巢、蜂巢的树木），作为特殊目标树进入保护并继续培育。目标树树冠以下的树干周围要有幼树或灌木庇护，使得目标树不会出现弯曲、倒伏和萌生枝条过度发育的现象，同时对目标树进行适当人工修枝。这就是欧洲专家倡导的"树冠要暴露，树干要庇护"的优质材培育技术。当目标树成熟后进行择伐，之后从次林层的保留木中选择新的目标树进行新一轮培育周期。

②次林层保留木选择培育。在林下幼树逐渐长大成杆材，次林层郁闭度显著增大，高度达到成龄树高的一半左右时，此时要分阶段逐步进行疏伐（即"疏伐要逐步"），优先选择有培养前途的实生林木个体作为保留木，形成密度适中的林分，继续培育。对丛状的萌生矮林，定株疏伐也要逐步进行，不能一次到位，如果一次性定株，每丛只保留一两株，会出现扭曲、风倒等问题。下一轮目标树选择均来自保留木。

③林下更新层实生苗保护培育。禁止林下放牧，保护天然下种更新的栎树幼苗及其他乡土树种和珍稀树种，这是未来保留木和目标树选择培育的基础。同时，要保护好林下的灌木层、草本层和地被层，只是在灌木盖度过大，影响实生苗正常更新时，适当伐除一部分杂灌，人为干预不能过度。当林下实生苗不足时，可暂时选择根蘖苗和伐桩萌生苗进行培育。对严重衰老的萌生矮林，可采取带状或小片状逐步更新，但要树立"矮林也是林"的理念，严禁大面积皆伐，保持林地始终是林分的状态。对林中空地、林窗、迹地可采取人工播种和植苗的方法，增加栎类实生苗数量，也可适当引进红松、云杉等针叶树种，调整树种组成比例，促进二次建群。

通过全林经营，使得矮林、中林和低质乔林向优质乔林转变，并最终建立顶级的近自然异龄混交林。

需要说明的是，近自然异龄混交林，每5~10年择伐一次，每亩地每次只能采伐数株树，但这种收获是持续的，收获的木材是珍稀的、高价值的大径级材。

8.4 近自然异龄混交林的预期成效

异龄混交林没有经营周期，一旦建成，这个森林植被就是永久性的。

林分的活力永远处于高峰期，没有间断期。

由单株树的经营周期取代了整体林分的轮伐期，也没有皆伐的说法。理论上讲，每隔几年都可以有木材收获。

森林生态系统主要依靠自然力运转，人工辅助主要是在个别情况下采取微调措施、规避自然力的负能量，因此经营成本很低。

由于林分是以乡土树种为主，能更好地适应当地环境的，抵御各种风险的能力最强、风险最低。

河北省其他的天然次生林经营，可以参照栎类的近自然经营进行。目前，河北的栎类次生林近自然经营技术体系尚不成熟，需要在实践中不断完善和发展。

主要参考文献

[1] 王敏. 蒙古栎:从6000万年前"走"来[N]. 潇湘晨报, 2020-4-8(5).
[2] 周浙昆. 中国栎属的起源演化及其扩散[J]. 云南植物研究, 1992, 14(3): 227-236.
[3] 侯元兆, 等. 栎类经营[M]. 北京: 中国林业出版社, 2017.
[4] 孙立元, 任宪威. 河北树木志[M]. 北京: 中国林业出版社, 1997.
[5] 河北省绿化委员会办公室. 河北古树名木[M]. 石家庄: 河北科技出版社, 2009.
[6] 河北森林编辑委员会. 河北森林[M]. 北京: 中国林业出版社, 1988.
[7] 上海辰山植物园. 致橡树——与人类有着千年之恋的栎类[EB/OL]. (2019-3-8)[2023-7-28]. https://www.sohu.com/a/331209803_292503.
[8] 陈万毅. 蒙古栎:既是"硬汉"亦为"暖男"[N]. 中国绿色时报, 2021-1(18).
[9] 吴立文. 树木传奇丨栎树:养人养眼的多宝树[N]. 中国绿色时报, 2020-3(27).

2.桦树(树种组)

白桦

御道口牧场天然白桦次生林

河北省天然林主要树种

木兰五道沟白桦林

平泉辽河源国家森林公园天然白桦林

棘皮桦

隆化茅荆坝黑熊谷棘皮桦

隆化碱房林场碑梁林区老局子天然棘皮桦林

红桦

涞源白石山林场天然红桦林

阜平驼梁山林场天然红桦

河北省天然林主要树种

小五台山自然保护区天然红桦次生林

沽源老掌沟林场天然红桦次生林

硕桦

兴隆雾灵山硕桦

坚桦（杵榆）主要分别在兴隆雾灵山、青龙祖山等地

青龙祖山坚桦（杵榆）

兴隆雾灵山坚桦

桦树为桦木科（Betulaceae）桦属（Betulaceae L.）树木的统称。桦木属植物最早出现于白垩纪，第三纪开始繁茂，古新世时，华北丘陵和平原广泛分布着桦树和鹅耳枥。我国山东山旺有很好的桦树叶化石保存，东北地区曾发现上白垩纪化石花粉。过去，桦木科被认为是被子植物中较原始的类群，近年来许多学者研究证实，这是一个特化的类群[1]。

桦木属约100种，我国产29种6变种，全国均有分布[1]。

《河北树木志》[2]记载，河北有7种1变种。包括白桦、红桦、坚桦、黑桦、硕桦、砂生桦（*B. gamelinii*），白桦有1变种即东北白桦（var. mandshurica）。

铁皮桦在河北数量稀少，已列入河北公布的第一批重点保护野生植物名录。

河北分布最多的为白桦，本文主要描述白桦群系。

（1）分布

桦树分布于北半球的温带与寒带，少数种类分布至北极区内。桦木林在我国分布的范围较广，自寒温带至亚热带一定海拔范围的山地均有分布。河北的桦木林为次生植被，是在云杉、华北落叶松和蒙古栎、辽东栎（Q.wutaishanica）林被砍伐、火烧或经过开垦后发展起来的先锋树种，是河北分布较广泛的树种之一，其面积仅次于栎类、油松和山杏，是河北天然次生林的重要组成树种。

根据河北2015—2018年森林资源调查统计数据，全省现有桦树林47.1万hm^2，蓄积2703.8万m^3。其中，幼龄林面积23.9万hm^2，中龄林面积20.6万hm^2，近、成熟林面积2.5万hm^2，分别占总面积的50.9%、43.8%和5.3%，现有林地主要是中幼林。幼龄林蓄积902.5万m^3，中龄林蓄积1518.0万m^3，近成熟林蓄积271.5万m^3，分别占总蓄积的33.9%、56.1%、10.0%。

按地区分，承德面积25.9万hm^2，张家口面积14.2万hm^2，两市占全省总面积的85.1%，主要分布县（区）有丰宁11.0万hm^2、围场6.8万hm^2、赤城5.8万hm^2、隆化5.3万hm^2、蔚县2.7万hm^2、逐鹿1.7万hm^2，两市的其他各县（区）也有较多分布。保定1.7万hm^2，主要分布在涞源白石山。木兰林场有1.7hm^2，塞罕坝机械林场1.6hm^2。另外，秦皇岛青龙、涞水野三坡、阜平天生桥、灵寿五岳寨、平山驼梁、邢台临城等山区高海拔地区也有少量分布。

总的来看，河北桦树资源主要分布在燕山山地，接坝山地和坝上山地及太行山中北部地区也有一定分布，太行山中南部山区在高海拔范围内有少量分布。

不同树种的分布情况大致如下。

白桦林（桦树）：在河北白桦林是桦木林中分布最广、面积最大者。在冀北山地分布在海拔1000~1600m，燕山山系的雾灵山分布在海拔1400~1720m，恒山小五台山分布在1000~1900m，太行山山系的驼梁山分布在1500~2000m，承德地区的丰宁、围场、隆化、滦平、兴隆、平泉、青龙、宽城、承德县等，张家口的赤城、蔚县、崇礼、涿鹿、沽源等，保定地区的涞源、阜平、涞水县等均有白桦林分布。白桦能忍耐酷寒、常分布到云杉、落叶松的分布范围内，甚至达到亚高山次生草甸草原带的边缘，但在这里的白桦林生长不高，仅2~3m，呈灌木状。在白桦分布的上限海拔1500~1900m，有白桦、云杉、冷杉、落叶松混交林；海拔1000~1600m有白桦与其他树种如黑桦、风桦、辽东栎、蒙古栎、山杨等的混交林，此外还有白桦纯林。祖山林场木兰苑周边，海拔1260m处有大片白桦古树群分布，树龄120年。

红桦林（纸皮桦）：在雾灵山、小五台、白石山、驼梁山均有片状或零星的分布，在雾灵山分布在1200~1700m，小五台山1600~2500m，驼梁山1400~2000m。

黑桦林（棘皮桦、臭桦）：常与白桦、蒙古栎混交，也有小片纯林，但面积很小。其分布范围与白桦近似。但不如白桦耐寒，却比白桦耐旱。产小五台山、平山、灵寿、驼梁山等地。祖山林场海拔700m左右就有较多黑桦林分布，随着海拔的升高，白桦成分逐渐增多，形成黑、白桦混交林。

硕桦林（枫华、黄桦）：分布海拔1600m以上常与落叶松、红桦等混生。在小五台山，呈灌木状带状分布在海拔2000m左右，上接亚高山草甸。在雾灵山、白石山、塞罕坝、北京密云、百花山也零星分布。

坚桦（杵榆）：产围场、丰宁、赤城等地，在雾灵山、都山、小五台山、驼梁山均有小片或零星分布。垂直分布较高，一般在1500m以上。祖山林场海拔1000m左右有少量坚桦分布，呈灌木状生长，多与黑桦混生。

铁皮桦（水桦）：生海拔1000～1300m山地阴坡或半阴坡，产围场城子南沟。树木含水量较大，当地群众又称之为水桦。

砂生桦（圆叶桦）：生海拔1600m山地，产围场塞罕坝沙区，《河北树木志》首次记载。

（2）生物生态学特性

桦树为温带寒温带树种或高寒树种，不同树种的生长特性和生态适应性又有一定差异。

白桦：高大乔木，高可达26m，胸径可达80cm，为阳性树种，有一定耐阴能力，喜湿润，抗旱能力不强，耐严寒，深根性，生长较快，萌芽力强，寿命短，一般50年以后进入衰老期。天然分布的大片纯林，多见于山地阴坡，阳坡极少。林下土壤为棕色森林土或山地褐色土，在水分适中和肥厚的土壤上生长良好。对立地条件的要求不严，在贫瘠的土壤上也能生长，并能适应季节性积水，但在低湿的沼泽化地段生长不良。河北现有白桦林多为萌生林，前期速生，15年前树高连年生长量为60cm左右，15年达到高峰，15年后显著下降，30～40年树高连年生长量不足20cm，高生长随树龄的增加明显减弱。材积生长，在15年以前的幼龄时期，连年生长量较小，但处于上升阶段，15～30年生长量逐渐增高，30年后显著加快；40～45年到达高峰，45～50年稍有下降，但一直处于缓慢上升的趋势[3]。

红桦：高大乔木，高20～30m，喜光，喜湿、耐寒，生阴坡半阴坡，山脊山顶，喜褐土或棕色森林土，生长速度中等。

黑桦：乔木，高可达20m，喜光，耐旱，多生于土层较厚的阳坡或半阳坡的山脊及山顶，不如白桦耐寒，却比白桦耐旱。

硕桦：高大乔木，可达30m，耐寒，喜冷湿环境，在乔木林生长界限以上，亚高山草甸以下常呈灌木状，较耐阴，生阴坡、半阴坡、山脊或山顶。

坚桦：灌木或小乔木，高2～5m，喜光，耐寒，耐干旱瘠薄，生于沟谷、山坡、山脊，甚至能达到1800m以上的山顶、岩石裸露的山崖。

铁皮桦：乔木，高约15m，喜光亦耐庇荫，生阴坡或半阴坡，喜湿润、肥沃的中性或微酸性土壤，生长快，20～30年即可成才。

砂生桦：灌木，高1～3m，常集生为灌丛。喜光，喜生于潮湿沙丘或沙地，亦耐干旱贫瘠，耐盐碱。

（3）群落结构[3]

桦树林和山杨林同为森林演替的初始基础阶段。

白桦林：纯林外貌整齐而茂密，树冠呈灰绿色，常露出银白色通直的树干。据原北京林学院在围场的调查材料，白桦林群落的主要林型有榛白桦林，细叶薹草白桦林，热河糙苏白桦林，毛榛白桦林。其中面积最大、生产力最高的为榛白桦林。榛白桦林可明显地分为3层：林木、下木、活地被物。在林木层白桦占绝对优势，混有少量的黑桦。下木层的郁闭度为0.4，以榛为主，其次为胡枝子等，活地被物层有30多种植物，总覆盖度40%～60%，生长较好。可分为两层，Ⅰ层平均高度30～400m，覆盖度10%～20%，有歪头菜、轮叶沙参（*Adenophora tetraphylla*）、拂子茅（*Calamagrostis epigejos*）、升麻等。Ⅱ层平均高10cm，覆盖度30%～40%，由细叶薹草、蒙古风毛菊、拉拉藤（*Galium spurium*）、玉竹、紫斑风铃草（*Campanula punctata*）等组成。

在白桦混交林中，与白桦混交的树种常见：红桦、黑桦、风桦、辽东栎、蒙古栎、山杨、黄花柳（*Salix caprea*）、五角枫、辽椴（*Tilia mandshurica*）、紫椴等。下木有照山白、迎红杜鹃、榛、毛榛、胡枝子、绣线菊（*Spiraea salicifolia*）、六道木等。活地被物以细叶薹草占优势，其次有舞鹤草（*Maianthemum bifolium*）、铃兰等。

沽源老掌沟林场旮旯梁天然桦树林，坡向北，坡中下部为白桦林，高度11m，胸径14cm，年龄40年，有少量硕桦伴生，林分郁闭度0.6，每公顷600株，林下灌木有虎榛子、红丁香、黄芦木（*Berberis amurensis*）等，盖度40%。草被有细叶薹草、银背风毛菊、贝加尔唐松草、胭脂花（*Primula maximowiczii*）、橐吾等，盖度60%。

祖山林场白桦群系有白桦群丛、白桦+黑桦+山杨群丛、白桦+蒙古栎+油松群丛、白桦+五角槭+紫椴群丛等多种存在形式，树体高大，生长旺盛，林下植被以照山白、宽叶薹草为主，灌草盖度50%以上，但种类并不多。

黑桦林：常分为林木、下木、活地被物3层。林木层以黑桦为主，伴生树种有蒙古栎、山杨、椴树、白桦等。下木层以榛子、胡枝子为主，其次有绣线菊、太平花（*Philadelphus pekinensis*）、红丁香等。活地被物有薹草、毛茛（*Ranunculus japonicus*）、珠芽蓼（*Bistorta vivipara*）等。

祖山林场黑桦林常与白桦、坚桦、山杨、蒙古栎混生，林下灌木以照山白、绣线菊、东陵绣球、胡枝子为主，林分郁闭度较高，林分层次丰富。

红桦林：红桦林外貌整齐，伴生树种有云杉、冷杉（小五台山）、花楸树、大黄柳等。下木有六道木、五台忍冬（*Lonicera szechuanica*）、毛榛、绿叶悬钩子（*Rubus L.*）、花楸树、蓝果忍冬、北京忍冬（*Lonicera elisae*）等。活地被物有北升麻（*Rhizoma cimicifugae*）、香附子（*Cyperus rotundus*）、蕨类（*Pteridophyta*）、乌头（*Aconitum carmichaelii* Debeaux）、鹿蹄草（*Pyrola calliantha*）、薹草等。在红桦群落中，红桦的生态位宽度最大，与伴生树种生态位重叠明显，是森林更新的先锋树种。

白石山的红桦林多为中龄林，平均年林33年，胸径17cm，树高12m，郁闭度0.7，林内主要伴生树种有白桦、栎类、鹅耳枥、山杨、山杏、山桃（*Amygdalus davidiana*）、椴树等。

硕桦林：数量很少，林相可明显地分为林木、下木、活地被物3层。在雾灵山的硕桦林，土壤为在花岗岩母质上发育的棕色森林土，林木层以硕桦占优势，伴生树种有椴、五角枫、裂叶榆等。林冠下的更新幼树，除硕桦外，还有五角枫、裂叶榆等。下木有毛榛、绣线菊、蚂蚱腿子、刺五加等。活地被物有薹草、北升麻、玉竹、绵马明鳞毛蕨（*Dryopterias crassirhizoma*）等。

沽源老掌沟林场旮旯梁坡中下部为白桦林，混有少量硕桦，随着海拔增高，到坡上部，受风、紫外线和空气湿度变化的影响，树木逐渐变矮，硕桦在林中比例显著加大，白桦成分显著降低，硕桦占

70%，白桦占30%，无论是白桦还是红桦，树木变矮变小，胸径约7cm，树高3～6m，但林分密度增加，每亩约7500株/hm²。当海拔达到2000m接近梁顶时，林下灌木消失，只有草被，在林地与亚高山草甸的分界线处，树高已不足3m，呈灌木状生长。

坚桦林：群落外貌不整齐，植株低矮，主干弯曲且多分枝，分层不明显。下木有：六道木、照山白、绣线菊、胡枝子等，活地被物有：薹草、山牛劳蒡（Synurus deltoides）、野菊、鼠掌老鹳草（Geranium sibiricum）等。

杨桦混交林：桦树与山杨具有相近的生态位，常形成混交林，桦树稍多。赤城黑龙山林场黑河源杨桦林，树种组成6桦4杨，有少量山柳，五角枫等伴生乔木树种。桦树胸径14cm，高13m，山杨胸径10cm，高9m，林分郁闭度0.7，桦属分布较均匀，山杨呈团状分布，白桦长势强于山杨，为河北典型的桦树—山杨混交林。林下主要灌木有毛榛，土庄绣线菊，刺五加，山刺玫，红丁香等，盖度40%。林下草被有细叶薹草，唐松草，宽叶薹草，蹄盖蕨，铃兰等，盖度60%。

（4）生态经济价值[4-5]

桦树适应能力强，是一个耐寒的阔叶树种，天然更新容易，病虫害少，在河北分布面积大，尤其是亚高山和中山大面积的白桦林，对水源涵养、水土保持和生物多样性维护发挥着巨大作用，在区域生态系统构建中，具有极其重要的生态地位。桦树是针叶林带针阔叶混交林中唯一生长比较稳定的阔叶树种，是云杉、落叶松的伴生树种。针叶林中混有阔叶树对防止森林火灾和林木病虫害的蔓延及改善林地的土壤性质，提高土壤肥力等非常重要。此外，白桦枝叶扶疏，姿态优美，树干修直，洁白优雅，秋季叶变为金黄色，是很好的园林树种。

桦树木材较坚硬，富有弹性，结构均匀，心边材不明显。抗腐能力较差，受潮易变形。可作胶合板、枪托、细木工家具及农具、木浆造纸用材。坚桦又名杵榆，自明代就有"南紫檀，北杵榆"之说，木质坚硬细腻，纹理精美，与南檀一样适合雕刻各种精致木器，是一种珍贵稀有树种。

白桦树皮独具特性，外皮中含有白色的桦皮脑，且游离地聚集在树皮外表，因此树皮为白色。白桦树皮里还含有40%左右的软木脂，这种成分与少量纤维素、木素一起组成了木栓细胞，使桦树皮不透水、不透气，轻巧柔软而富有弹性，因而可替代纸、革、布料，具有许多用途。桦树的皮分三层，平时用它来制作用具的只是中间那一薄层，即韧皮部的外层。民间艺人充分利用桦树皮的薄、韧、易切割刻画等特性，采用编、缝、折、剪、贴、雕、烫、染等工艺手法创造出种类丰富、造型复杂、纹饰精美的工艺品。主要文化工艺品有桶、碗、篓、箱、挎包、刀鞘、摇车、哨、帽等，还可以制作桦皮船、桦皮屋等大型物品。在黑龙江流域北部鄂伦春族聚居的地区，桦树皮是一种非常重要的生活材料，人们用它来制作并命名的一些物品，如桦树皮餐具、桦树皮生活用具、桦树皮服装等。

据《柳边纪略》《吉林外记》等古文献记载，清朝时当地每年要向朝廷进贡桦树皮。当时设有章京（相当于六品官）、笔帖式等官员管理此事，"康熙二十六年以前，间一年取宁古塔（今黑龙江省宁安市）桦树皮九千斤。"

桦树皮可用于黄疸等疾病的治疗。近年来，科学家们发现白桦树皮中的白桦脂醇、白桦脂酸等三萜类物质具有镇咳祛痰、清热利湿、降血脂等作用。桦树树皮可热解提取焦油，桦树萃取物被作为天然香料用在天然化妆用品中，也用作皮革油。桦树汁是一种天然保健饮料，能促进人体的新陈代谢，有防止血管硬化的作用。

桦树剥皮后树干会变成黑褐色，严重破坏森林景观，同时也会对树木生长产生严重影响。对桦树的利用还是采伐后整株综合利用为好。

（5）植物文化[4-6]

桦树皮文化有悠久的历史，早在3000年前黑龙江东部地区就有桦树皮文化存在。距今4000年至2000年的青铜时代到铁器时代早期，在远东、西伯利亚地区有一个规模庞大的文化圈，覆盖了今天的中国东北地区、朝鲜半岛、俄罗斯远东地区、西伯利亚地区等，这个文化圈属于不同民族，有着不同文化传统的生计模式，但他们有一个共同的特点，那就是大规模使用桦树皮制成的器物，小到盛食物的器皿、狩猎工具，大到船只，学者将这种特殊的文化称为"桦树皮文化"。至今还有民族使用这种桦树皮器皿，如中国东北地区的赫哲族。白桦树是俄罗斯的国树，是这个国家的民族精神的象征。

桦树皮是一种书写和绘画艺术载体。画工还常用桦树皮烧烟熏纸来做古画，所以"画"字的俗字便取作"桦"字。金朝初年，南宋使臣洪皓出使金国，拒受厚禄，被扣留十多年，在教授女真弟子时，由于身边无纸，他就用桦树皮抄写《论语》《大学》《中庸》《孟子》，传授儒家学说。

桦树皮船是一种轻便的水上交通工具，其形状有点像现代赛艇，两头尖，船底平，长3～6m不等。赫哲族歌谣唱道："桦皮船，两头尖，船飞叉动鱼堆山，笑声欢，心儿甜，手持鱼叉歌满船。"由此可见他们对桦皮船何等喜爱。

桦树皮可用来制作桦皮屋。乾隆皇帝曾写过一首描写桦皮屋的诗《周斐》："野处穴居传易传，桦皮为屋鲜前闻。风何而入雨何漏，梅异其梁兰异梦……"有人曾在大兴安岭发现一部用白桦树皮装订起来的手稿，经考证，原来是东北抗日战争时期留下来的政治课本。

在民间，白桦树是一种精神的象征。一些神秘的祭祀品、带有信仰色彩的吉祥物、图腾崇拜标志的工艺品都是由桦树皮制成。例如，黑龙江地区的居民在很多的桦树皮手工艺品中，会绘制两只手举起一个妇女的造型，还有一些阳光照耀下的母亲形象，这些艺术品体现俄罗斯民间对劳动妇女的崇拜；绘有马、鸟和其他兽类图案的桦树皮手工艺品则是黑龙江流域北方人民艺术固有的传统。

在黑龙江流域，人们喜欢在通向自己房屋的道路口种上白桦树，为自己的家庭祈福，并在树下安放长椅，全家可以坐在那里对白桦树诉说自己内心的需要。在节日时，人们到白桦树干上摸摸，他们相信这样可以带来好运。每逢佳节的时候，人们会制作由桦树皮木头和枝干围合成的篝火晚会，当地的姑娘和小伙穿上他们最美的服饰，在篝火晚会上尽情地展示他们的舞姿，用欢乐和歌声庆祝属于他们自己的节日，还会在篝火旁边许下自己的愿望。还有一些少女将点燃的蜡烛搁在树皮上，放进河水中，然后按照花环漂动的方向占卜自己的婚事。

2006年，国务院将桦树制作技艺列入《全国非物质文化遗产名录》。

（6）更新繁殖

桦树自然更新有种子繁殖和萌芽更新两种形式。由实生苗繁育的林分为乔林，以萌生更新的林分为矮林。

6.1 种子繁殖

白桦5月上、中旬开花，8月中、下旬种子成熟，15～20年生即开始大量结实，每隔1～2年有一种子年。种子粒小，具翅，可借风力传播，种子成熟期很短，若不及时采收，种子就会脱落。白桦种子千粒重0.2～0.4g，实验室发芽率65%。果实成熟后主要靠风力传播到母树周围约1km以内的地方，母树结实良好，极易形成"飞子成林"，根据张守杰[7]的调查，沼泽地，草甸地及平缓的荒山荒地、采伐和火烧迹地等，只要附近有结实良好的白桦母树，土壤经过破土后的2～3年内，很快被白桦幼苗幼树所占领，并形成较强的生长优势和更新层。在林缘荒地和林地两侧经过动土的地方，常见有密生的白桦实生幼树生长，因此，破土对天然下种的成苗率有很好的促进作用。

天然下种的幼树初期生长较慢，5年后逐渐加快，故不及萌芽林成林速度快，过去在生产中天然下种仅作为更新的一种辅助措施，完全采用天然下种更新的大面积白桦林极少。

由实生苗发育的乔林，寿命相对较长，树体高大，干型通直，木材材质好，林分结构完整，只可惜这种乔林的保存面积很小。

6.2 萌芽更新

白桦伐根基部有较强的萌芽能力，桦木林采伐后伐根能萌发出很多萌发条，可以继续培养成林，因此，利用白桦萌芽繁殖的特性，培育白桦萌芽林，方便简便，成林迅速，可以减少整地造林的费用，故在过去桦木更新工作中常采用这项技术措施。白桦伐根上的萌条主要产生在伐桩基部距地表10～20cm处，母根能继续生根，并构成新生根的根系，对促进新生幼树的早期速生有良好的作用。

萌生幼树的多少和强弱，与母树年龄、砍伐季节、采伐方式和迹地清理有密切关系。白桦伐根的萌芽能力，一般由幼树开始，一直延续到林龄70年，但以中壮龄母树的萌芽能力最强，平均每个伐桩上萌条30株以上，是萌生最旺盛的时期，70年生时，萌芽力接近消失，平均每个伐桩上仅有萌条2株。25～40年生母树萌生的1年生条平均高在100cm以上；70年生时，萌生的1年生条平均高仅29cm。不同采伐季节与萌生株数的多少和生长的强弱有直接关系，一般以冬春树木休眠季节时砍伐，萌生效果好，夏季砍伐，萌生效果不良，以早春3月采伐的萌生条效果最好。秋、冬季次之，夏季最差。主要因早春砍伐后，伐后时间不长就发芽生长，伐桩损失养分较少，生命力强，萌生幼树当年生长期长，枝条组织充实，不致遭受冻害[3]。

河北现有的桦木林绝大多数为萌生矮林，这种林分前期生长快，林地恢复迅速，但寿命短，以培养小径材为主，材质较差。据调查，萌生白桦心腐率比实生白桦高得多，有的20年左右就会出现心腐，要提高桦树林地的水平，必须提高实生个体的比例。

在现代林业经营中，萌生矮林逐步退出天然林经营的主流方向，近自然异龄混交的优质乔林成为天然林经营的追求目标。

（7）资源保育

河北桦树资源和栎类一样，均遭到了巨大的人为破坏，乱砍滥伐、"拔大毛"现象严重，白桦林被剥皮后留下成段的黑色树干更是惨不忍睹，现有林地多为萌生矮林，有的已成残次林，几乎失去了经营价值，加强对桦树林分的保护修复显得十分迫切。

在对桦树天然林资源实施严格保护的基础上，参照栎类近自然经营思路，以近自然异龄混交林为目标，对现有林分实行全林经营。

7.1 主林层目标树确定和培育

对密度过大的林地适当疏伐，伐除干扰树、老狼木、衰老木、病腐木，尽量选择干型好、生长健壮、分布均匀的实生个体作为目标树，通过疏伐和择伐调整主林层结构，保证目标树树冠透出并健康生长，次林层和更新层能够透过一定光照。

在实生株不足时，应选择干形好、生长健壮的萌生植株补充。同时，注意保留栎类、椴树、油松、落叶松、云杉等群落正向演替树种、高价值树种、珍稀树种等特殊目标树。

对陡坡薄土层的桦树林，由于砍伐后不易更新，虽然生长不良，但也不应采伐，是重要的防护林，应严加保护。

7.2 次林层保留木培育

发育较好的林地，次林层比较完整。随着林分的发育，林下幼树之间的个体竞争加剧，次林层郁闭度显著增大时，此时要分阶段逐步进行疏伐，然后选择有培养前途的林木个体作为保留木，形成密度适中、分布合理的林分，继续培育，以加速留存木的直径和材积生长，缩短培育期限。对丛状的萌生矮林，定株疏伐要逐步进行，不能一次到位，一般白桦萌生幼林的除伐抚育，多在5～6年，树高2～3m进行第一次定株，10～12年进行第二次定株，伐除强度按蓄积计算，每次不超过30%，伐后郁闭度不低于0.7，间隔期5～6年。

7.3 更新层培育

白桦林多生长在坡度较缓的阴坡半阴坡，林下灌草植被旺盛，桦树林下放牧在林区非常普遍，林下灌草植被及天然更新苗常遭到极大破坏。因而，在更新地块应停止林下放牧等活动。

破土是人工促进桦树种子天然更新的有效途径。当林下幼苗稀少，不能满足天然下种更新时，可采取带状或块状整地，翻动草被层土壤，使白桦种子落地后可与土壤充分接触，有利于种子落地生根，这种方法更适合于残次疏林的更新。破土时间应在5月下旬进行，年份应选择种子年进行。当灌草植被过密时可适当进行透光疏除，但不能过度干预。经过2～3年后，破了土的更新地上便可长满桦树幼苗。

需要注意的是一些衰退的残次林在更新时，不宜采用一次性大面积更新，应采用带状或块状小面积逐步更新，避免造成局部生态环境大的波动。

在稀疏的桦木林内，也可以利用林窗、空地，引入油松、落叶松、蒙古栎，培育混交林。桦树毕竟只是一种天然更新的先锋树种，也终将被其他更加高大、适应性更强的针阔叶树种所代替。

另外，铁皮桦作为省级重点保护野生植物，在经营中应实施封禁管理，重点用于种源保护和科学研究。

主要参考文献

[1] 中国科学院中国植物志编辑委员会. 中国植物志[M]. 第21卷. 北京：科学出版社. 1979.

[2] 孙立元，任宪威. 河北树木志[M]. 北京：中国林业出版社，1997.

[3] 河北森林编辑委员会. 河北森林[M]. 北京：中国林业出版社，1988.

[4] 魏立群. 白桦树与桦树皮文化[J]. 大自然，2006，3：55-57.

[5] 王玉云. 黑龙江流域桦树皮工艺设计与非物质文化传承的创新性探究[J]. 鞋类工艺与设计，2002（11）：92-94.

[6] 王克力. 让胡路区：白桦树[EB/OL].（2021-12-11）[2024-04-07]. http://www.aitp.com.cn/sf_EDE5C15989CE4343ACF7B0EB9AAA8180_275_xhat.html.

[7] 张守杰. 白桦树的更新与经营[J]. 林区教学，2008，9：144-145.

3. 山杨

山杨天然林

木兰林场五道沟分场天然山杨林

木兰林场五道沟分场退化的天然山杨次生林

丰宁邓栅子需要抚育的天然山杨次生林

山杨为杨柳科（Salicaceae）杨属（*Populus*）乔木，高达25m，胸径约60cm。杨属分白杨组（sect. Populus）、黑杨组（s. Aigeiros）、青杨组（s. Tacamahaca）3个组，山杨属白杨组树种。山杨的模式标本采自承德[1]。

（1）分布

山杨是温带落叶阔叶树种，在我国的分布非常广泛，黑龙江、内蒙古、吉林、华北、西北、华中及西南高山地区均有分布，垂直分布自东北低山海拔1200m以下，到青海2600m以下，湖北西部、四川中部、云南在海拔2000～3800m处均有分布。在国外可分布到苏联的远东地区、朝鲜和日本。

冀北山地是山杨林分布的集中区，多分布在海拔700～1600m，在雾灵山可达海拔1750m。除此之外，在太行山海拔800m以上，在恒山小五台山海拔900～1700m处也有山杨分布。楔叶山杨分布在小五台山海拔1100～1800m山坡及混交林中。

根据河北森林资源调查（2015—2018年）数据，全省现有山杨林面积54083hm²，蓄积313.1万m³。其中，幼龄林面积50441hm²，中龄林面积3455hm²，近熟林面积98hm²，分别占总面积的93.3%、6.4%、0.3%。幼龄林蓄积271.6万m³，中龄林39.9万m³，近熟林1.5万m³，分别占总蓄积的86.7%、12.7%、0.6%。说明全省山杨资源幼龄林占绝大多数。

承德市区39637hm²，占全省的73.3%。主要分布的县（区）有隆化12069hm²、丰宁9960hm²、承德5455hm²、滦平3255hm²、围场3022hm²、兴隆3018hm²、平泉2019hm²。承德的其他各县（区）和市属林场也有较多分布。

张家口6873hm²，主要分布的县（区）有赤城3426hm²、涿鹿892hm²、崇礼区840hm²、怀来663hm²、宣化区662hm²。阳原、蔚县、怀安、桥东区、康保也有一定量分布。尚义、下花园、张北等地有零星分布。

保定884hm²，主要分布县（区）有阜平332hm²、涞源326hm²、唐县188hm²。涞水、易县有少量分布。

秦皇岛198hm²，主要分布在青龙193hm²。

省直单位6313hm²，其中，木兰林场3255hm²、雾灵山自然保护区2028hm²、塞罕坝机械林场985hm²、小五台山自然保护区45hm²。

另外，石家庄的平山、赞皇、井陉、鹿泉，邢台的沙河，邯郸的武安、涉县也有零星分布。

从上述分布情况看，山杨的分布区域大致与桦树相当。全省山杨资源主要分布在燕山北麓和冀北山地，承德地区和张家口的赤城县是分布中心。沿坝一带和坝上丘陵都有分布。太行山区的高海拔局部区域也有一定量分布，从北到南逐步减少，分布特点也反映了山杨耐寒的特性。

（2）生物生态学特性

山杨是杨属中少有的森林树种，其根系不定芽萌生力强，在森林破坏后形成的采伐迹地或火烧迹地上，山杨幼树可迅速占领迹地，经过封育即可形成山杨纯林或山杨—白桦（栎类）混交的次生林，集群成林，是天然更新的先锋树种，也是河北次生林的主要组成树种。

喜光，耐侧方庇荫，耐寒，在年均温-1～10℃、极端低温-40℃的条件下都可以生长，在7～12℃的温湿环境下生长更为茂盛。对土壤要求不严，在微酸性至中性土壤上皆能生长。但在坡度较缓、排水良好的肥沃土壤上生长更好。山杨在适宜海拔范围内，在阴坡坡麓、沟谷和沟脑呈块状分布，在半阴半阳的台地和坡地上，林相整齐，形质良好。阳坡有时也偶见有山杨林，但生长不良。

山杨是具有水平根和垂直根但无主根的树种，水平根系很发达，一株30年的山杨其根幅可达150～300m²，一株52年生的山杨直径0.2cm以上的根总长度可达98m。水平根分布很浅，平均深10～13cm，但变化很大，垂直根最深可达1m左右。

山杨在天然林中是较速生的树种，其高生长的速生期在前6年，径生长速生期在10年左右。根据郑均宝等在承德的研究，山杨材积连年生长量从最初几年一直直线上升，材积连年生长量的高峰在35～40年，40年后有所下降。承德地区林业局和原河北省林业科学研究所在围场塞罕坝和隆化碱房的标准地调查显示，23～24年山杨林连年生长量每公顷3.6–12m³。不同山杨林分连年材积生长量的差异是很大的。山杨林在此年龄阶段，材积连年生长量的大小主要受立地条件的好坏及林分密度的影响。20～25年生山杨林分每公顷蓄积量40～320m³，变动幅度相当大。

根据有关研究[2]，山杨树高连年生长量6～8年最大，平均生长量12～14年最大；胸径连年生长量8～14年为生长旺盛期，10年达最高峰、平均生长量持续时间，16～20年时达最大值，24～26年材积连年生长量达最大值，30年时与材积平均生长量相等，达到数量成熟龄。

山杨常与桦树混交，相伴生长，通称杨桦林。由于这两个树种在生态学、生物学特性上的差别，因而它们的天然林的分布并不完全一致。在山杨、桦木的混交林中，两者所占的比重受两个因素的影响：一方面，受立地条件的影响，由于山杨不如白桦耐寒，而对土壤条件的要求比白桦严格，因而海拔高于1700m或在海拔800～1700m内较干燥或贫瘠土壤或沼泽土上，多会限制山杨的分布；另一方面，由于山杨根蘖更新能力强，因此在采伐迹地、垦荒地及火烧迹地上，山杨根蘖条的数量很多，成长的林分中山杨的比重大，甚至成为块状分布的纯林。

（3）群落结构和群落演替

3.1 群落结构[3]

山杨林是暖温带地区栎林、云杉林以及其他阔叶林、温带森林地区的红松（*Pinus koraiensis*）针叶林、内蒙古东部山地的蒙古栎林或落叶松林等采伐和火烧后出现的次生植被。

山杨林常呈块状或带状分布，林冠整齐，外貌呈浅绿色，群落结构比较简单，可明显分为林木、下木、活地被物3层。林木层山杨占绝对优势，伴生树种有白桦、黑桦、辽东栎（*Q. wutaishanica*）、蒙古栎、色木槭（*Acer mono*）、花楸树、大黄柳、蒙椴等。在海拔较高处，山杨林与白桦、黑桦组成共建种，成为混交林。在海拔较低处，由于人为破坏严重，多为山杨纯林。

山杨林的下木层很发达，下木的种类因立地条件不同而异，有毛榛、胡枝子、锦带花、迎红杜鹃、东陵绣球及金花忍冬（*Lonicera chrysantha*）等，活地被物层发育较差，为斑点状分布。有羊胡子草及金花忍冬等。

河北的山杨林主要有以下几个林型。

①毛榛山杨林分布在海拔1000～1500m阴坡坡麓，两坡之间的凹处及沟脑，有时也见于坡中部。土壤湿润而又排水良好，土层厚80cm以上，该林层是山杨林分中生产力最高者。林木层可分为两层，山杨、桦木等组成上层，色木槭、蒙椴和蒙古栎等组成下层。

下木层盖度80%以上，发育得很好，以毛榛为主，其次有锦带花，迎红杜鹃、胡枝子、金花忍冬等。活地被物层发育很不好，盖度为15%～25%，以羊胡子草为主。

②沟谷山杨林主要分布在海拔900～1500m的沟谷中。土壤是在冲积母质上发育起来的，比上一个林型潮湿，但排水良好。土层中具有大小不等的石块，腐殖质层厚，林木层状况与毛榛山杨林相似，只是生长情况较差。下木较稀，而且优势种不突出，有胡枝子、毛榛、锦带花、金花忍冬等。活地被物层发育良好，以菊科植物为多，如齿叶风毛菊（Saussurea neoserrata）、银背风毛菊（Saussurea nivea）、蒌蒿（Artemisia selengensis）、烟管蓟（Cirsium pendulum）等。其次有唐松草、歪头菜等。

③胡枝子山杨林，常分布在半阴坡、半阳坡的多年前撂荒地上，是山杨林型中土壤湿度较小者，土层较薄，为轻壤质，土壤中夹有小石砾。林木组成单纯，山杨占绝对优势，或者混有少量蒙古栎、桦木，有的为单层林，有的则为复层林。山杨为上层，蒙古栎为下层。下木层则以胡枝子、榛占优势，但仍可见到少量的毛榛，此外，还有喜光的茅莓（Rubus parvifolius）和耐旱的岩生鼠李（Rhamnus saxicola）和照山白。活地被物层的植物种类不同于以上两个林型，禾本科草很发达，盖度可达60%以上。

④绣线菊山杨林分布在海拔800m以下的山区，一般土壤较瘠薄，山杨生长不良。该林型大部处于幼林阶段，林木层郁闭度0.3～0.4，林内阳光充足，下木、活地被物茂密。林木层山杨占绝对优势，伴生树种为栎类、色木槭等，灌木层植物以三裂绣线菊占优势，此外还有山杏、胡枝子、榛等。草本植物以矮薹草（Care humilis）为主。由于林内阳光充足，生境干燥，故种类繁多，但多度较少。比较常见的有大油芒、北柴胡（Bupleurum chinense）、委陵菜、野古草（Arundinella hirta）等。

3.2 群落自然演替

一般来说，山杨林分是不稳定群落，是针叶树种演替过程中的一个过渡类型，特别是在针叶树遭受破坏之后，如火灾发生之后，林地环境发生剧烈变化，在全光照条件下，气温变差大，常出现日灼、霜冻等自然灾害，原来耐阴的植物消失了，而喜光的植物，尤其是禾本科、菊科、柳叶菜科的植物迅速占据林地，形成杂草群落。新的环境不仅适合喜光的草本植物，而且也适合一些喜光、耐旱、抗霜冻的杨、桦等阔叶树生长。因此，在原始针叶林所形成的优良条件下的火烧迹地上，很快形成以山杨为主的群落。

随着山杨林下环境条件的改善，喜温凉阴湿气候的云杉、蒙古栎等幼树开始出现。云杉初期生长很慢，到30～40年时，山杨生长减退，针叶树生长加快，在山杨林下形成第二层，这时，山杨林由于自然稀疏，给针叶树创造了有利条件。当针叶树的生长超出了山杨，并高居上层，造成严密的阴湿环境，在林下形成深厚的酸性土壤和枯枝落叶层，喜光的山杨失去了生长条件，逐渐被针叶林取代[4]。

（4）生态经济价值

山杨是河北天然次生林区的主要树种之一，也是河北三大天然阔叶用材树种（蒙古栎、桦树、山杨）之一，具有生长快、分布广、面积大的特点。山杨适应性强，水平根系发达，耐寒耐旱耐瘠薄，成林快，是快速恢复森林植被的良好树种，对绿化荒山和水土保持有较大作用。根据赵鸿雁等[5]对黄土高原山杨林的研究，与荒地相比，自然山杨林可减小径流和泥沙各为69.8%和98.9%，蓄水保土效果非常明显。

山杨春季幼叶红艳，夏季浅绿，秋季经霜变为金黄色，季相色彩丰富，具有较好的自然景观效果。但山杨作为山地森林树种不同于其他栽培杨，不适合用作行道树、农田林网、城市公园建设。相反，家杨在山上造林则表现不良。可以总结为"山杨不下山，家杨不上山"。

木材白色，轻软，富弹性，密度0.41，供民用建筑、家具、造纸、筷子和火柴杆等用，还适用于胶合板、轻质刨花板生产；树皮含鞣质可提取单宁，入药有驱蛔虫、治腹痛和肺炎咳嗽之功效。萌条可编筐；叶及幼枝可作饲料。

（5）更新繁殖

山杨的种子繁殖在火烧迹地上容易进行，而在茂密的草地和灌木丛中，其种子就很难和土壤接触。山杨的根蘖繁殖能力很强，因此，在采伐迹地上，山杨自然更新主要靠根蘖的方式完成。

山杨被采伐以后，其根蘖条多发生于根直径0.5～2.0cm粗的根上，产生根蘖条的根直径范围从0.12～0.9cm。一般在0～4cm深的土层中的根易于萌发出根蘖条。在山杨、桦木林的皆伐迹地上，不论过去林分组成是以山杨为优势，还是以桦树为优势，皆伐后萌发出来的幼树，除近分水岭由于表土干燥山杨根蘖更新不好外，其余的林分山杨根蘖幼树的数量3年生达到每公顷10000株以上。山杨根蘖幼树的数量与采伐前林分组成中山杨所占的比例有密切关系。伐前山杨的组分大，则更新的幼树多，反之则较少。山杨根蘖更新形成的幼林并不都是生长良好的。毛榛山杨林及沟谷山杨林皆伐后形成的幼林郁闭度大，病虫害少，幼林生长良好。采伐前林分组成以白桦为优势的林分，采伐后形成的幼林，山杨根蘖幼树的数量虽然多，但生长不良，山杨枯梢现象十分普遍，青杨天牛危害严重，感染干腐病的植株可达80%[3]。

人工繁殖插条不易成活，多采用种子繁殖和分根、分蘖繁殖。山杨采种要选择生长健壮、未感染心腐病的优良母树，适时采种，一般山杨种子在5月中、下旬成熟，当果实由绿变黄，蒴果尚未裂开时，即可连同果枝一齐采回处理，山杨种子很小，千粒重仅0.4～0.7g，每千克110万～150万粒，发芽率65%～90%，采集的种子，应立即下种，否则数日就失去发芽力[6]。

人工栽培林地选择：林区除沼泽地、高山草甸和乔木上限的灌丛地外，其他宜林荒山荒地、皆伐迹地、火烧迹地、林中空地皆宜；非林区丘陵沟坡，河谷两岸等水分条件较好的地段也可，但干旱的沙漠、黄土梁峁、盐碱地则不宜[6]。

山杨易得立木心材病腐，此病由干腐菌假木紫芝等引起，通过立木伤口侵入，又经根系传播给下一代萌蘖苗，为害普遍且严重。据我们调查及文献记载，幼树就会染心腐病，50年生立木，发病率可达70%，降低出材率达20.4%。萌生根系病腐根多，伤口多，生长不良。实生根系完整，长势强，生长良好。山杨混交林比纯林发病率低[7]。

林斯超[8]认为，31～35年是山杨病腐发展的转折点，此时因病腐造成的损失材积急增，因此山杨林能提供最有效的经济材材种和最高的出材率的年龄是在31年，这就是适时利用山杨的林龄。所以，应把31年定为山杨林的主伐年龄。

（6）资源保育

山杨是原始林经过强度采伐或破坏后经过竞争形成的，这类林分表现出速生、自然成熟龄短、又有较高的发病率，在森林演替中呈过渡形式，经过采伐后又能形成针阔混交林或针叶林，根据这一演替特点，只要对山杨林分采取适当技术措施，就能及时恢复林地的森林质量[9]。

6.1 不同林型的经营

幼中龄山杨林山杨组分65%以上。一般密度较大，林下无天然更新，表现出生命力强，生活力高，抗病率强，发病率低，对这种林分应定为抚育型，在生长过程中应进行系统的间伐，在第3~4年即应开始第一次间伐，留优去劣，使林分达到合理株数，促进林分生长，提高生长率，伐后保留郁闭度0.7以上。对不宜发展山杨林的林型，要注意多保留桦木、栎类、椴树和槭树等其他阔叶树，少保留山杨。

近、成熟山杨林由于山杨在20年后心腐病开始影响材质，而且随着年龄的增加，腐烂的范围也扩大，因此对山杨林分应及时进行采伐利用。根蘖更新的山杨幼林宜于培育小径材，过去河北省山杨的主伐龄规定为31~40年，但为了保持区域生态系统的相对稳定，山杨的更新，应避免大面积皆伐，宜于采用小面积片状皆伐或带状采伐，注意保护有培育前途的幼树如椴树、蒙古栎、胡桃楸（*Juglans mandshuria*）、色木槭、花楸树等。采伐迹地可通过根蘖更新，也可以人工补植云杉、落叶松、红松等针叶树种，逐步形成针阔叶混交林。

以山杨为主的阔叶混交林山杨占30%~40%，平均年龄在30年以上，有的老龄熟，呈明显的异龄林，林冠下形成明显的更新层，大量出现心腐病，发病率在85%左右。可伐除山杨心腐木和大径木、霸王树等，伐后尽量不出现天窗和林中空地，郁闭度保持在0.5以上；对山杨呈团状分布的小班，可视其情况伐除团状分布的山杨或择伐零星分布的大径木，强度一般不得超过20%，伐后出现的空地可补植针叶林[9]。

6.2 不同培育目标的经营

以水源涵养水土保持为主要目的的杨桦林对位于河流上游，河道两岸，水库四周的杨桦林经营，首先应注意林分结构的调整与培育，注意次林层、灌草植被层和更新层的保护培育，将单层乔木水平郁闭改为复层乔、灌、草垂直郁闭，疏密度以中等0.5~0.6为好，加大水源涵养能力。水源林禁止皆伐，但可行弱进度抚育和更新择伐，避免人为高强度干扰[10]。

用材为主要目的林杨桦应选立地条件好，密度大，形质优良的林分，进行抚育管护。以山杨为主的林分，为了延长其直径生长时间，可在30~40年，进行一次强度抚育，伐去大径木，在林下引进云杉等针叶树种，培育针阔林。一方面保留木可以继续培育，另一方面对耐荫的针叶树幼树形成庇护，待留存木胸径达22~24cm时，将上层木采伐利用，以防止心腐病大发生，同时为林地增加光照，满足针叶树不断生长对光照的需求，促进群落正向演替[10]。

山杨林的最大缺点是容易感染心腐病，从而影响了老龄山杨的材质。由于多代的根蘖无性繁殖更新，导致了山杨心腐病的世代蔓延，对林分健康和木材生产影响很大，开展山杨种源选择和实生林培育研究具有重要意义。

主要参考文献

[1] 孙立元，任宪威. 河北树木志 [M]. 北京：中国林业出版社，1997.
[2] 刘恩海，等. 山杨生长过程的初步研究 [J]. 林业勘察设计，1981，3：31-36.
[3] 河北森林编辑委员会. 河北森林 [M]. 北京：中国林业出版社，1988.
[4] 张晓成. 山杨在青海生态建设中的作用 [J]. 青海农林科技，2001，3：25-26.
[5] 赵鸿雁. 山杨林的水土保持作用 [J]. 西北林学院学报，1993，8（3）：39-44.
[6] 罗伟祥，等. 西北主要树种培育技术 [M]. 北京：中国林业出版社，2007.
[7] 王振经. 山杨天然林立木心材病腐规律的探讨 [J]. 吉林林业科技，1980，4：100-104.
[8] 林斯超. 论黑龙江省山杨林的主伐年龄 [J]. 林业科技通讯，1980，9：19-22.
[9] 张有为，等. 山杨林分经营措施的探讨 [J]. 林业勘察设计，1995，1：39.
[10] 李果甘，等. 山杨白桦林生态效益及经营 [J]. 吉林林学院学报，1990，1（6）：61-65.

4. 椴树（树种组）

紫椴枝叶形态

怀来官厅林场白龙潭林区天然紫椴

河北省天然林主要树种

怀来官厅林场白龙潭林区天然紫椴

尚义南壕堑林场大青山景区天然紫椴林

尚义南壕堑林场大青山景区天然紫椴林

尚义南壕堑林场大青山景区天然紫椴林

宽城冰沟林场老场子林区天然椴树林

青龙祖山林场天然紫椴林

椴树为椴木科（Tiliaceac）椴属（*Tilia* L.）树木的统称，是一个古老树种。据考古推测，其可能在白垩纪晚期起源于中国东部亚热带山地，到始新世之前已散布至欧洲和北美西部[1]。

关于椴树分类，颇具争论。椴树属在椴树科中是一个形态很特殊的属，在属内，种间杂交普遍，由于许多种间缺乏断然可分的形态特征，种内分化和种质渗入现象又交错存在，以至于造成了分类学上的困难。椴树属约80种，《中国植物志》记载我国分布有32种。诸葛仁和唐亚通过总结各种资料，对椴树重新分类，认为全球共有椴树25种，其中东亚18种，欧洲5种，北美2种。中国共有椴树14种，其中特有种10种[1]。

河北有3个原生种即蒙椴（小叶椴）、紫椴（籽椴）、辽椴（大叶椴）和1个引进栽培种南京椴（*T. miqueliana*）。蒙椴稍多，紫椴很少[2]。紫椴为国家二级保护植物，紫椴、蒙椴均为河北重点野生保护植物。

兴隆雾灵山天然辽椴（大叶椴）

河北椴树分种检索表[2]：

1. 小枝光滑，叶背面光滑或仅脉腋有簇毛，叶较小，长3～8cm。
    2. 叶片三角状卵形或卵形，常具3浅裂，边缘粗锯齿不整齐；具花瓣状退化雄蕊，雄蕊30～40……1.蒙椴
    2. 叶片宽卵形或近圆形，不具3浅裂，边缘齿小而整齐，不具花瓣状退化雄蕊，雄蕊20……2.紫椴
1. 小枝有毛，叶背面密生白色星状毛，叶较大，长8～15cm。
    3. 果有5棱，叶片近圆形或宽卵形，长8～15cm，叶缘锯齿粗疏…………………………3.辽椴
    3. 果无棱，叶片三角状卵形或卵形，长9～12cm，叶缘锯齿细密……………………4.南京椴

（1）分布

椴树科以热带成分占优势，但椴树属则是典型的北半球温带分布属，集中分布在欧洲、东亚和北美3个相互隔离的区域，呈典型的三块独立种群分布格局[1]。

中国是椴树历史起源中心，秦岭、淮河以南的亚热带地区，既是椴树属现代分布的多度中心，也

是多样化中心。椴树地域分布较广，北与俄罗斯远东地区交界，南至南岭山脉，东邻太平洋，西至宁夏、甘肃南部、四川西部、西南经横断山脉进至西藏南部，在滇东南分布区伸入越南北部[1]。蒙椴、紫椴和辽椴在黑龙江完达山及那丹哈达拉岭分布最多。

蒙椴产河北围场、丰宁、兴隆雾灵山、尚义、赤城、蔚县小五台山、迁西、平山、井陉、武安；北京百花山、西山、密云波头、怀柔喇叭沟门，东北、内蒙古、甘肃、陕西、河南、四川等地也有分布[2]。

紫椴产河北承德辽河源、隆化茅荆坝、赤城、滦平、雾灵山、遵化、迁安、青龙、涞源、灵寿、井陉、赞皇；北京门头沟妙峰山、天津蓟州区盘山、山西五台山、山东崂山、河南太行山、内蒙古及东北也有分布[2]。

辽椴产河北围场、丰宁、兴隆、迁西、涿鹿、涞源、灵寿；北京西山、百花山、上方山、天津蓟州区；东北、山东、河南、江苏、江西也分布[2]。

南京椴在河北涉县有栽培。分布于安徽、江苏、浙江、江西等地。

蒙椴在冀北山地海拔800~1400m处，在燕山山系海拔750~1250m处，陀梁山到海拔1500m处，恒山小五台山1100~1400m处都有星星点点的蒙椴林。紫椴在河北的分布是椴属中面积最小的，只在雾灵山以北的冀北山地海拔1000~1800m有少量的分布，多与其他树种混交。辽椴分布的海拔较低，在太行山和燕山山系多在海拔1000m以下，也多为混交林。椴树林分布较多的地方有燕山山系的兴隆县五峰楼、雾灵山，青龙县都山、祖山，承德县五道河、北大山一带[3]。

根据冯学全等[4]的调查，雾灵山有紫椴蒙古栎混交林（$T.\ Amurensis-Q.\ mongolica$）总面积193.3hm²，主要分布在海拔1000~1400m的阴坡，坡度在15°~25°。土壤为棕色森林土，土层较厚，立地条件较好。

值得一提的是，尚义南壕堑林场，大青山林区和桂沟山林区生长着两片珍贵的紫椴天然林，两处各100hm²，总面积200hm²，海拔1500m左右，是河北境内最大的天然紫椴林，也是华北地区罕见的大面积天然紫椴林，具有极高的保护价值和科研价值。这些椴树沿山坡呈带状分布，形成绵延起伏的椴树长廊。

根据河北森林资源调查（2015—2018年）数据，全省现有椴树林分面积4443hm²，蓄积13.2万m³。其中，幼龄林4190hm²，中龄林253hm²，无近、成熟林。在现存的椴树林中，幼龄林占94.3%，中龄林仅占5.7%，大的椴树林已不复存在。在河北的古树资料中，亦未见有古树记载。椴树作为乡土树种，在河北已遭到很大破坏。

现有椴树林分布情况：张家口2280hm²，占全省总面积的51.3%，主要分布县（区）有怀来1564hm²、尚义359hm²、崇礼172hm²、赤城168hm²；承德928hm²，占20.9%，主要分布县（区）有承德县412hm²、兴隆301hm²、秦皇岛871hm²，占19.6%，主要分布县（区）有青龙560hm²、山海关区301hm²。雾灵山自然保护区63hm²、木兰林场58hm²。

从上述调查统计数据看，河北的椴树片林资源主要分布在冀西北山地、冀北山地和燕山山区。涞源、涞水、易县、平山等太行山区有零星片林分布。

（2）生物生态学特性

椴树喜光，但幼苗、幼树较耐阴，光能利用率较高，造林时，可做伴生树种。耐寒，能耐-40℃的低温。喜温凉湿润气候，喜生于肥沃、湿润、疏松、排水良好的土壤上，山谷、山坡均可生长，不耐水湿沼泽地。深根性，生长速度中等，萌芽力强。

椴树寿命一般在300～400年，但根部萌蘖更新导致寿命较难界定。一棵植株老树枯倒后，树桩上又可萌发新枝，继而长成大树，如此周而复始，历经数代而不衰[1]。

椴树营养生长期长，幼年期生长较慢，中年速生，开花结实多在10年以上。美洲椴（*Tilia americana*）营养生长期为5～15年，辽椴、紫椴、蒙椴一般要6～10年开花结实。以宽城县冰沟林场的椴树解析木材料为例，实生椴树高生长迅速时期从20年后开始直线上升，40年才达到高生长的极盛期，这也许是生长在林冠下，椴树被压所致。胸径生长迅速期也是从20年开始，到45年才达到极盛期，材积生长从25年开始，到55年仍不见减退[3]。

椴树染色体基数n=41，根据诸葛仁和唐亚的统计，已报道的11个种的染色体资料，二倍体与四倍体的比例为2∶1。由此推测，该属可能有较普遍的四倍体存在[1]。

（3）群落结构

椴树林是温带与暖温带的典型落叶阔叶林。在河北以其为建群种的林分较少，面积小而分散，常与多种落叶阔叶树混交，俗称椴树杂木林，常成为山杨林、桦木林、栎林、油松林、阔叶杂木林中的伴生树种，与五角枫、花楸树等组成第二层林木。纯林少，不同区域的椴树群系群落结构差异较大。

以雾灵山紫椴林为例，根据冯学全等[4]的调查，雾灵山的紫椴蒙古栎混交林，乔木层郁闭度0.75，平均高度10m，紫椴平均胸径15.5cm，蒙古栎平均胸径22cm，群落总蓄积为90m³/hm²。密度1030株/hm²。优势种为紫椴，亚优势种为蒙古栎，伴生树种有五角枫、青榨槭（*Acer davidii*）、黄花柳（*Salix caprea*）等。灌木层盖度为63%，平均高1.1m，共17种，优势种为大花溲疏和映山红（*Rhododendron simsii* Planch）。草本层盖度10%，平均高0.2m，共27种，优势种为细叶薹草，亚优势种为披针薹草（*C. lanceolata*）。层间植物只有半钟铁线莲（*Clematis ochotensis*）和长瓣铁线莲。总体来说，紫椴蒙古栎混交林群落层次比较完整，草被层生物多样性比较丰富。该群落植物的叶缘以非全缘叶植物为主，这反映了该群落正处于进化的较低阶段。从更新情况看，雾灵山紫椴混交林林下更新树种有紫椴、五角枫、青榨槭、蒙古栎和黄花柳。紫椴蒙古栎树林更新幼树数量为：五角枫3250株/hm²，紫椴930株/hm²，青榨槭230株/hm²，黄花柳210株/hm²，蒙古栎80株/hm²。其中五角枫数量最多，其次为紫椴。除五角枫在群落中分布不均匀以外，其余都较均匀，紫椴、青榨槭和黄花柳健康状况均良好，而五角枫和蒙古栎不太健壮。从以上情况来看，预测该群落将形成以紫椴、青榨槭和黄花柳等为主，伴生五角枫等树种的落叶阔叶混交林。

根据王德艺等对山海关林场蒙椴林的调查[5]，该地蒙椴林为蒙椴、油松、蒙古栎—大花溲疏群丛，分布于海拔500m左右半阳坡，地势较平缓。蒙椴为优势种，其次为油松、蒙古栎、辽椴，还有花曲柳、山槐（*Maakia amurensis*）和春榆（*Ulmus davidiana* var. *japonica*），组成为4蒙椴2松2栎1辽椴，年龄30～35年，密度1377株/hm²，郁闭度0.85，树高为10.2m，胸径为17.4cm。蓄积93m³/hm²。灌木层总盖度80%，优势种为大花溲疏，其次是盐麸木（*Rhus chinensis*）、崖椒（*Zanthoxylum schinifolium*）、榛和锦带花。草本层不发达，主要种类有铃兰、糙苏、玉竹。林下树很多，其中花曲柳树7125株/hm²、蒙椴2250株/hm²、槲树125株/hm²、春榆125株/hm²。该调查表明林地层次完整，更新情况良好。

该区辽椴林可划分为两个群丛。①辽椴—胡枝子群丛：该群落为糠椴纯林，混生有少量蒙椴。分布于海拔550m左右的阴坡中部，坡度25°～30°，土层较厚。林龄30～35年，密度1500～2500株/hm²，郁闭度0.8～0.9。因立地条件较好，故林木生长较快，树高为10.7～16.5m，胸径为10.3～15.7cm，蓄积为101～152m³/hm²。灌木层总盖度40%～50%，几乎全部为胡枝子占据，仅混生少量圆叶鼠李。草本层总盖度40%，铃兰和糙苏为共优种，还有少量玉竹。林下天然更新中等，辽椴幼苗幼树可达3000株/hm²，花曲柳树幼苗幼树1000株/hm²，还有少量的槲树和蒙椴。②辽椴、山槐—大花溲疏群丛：分布于海拔430m左右阴坡中部，坡度斜缓，土层较厚。树种组成比较丰富，其中辽椴占优势，还有山槐、蒙椴和胡桃楸，其株数组成为6辽椴2山槐1胡桃楸1蒙椴。林龄35年左右，密度1750株/hm²、郁闭度0.6，树高为9.4m，胸径为14.2cm，蓄积为74m³/hm²。灌木层总盖度0.8，大花溲疏为优势种，主要伴生种为榛和胡枝子。草本层总盖度0.4，优势种是细叶薹草，还有铃兰、玉竹、糙苏、大油芒等。该群丛组常有相当数量的山葡萄（*Vitis amurensis*）构成层间植物层。

根据我们的调查，尚义南壕堑林场大青山二道背的紫椴林生长在海拔1500m，长2000m的山沟的阴坡上，坡度较陡，接近30°。在整面坡上，椴树与山杨及人工栽植的落叶松交替分布，山杨多生长在山凹内，紫椴多生长在直线坡上。该椴树群为萌生林，每个伐桩可分生数株至十余个分枝，整个植株呈馒头状，远远望去林相略泛黄，很容易与其他树木区分。树木高度3～7m，坡下部较高，上部受风的影响而变矮并呈现大灌木状。胸径大的有10cm，平均6～8cm，树木分布不均，郁闭度0.2～0.8，山坡中部比较密，上部和下部较稀，显示林地曾受到较大人为干扰，现已封禁。林下灌木有虎榛子、土庄绣线菊、大果榆（*Ulmus macrocarpa*）、胡枝子等，其中虎榛子非常密实，是灌木层的绝对优势种，灌木盖度达95%以上，对群落的影响大，水土保持能力极佳。由于灌木层盖度大，林下草被稀少，主要有细叶薹草、漏芦、白莲蒿、地榆等，盖度在10%左右。灌草层植被种类较少，生物多样性不高。林场曾尝试人工育苗，但种子发芽率不足50%，成苗率低。

（4）生态经济价值[3, 6-7]

椴树是我国华北、东北林区重要的生态树种，也是林区重要的经济林树种，具有极高的生态经济价值。2021年，国家林业和草原局成立了椴树创新联盟（河北省林业和草原科学研究院为理事单位），由此可见国家对椴树的重视。

重要的生态树种。椴树根系发达，固土涵水效果好，是重要的水土保持树种。椴树也是一种清洁树种，病虫害少，寿命长，耐移栽，易于养护，具有较强的杀菌能力、吸收重金属能力，辽椴叶大，背面带毛，吸尘滞尘效果好，是治理雾霾的优良树种。

著名的园林绿化树种。椴树是世界五大行道树（银杏、椴树、悬铃木、七叶树、鹅掌楸）之一，有"行道树之王"的美誉。在欧洲，椴树作为庭荫树和行道树栽植较多，最著名的便是德国柏林的"Unter den Linden"大道。椴树挺拔雄伟，树冠优美，绿茵森森，走在林荫道中，有一种走入森林的感觉，非常惬意。椴树为花香树种，其花小黄色，椴树开花时满树黄白，细枝上挂满了一串串淡黄色的小花，每朵花由5片花瓣组成，金丝花蕊朝下，花朵小而密集，如同一只只香水喇叭悬挂在头顶，花香馥郁，花开时节，蜂蝶翻飞，构成一道亮丽风景。叶片秋季变黄，璀璨夺目，为秋季观叶树种。大青山的紫椴林，深秋时节，椴树林一片金黄，堪比额齐纳的胡杨林，漫步林间，仿佛进入了金色童话仙境，每逢秋季，游客络绎不绝。

珍贵的阔叶用材树种。木材有"阔叶红松"之称，质白而轻软，纹理纤细，有油脂，耐磨、耐腐蚀，不易开裂，木纹细，易加工，韧性强，适用范围比较广，可用来制作木线、胶合板、门窗、箱柜、细木工板、木制工艺品等装饰材料，还可以做筷子、铅笔、木锨、蒸笼、蜂箱等各种器具。椴木胶合板，雪白无瑕，享有"象牙板"之称。椴木机械加工性良好，钉子、螺钉及胶水固定性能好，经砂磨、染色及抛光能获得良好的平滑表面。椴木容易用手工加工，是一种上乘的雕刻材料。

树皮韧皮纤维发达，俗称"椴麻"可代麻制绳索、麻袋、人造棉，甚至火药的导引线。椴树在木材加工厂破板材之前，常被扒皮，将厚整大块的树皮压成平面，可用作棚顶材料，是林区的原始生活的写照。

比椴木更有价值的是椴树蜜。椴树蜜是我国最好的蜂蜜，与南方的龙眼蜜、荔枝蜜常被称为"三大名蜜"，椴树花期6~7月，在蜜源链中属夏季蜜源植物，古代称椴树为"糖树"，现代称"绿色糖厂"。椴树蜜色泽晶莹，醇厚甘甜，结晶后凝如脂、白如雪，入口即化，素有白蜜之称，可谓蜂蜜中的顶级珍品。用椴树蜜沏的水，晶莹透明犹如琼浆玉液，再放上一撮椴树花，就是甘甜芳香的椴花茶了。明清以来，椴树蜜一直是皇家的贡品。俄罗斯的椴树蜜长期出口我国。椴树是诸多有益昆虫生存能源的供给者，椴树的泌蜜，也使得上百种能为经济植物访花授粉的昆虫得以生存。

椴树的花、叶、皮、果含有黄酮类、香豆素类、内脂类等多种次生物质，均可入药，对治疗风湿、跌打损伤等一定疗效。

（5）植物文化

瑞典著名的博物学家、"植物学之父"林奈（Carlvon Linné），其姓氏就是来自瑞典语的椴树。

椴树与佛教颇有渊源，在许多地方被称为佛教的"北方菩提树"。自唐朝以来，中原地区佛教盛传，椴树因叶子形状与佛教中的正宗菩提树相似，也被民间误称为"菩提树"。故宫英华殿旁有两棵蒙椴，乾隆皇帝专门为此树作诗："我闻菩提种，物物皆具领，此树独擅名，无乃非平等。"相传这两棵椴树成熟的果实，也被称为"五线菩提子"，所制佛珠价格颇贵[6]。

椴树受益于菩提树的文化，浙江天台山的"菩提树"也是椴树。日本、韩国将椴树奉为菩提树。佛教传入欧洲后，由于欧洲气候寒冷而无法种植菩提树，渐渐的他们就把同样有着心形长尾尖叶的心叶椴（*T. cordata* Mill.）作为菩提树[6]。

椴树为捷克的国树。椴树被日耳曼人敬为爱情与幸运之女神费里娅。以前中欧的很多地方每条村落中心都有一棵椴树，椴树下经常是聚会碰头，信息交流或者是婚礼的地点。五月初大部分的舞蹈节都会在树下举行。由于日耳曼人在椴树下举行集会（Thing）的传统，这里也经常成为村法院，所以椴树也常被称作"法院树"。与欧洲橡木相对，椴树常被认为是女性的阴性的生物，也是由于名字与德语"柔和"一词"lind"音近。在日耳曼人心中，椴树是神圣的[7]。

椴树花有着独一无二的香气，作家张抗抗在《椴树花开》里写道："拢一拢头发，它落在头发上；拂一拂裙角，衣服犹如被香熏过"，赋予了椴树花香的文学色彩[6]。

椴树叶是东北传统美食的玻璃叶饼的包裹原料。面糊抹在树叶上，然后包上馅，蒸出来的饼子有了椴树叶的清香。"玻璃叶饼"是满族食物，也是祭祀贡品[6]。

（6）更新繁殖

6.1 天然更新

椴树天然林的自我更新有种子繁殖和萌蘖更新两种形式。

椴树花雄蕊先熟，因而自花几乎不育。异花授粉，结实率也较低，一般不超过10%，大部分果实无发育的种子[1]。椴树属的种子具有深休眠特性，长达2～3年，有的甚至达5年之久。在自然状态下当年不会解除休眠萌发，多数到第2年、第3年甚至更长时间才能萌发出苗，种子发芽率较低。

种子休眠的原因很复杂，有的是内源因素引起的，包括胚的形态发育未完成、生理未成熟、缺少必须的激素或存在抑制萌发的物质；有的是外源因素引起的，包括种壳的机械阻碍、不透水性、不透气性，以及种壳中存在抑制萌发物质等[7]。

邹学忠等[8]认为，紫椴种子种皮透性差，胚乳、果皮、种皮中含有发芽抑制物质是造成休眠的两大重要原因。

椴树结实率低，且存在休眠现象，而且林中啮齿类小动物喜食椴树种子和幼苗，使得林下天然更新少，不利于椴树的繁衍。但是椴树萌蘖能力很强，可通过萌蘖繁殖方式来完成自我更新，这就是分布区北缘的一些椴树种类能在难以完成正常的世代交替的寒冷地区继续生存的原因。

6.2 人工育苗

椴树人工育苗主要是用种子繁殖。椴树种子存在饱满度低、休眠等现象，但种子繁殖仍不失为一种好方法。当种子微变黄褐色时采种，阴干保存，适宜贮藏种子的含水量10%～12%。

层积是常用的有效打破种子休眠的方法。常用的层积有变温层积和恒温层积，变温层积通常模拟休眠种子的自然环境条件。邹学忠等认为，解除紫椴种子的休眠需要经过5个月以上，先暖温（10～15℃）1个月，再低温（0～4℃）4个月，场圃发芽率达43.5%。先暖温后低温顺序不可逆[8]。王志杰等[9]对小叶椴种子发芽和苗木生长的影响进行了研究，结果表明，用赤霉素浸种可显著提高小叶椴种子的发芽率，比用清水浸种提高31.3%。

参照东北地区椴树育苗方法，播种前3个月，对种子实行针对性处理，经40℃温水浸泡种子3天后，取出晾晒，用0.5%高锰酸钾溶液浸泡5h。捞出晒干后催芽，在室内，按照种沙体积以1∶2的比例混合拌匀，沙的湿度控制在60%。实行暖湿处理后，将种子的温度控制在18℃左右，持续时间为1.5个月；再实行冷湿处理，种沙的温度设置为3℃，持续时间同上，来回翻动种子直至种子产生30%的裂口，开始播种。在苗床上播种后15～20天发芽出土，幼苗需搭棚遮阴以防日灼[10]。紫椴1年生幼苗以匍匐形式生长，很容易出现倒伏现象，椴树人工造林建议选择使用2年生以上的Ⅰ级苗木为好，要求苗高40cm以上、胸径0.70cm以上。由于紫椴幼苗匍匐生长，并伴有容易受冻害和分杈现象，因而造林时要加大密度，通常以每公顷4400～6600株为宜，造林地一般选择适合椴树生长的土壤肥沃和湿润的山谷、山坡等地。春秋季造林均可，造林后冬季要注意防止鼠兔危害[11]。

（7）资源保育

紫椴虽然分布区域有一定广度，但由于种子休眠期长、含油率高，不易吸水，种皮坚硬，种子繁殖缓慢，自然繁育存在一定障碍，种群数量较少。由于市场需求量日益增大，多年来大量的采伐和利用，椴树种群数量和质量逐年下降，面积大幅度减少，而且长期以来人工造林对椴树重视不够，造成这一珍贵资源日益枯竭，已达到了濒危状态，亟须保护和恢复。

加大保护力度，加强法制宣传，严禁乱砍滥伐。结合自然保护区和森林公园建设，对具有代表性的分布区域设立保护站点或保护警示标牌，加强天然种源就地保护。

搞好经营性保护工作，在椴树分布区的混交林森林经营中，要尽量保留椴树、胡桃楸、五角枫等珍稀树种和高价值树种个体资源，保护好现有母树和林下更新的幼树。对现有椴树林及时进行抚育，扩大营养生长空间，促其生长发育。

强化科技创新，椴树种子休眠生理过程非常复杂，仍有许多问题模糊不清，有待于进一步研究。今后应加强对椴树属不同树种个体休眠原因及差异、激素在种子休眠和萌发过程中的作用机理、催芽育种技术、椴树资源综合开发利用等方面的研究。

扩大人工造林，在适生区积极发展椴树生态经济林、蜜源林，尽快恢复紫椴、蒙椴等珍贵资源。椴树的树叶落到地面后较易腐烂，有较好的改良土壤的作用，在人工造林中，可作为混交树种发展。在新造林地上，要保护好林地上天然更新的五角枫、青榨槭、蒙古栎、胡桃楸等树种，与椴树形成混交。

积极尝试在园林中的推广应用。河北现有的行道树种类较少，景观比较单调，椴树是一个优良的城市绿化树种，在国外应用非常普遍，河北应加强椴树在园林绿化中的引种驯化和栽培应用工作，增加园林树种选项。

主要参考文献

［1］诸葛仁，唐亚. 椴树属形态演化与生物地理学［J］. 西南林学院学报，1995，15（4）：1-14.
［2］孙立元，任宪威. 河北树木志［M］. 北京：中国林业出版社. 1997.
［3］河北森林编辑委员会. 河北森林［M］. 北京：中国林业出版社. 1988.
［4］冯学全，等. 雾灵山自然保护区的紫椴蒙古栎混交林［J］. 河北林果研究，2001，12（4）：318-323.
［5］徐华成，等. 封山育林研究［M］. 中国林业出版社，1994.
［6］刘玉波. 树木传奇——椴树：名蜜之源与佛结缘［N］. 中国绿色时报，2020-12-21.
［7］朱红波，等. 椴树属树种种子休眠原因及提高种子萌发率概述［J］. 中国农学通报，2011，27（22）：1-4.
［8］邹学忠，等. 紫椴种子休眠原因及催芽处理方法的研究［J］. 辽宁林业科技，1991，5：6-10.
［9］王志杰，等. 赤霉素浸种对小叶椴种子发芽和苗木生长的影响［J］，河北林业科技，2007：14+16.
［10］鲍继明. 初探椴树林木培育中的育苗技术及实施要点［J］，林业科技，2017，34（12）：102.
［11］郭豆萍. 紫椴育苗与造林技术［J］. 山西林业，2016（2）：32-33.

5. 胡桃楸

胡桃楸叶和果实

兴隆六里坪林场天然胡桃楸林

怀来官厅林场白龙潭林区天然胡桃楸林

平泉党坝乡天然胡桃楸林

胡桃楸，又称核桃楸、山核桃、野核桃，为胡桃科（Juglandaceae）、核桃属（Juglans）植物，起源于白垩纪，是被子植物中较古老的类群之一，属第三纪残遗种。胡桃楸是我国特有种，是国家二级珍稀树种和中国珍稀濒危树种的三级保护植物，也是河北第一批公布的重点保护野生植物，省内濒危种。

胡桃楸是珍贵用材树种和野生油料树种。

（1）分布

胡桃楸主分布区地处温带，主要分布于东北、西北、华北地区，山东、河南等地也有少量分布，局部地区可深入亚热带北缘，俄罗斯和朝鲜也有少量分布。胡桃楸种群地理分布区域是温带针阔叶混交林和阔叶林区域，从分布范围和数量上看，长白山地区和小兴安岭是胡桃楸的最适生长区域。

华北是我国胡桃楸种群分布的南部边缘地区。胡桃楸在华北地区分布范围较广，其分布海拔自320～1700m，纬度上跨越10°左右，经度上跨越13°左右[1]。

胡桃楸是河北的乡土树种，广泛分布于燕山、太行山区及冀北、冀西北山地天然林区。分布范围最北端冀北山地到围场，冀西北山地到张家口接坝山地，南端到太行山的武安、涉县，分布范围广。燕山东部地区为主分布区。

根据2015—2018年河北森林资源调查统计数据，全省现有天然胡桃楸林分6126hm²，蓄积12.9万m³。其中，中幼龄林面积6022hm²，占总面积的98.3%；近熟林和成熟林面积104hm²，仅占2.7%。

在总面积中，承德3463hm²、保定839hm²、秦皇岛664hm²、邯郸581hm²、邢台233hm²、石家庄106hm²、唐山26hm²。承德地区分布最多，占全省的一半以上为56.5%。分布面积百公顷以上的县（市、区）有兴隆1649hm²、青龙647hm²、易县611hm²、武安581hm²、承德446hm²、滦平403hm²、宽城251hm²、沙河191hm²、平泉184hm²、丰宁165hm²、涞水113hm²、赞皇103hm²、阜平101hm²。兴隆是分布最多的县，为总面积的26.9%，占全省的1/4以上。其他山区县也多有分布。

胡桃楸成片的大树资源已经很少。丰宁大阁镇云雾山林场自然分布着130多公顷胡桃楸林。其中，在云雾山北侧河谷内，集中分布着30hm²胡桃楸古树群，该群落为纯林，海拔750m左右，树木树龄不一，最大的树龄在百年以上，树龄百年以上的古树约4000株。根据我们的调查，该片胡桃楸林平均胸径35cm，平均树高15cm，主干通直，生长旺盛，林阴森森，林间小河流水，青山、青石、清水、清风，幽静秀丽，风景奇特，在河北极为少见，非常珍贵。

（2）生物生态学特性

胡桃楸喜冷凉干燥气候，耐寒，能耐-40℃严寒，不耐阴，为喜光、喜湿润生境的阳性树种，常生于山地中、下部山坡和向阳的沟谷内。在过于干燥或常年积水过湿的立地条件下，特别是山腹上部，生长不良。深根性，根系发达，抗风，根蘖和萌芽能力强，可依以此更新。

在立地因子中，坡向的影响最大，坡形和坡位的影响次之。在坡向因子中，阴坡树木的生长最好，阳坡的最差，半阴半阳坡的居中。在坡形因子中，凹形坡树木生长最好，线形坡上好于凸形坡，凸形坡是最差的坡形因子。最适于胡桃楸生长的立地是阴坡的下坡位[2]。

胡桃楸为速生树种，幼龄期生长较慢，7～8年后生长加快，40～60年以前高生长迅速，以后径生长较快，100～110年后生长渐缓，成熟龄约为150年，胸径可达80～100cm。寿命较长，可达250多年。萌生林早期生长速度快，后期缓慢，寿命相对较短。

立地条件较好的天然林，20年生平均树高可达14.3m，平均胸径可达13.3cm[3]。30年生的人工林树高可达20m，胸径可达45cm。胡桃楸顶端优势不明显，密度低时易分杈，形成庞大的树冠，影响主干的通直性，特别是萌生林木，虽然初期长势较快，成熟较早，但分枝性强。

天然林20～30年开始结果，结实时间长，30～100年结实量多；人工林5～7年开始结果。天然状态下胡桃楸产量75～150kg/hm²，人工栽培可达2000～4000kg/hm²。

(3) 群落结构

胡桃楸主分布区为东北，多与红松、臭冷杉、水曲柳（*Fraxinus mandshurica*）、黄檗和槭类（*Acer*）、榆树等组成针阔混交林或落叶阔叶混交林，也可单独建群。

河北胡桃楸幼龄林居多，多混生于落叶阔叶混交林中，其中胡桃楸是生态位较大的一种。自然状况下，胡桃楸也有一定数量的纯林分布，多生长在沟谷川地沿沟谷呈带状分布，或在阴坡、半阴坡的中下部呈片状分布。

以雾灵山为例，雾灵山胡桃楸主要分布在海拔400~1400m范围的山地及河谷两侧。根据夏亚军[4]对雾灵天然胡桃楸杂木林的调查，该群落位于海拔1200m的南向沟谷中，沙壤土，土层厚度40cm，林龄30年。设置标准地面积1000m²，调查结果显示，乔木层树高4~16m，平均树高8m，胸径5~35cm，平均胸径12cm，郁闭度0.75，活立木蓄积66m³/hm²，密度1050株/hm²。乔木层13种，胡桃楸为优势种，密度株769/hm²，花曲柳为亚优势种，还有少量五角枫、裂叶榆、香杨（*Populaus koreana*）、油松、白桦、落叶松等伴生树种；灌木层15种，平均高1.2m，盖度30%，牛叠肚占优势，山梅花（*PhiladelphusTenuifolius*）、小花溲疏（*Deutzia parviflora*）、柔毛绣线菊（*Spirea desyantha*）、乌苏里鼠李（*Rhamnus ussuriensis*）较多；草本层32种，平均高0.2m，盖度30%，草本层，披针薹草占优势，纤毛鹅观草（*Elymus ciliaris*）、糙苏、点叶薹草（*C. hancockiana*）、五叶黄精（*Polygonatum acuminatifolium*）、鸡腿堇菜（*Viola acuminata*）、玉竹等较多。林地生物多样性指标较高，植物种类较多，且以温带分布类型为主。

根据邢韶华[5]对北京雾灵山自然保护区胡桃楸群落结构的研究，胡桃楸群落内物种较为丰富，共有植物156种，植物区系以北温带成分为主。胡桃楸群落内乔木树种只有13种，伴生树种有白蜡树（*F. rhynchophylla*）、大果榆和油松等。物种多样性主要由草本植物的多样性决定，草本植物占群落内物种总数的65%左右。从生活型上看，地面芽植物、隐芽（地下芽）植物和1年生植物占多数共114种，占群落内物种总数的73.1%。群落内的物种多样性指数与胡桃楸在群落内的重要值呈现负相关，但不显著。胡桃楸与群落内其他物种的相关性不大，只与少数草本相关性显著。认为，胡桃楸群落是一个稳定性高而种数分布比较均匀的群落。因此，在外界环境条件不变且不受人为干扰的情况下，胡桃楸群落将保持较为长期稳定的状态。

在兴隆六里坪林场的阴坡、半阴坡，常见胡桃楸片林镶嵌分布于油松人工林中，远远望去，油松林群落外貌呈墨绿色，颜色较深，而胡桃楸林为黄绿色，颜色较浅，界线非常明显。胡桃楸主要生长山沟或凹形坡内，分布海拔700~900m。胡桃楸分布不均，林分郁闭度0.5~0.8，平均胸径22cm，平均高14m，林间混生的乔木树种有蒙古栎、五角枫、花曲柳、黑弹树等；林下灌木主要有毛榛、华北绣线菊（*Spiraea f'ritschiana*）、小花溲疏、牛叠肚、黄芦木等，灌木盖度35%；林下草被种类较多，可达20以上，主要有细叶薹草、问荆（*Equisetum arvense*）、糙苏、玉竹、龙牙草等，盖度60%。林下更新层有胡桃楸伐桩萌生苗，呈丛状生长，每丛株数可达20余株，伐桩越大，萌生条越多。在林木分布稀疏区域或林隙间有少量胡桃楸实生苗和五角枫实生苗，幼林林层间有散生的五角枫、花曲柳等。

张家口市官厅林场分布有较多的胡桃楸，其中，在白龙潭林区沟内，海拔1000m左右，沿沟生长着7000多株胡桃楸，分布在约15hm²的沟谷内。根据我们的调查，该胡桃楸群落平均树高13m，平均胸径20cm，林分郁闭度0.6，林内伴生树种有五角枫、花曲柳、蒙古栎、椴树、山桃、暴马丁香等。林下灌木有榛、土庄绣线菊、胡枝子、牛叠肚、细叶小檗、鼠李等。草被层主要有细叶薹草、宽叶薹草、大齿山芹（Ostericus grosseserratum）、山尖子、拐芹（Angelica polymorpha）、橐吾、中华蹄盖蕨（Athyrium sinense）等。植被组成层次分明，种类繁多，沟内流水潺潺，生态环境良好。在林缘及林窗内见有天然更新的实生苗，苗木长势良好，是林地由萌生林向乔林演替的物质基础。

根据郭文增[6]等对井陉县测鱼乡王家掌村附近的石包垴天然胡桃楸林纯林的调查研究，该群落地处太行山区海拔约500 m山地阴坡，林分结构乔木层比较单调为胡桃楸，灌木层有胡枝子、三裂叶绣线菊、土庄绣线菊等；草本有细叶薹草、全叶紫堇（Corydalis repens）等共23种。群落内，地面芽植物占优势（44.4%），其次为隐芽植物（33.3%），高位芽植物位居第三（18.5%），1年生草本较少（3.7%），无地上芽植物。它反映出该群落所处地区夏季相对较短，但冬季漫长，严寒而潮湿的环境特征。

胡桃楸是河北天然杂木林的优势种之一。唐县林业局2010年在对大茂山森林公园进行森林资源调查时，在其南山发现大面积集中连片的原始次生天然杂木林，面积达333hm^2，以落叶阔叶树种为主，组成树种有栎类、胡桃楸、桦树、山杨、青杨（Populus cathayana）、六道木、榛等众多树种，胡桃楸为建群种之一。

（4）生态经济价值

胡桃楸是典型的多用途乡土树种。

重要的生态树种。根系发达，固土能力强，抗风，耐雨水冲刷，是涵养水源、保持水土的重要树种。树冠巨大，可吸附空气中的尘埃，净化空气效果好。抗病虫能力强，清洁卫生。

园林绿化树种。树体高大，树冠饱满，颇具阳刚之气，枝干粗壮，叶长而美，春夏叶大而深绿，果坠枝头青绿可人，秋季叶子变为金黄，单株赏叶，丛生赏荫，是极具观赏价值，是城乡绿化的新宠。

珍贵用材树种。东北"三大硬阔"（胡桃楸、水曲柳、黄檗）之一，干型通直，成才性好，出材率高，是国家重要的储备林树种。木材密度中等，纹理直而细腻，刨面光滑，有光泽，色泽均匀，心材多呈浅红褐色至棕褐色，略带紫色，材色悦目、雅致，边材多呈灰白色或浅褐色。木材不开裂、不变形、耐腐蚀，广泛用于军工、建筑、家具、车辆、木模、船舰、枪托、运动器械及乐器等。胡桃楸木与柚木、桃花心木、黑檀齐名，有"木王"和"黄金树"之称，制作出来的家具常给人一种丰满刚柔沉稳的感觉。1949年后，百废待兴，急需大量木材，东北"三大硬阔"做出了巨大历史奉献。

木本油料树种。胡桃楸果仁相对较小，但营养丰富，种仁含油率40%～63%，不含胆固醇，为高档食用油，保健效果佳；含蛋白质15%～20%，糖1%～1.5%及维生素C。果壳可制活性炭，树皮含单宁，可制栲胶。胡桃楸树皮及叶可药用，具有清热解毒及抗癌作用。用胡桃楸皮、枝作为民间验方，历史久远，其有效成分对体外培养的癌细胞有直接的毒杀作用，应用前景广。叶中提取的特殊成分，可用于制作绿色环保杀虫农药。

胡桃楸是嫁接核桃的砧木。河北利用胡桃楸嫁接"绿岭"核桃，成活率可达90%。

（5）植物文化[7]

胡桃楸又名核桃楸，为珍贵木材，寓意可造之材。在中国的传统文化里，"核"字与"和""合"谐音，寓意和睦相处，合家欢乐，圆满吉祥。核桃树为长寿树种，寓意老人福寿无疆。《和田核桃王》

（作者不详）曰："核桃大树古风悠，虬干苍皮绿叶稠。纵使中空人上下，犹能挂果满枝头。"形象说明了核桃树巨大的生命力。

文玩核桃历史悠久，源于汉，行于唐，盛于清。清·乾隆《咏核桃》："掌上旋日月，时光欲倒流。周身气血涌，何年是白头？"

胡桃楸果核表面纹络起伏大，皮厚，内褶壁发达，油脂大，适宜把玩，是文玩核桃之一。胡桃楸的核桃经过长期把玩会变红润，有玉石质感，古色古香。清末一首民谣云："核桃不离手，能活八十九。超过乾隆爷，阎王叫不走。"谁手里要是有一对好核桃，竟然成为当时身份和品位的象征。每逢皇帝大寿，大臣们会将极品核桃作为寿礼供奉给皇上，现如今北京故宫博物院还藏有十几对文玩核桃。老北京有句顺口溜说得好："贝勒手里三样宝，扳指核桃笼中鸟。"现代科学证明，揉核桃能延缓机体衰老，对预防心血管疾病、避免中风有很好作用。

（6）更新繁殖

6.1 天然更新

胡桃楸自然繁殖有种子繁殖和萌生繁殖两种途径。

种子量较大，在长白山地区种子雨过程从8月下旬到9月下旬，其中9月10~9月17日是集中落果期，落果数量占总数的61.1%[8]。

种粒较大，千粒重达8771~11760g，脂肪含量高，保证了种子萌发时有足够的能量。此外，在胡桃楸的生境中，土壤微生物种类丰富、数量众多，对胡桃楸种子外果皮的分解十分有利，能够使萌发顺利进行，保证了较高的种子萌发率[9]。

种子休眠不深，一般在结实的第2年就萌发成幼苗，啮齿动物的搬运啃食，是造成胡桃楸种子库亏损的主要因素，这种低效的种子库是造成胡桃楸种子自然萌发成苗率低的主要原因[8]。采摘和捡拾胡桃楸果实，也是造成种子库亏损的重要原因之一。

胡桃楸不耐阴，无法在密实的林冠下完成自然更新，只在林缘、疏林和林隙中见到其更新幼苗。胡桃楸在空旷地段无法与先锋树种竞争单独成林，在疏林和采伐迹地上，天然更新多为发育健壮、生长迅速的萌生苗[9]。

6.2 人工造林[10]

育苗前核果将种子完全浸入0.5%的高锰酸钾溶液中浸泡2h，然后进行湿砂层积或水浸5~7天，每2天换一次水，以解除发芽前果皮的机械压力。由于苗木主根深长，侧根、须根甚少，移植时不易成活，在苗圃培育苗木时，可采取在圃地断根育苗的方式，培育须根发达的优质苗木，具体做法是在第二年早春，用利铲在主根15~20cm处切断。

胡桃楸人工造林多采用植苗造林和直播造林。造林地以向阳、土层深厚、疏松肥沃、排水良好的沟谷为好，干旱瘠薄及排水不良处不宜造林。

直播造林：在春季进行，种子催芽并做好防鼠处理后再行播种，每穴3粒，当年出苗率可达80%以上，高生长平均12cm，出苗后要连续抚育3年。

植苗造林：一般选用2年生裸根苗，地径>0.5cm，苗高>20cm顶芽饱满，无机械损伤的壮苗。春季在土壤解冻后立即造林，秋季在幼苗落叶后封冻前造林。秋季植苗后要培土防寒，翌春将土扒开。

株行距山地造林经济性防护林 1.5m×1.5～2m，平地营造果材兼用林 3m×4m 或 4m×5m。新造林地要注意割灌抚育和防治鼠兔对幼树地径树皮的啃食危害。

（7）资源保育

由于长期对胡桃楸木材、药材及果品的过度采伐利用，可采资源已经很少，再加上本身不耐庇荫、种子库低效的特质，使得胡桃楸的天然更新十分困难，现存资源多为幼树和萌生灌丛，大树资源已经非常稀少，萌生林分杈早、干形差，林分质量低。为了及时挽救、恢复和开发胡桃楸这一珍贵资源，应努力做好以下工作。

①强化天然林保护，依托自然保护区，加大资源管护力度，严禁对天然胡桃楸林乱砍滥伐和药材采集，在保护区以外的集中分布点可设立专门的保护站，并配备生态护林员看管，实施封育保护，加快种群恢复。

②对现有胡桃楸纯林，重点做好森林防火和病虫害防治，一般不做抚育性经营，重点用于采种和科研。对天然杂木林，在经营中要注意保护胡桃楸母树资源和林下更新幼苗，尤其是种子苗。可选择胡桃楸优良单株，对其周围的干扰木进行弱度间伐，调控营养空间。

③在现有的柞树林、桦木林、山杨林及针叶林的林隙内或片、带状更新性采伐迹地上，可引入胡桃楸、紫椴、五角枫等高价值树种，形成混交林。

④收集现有种源，积极开展试验研究，选择优势种源，建立固定场圃，培育产地优质苗木。

⑤在适生区域，选择立地条件适宜地段，利用植苗造林或直播造林，发展一批生态经济林、果材兼用林，形成规模化生产。在增加种源绝对数量的同时，培育新的珍稀木材生产储备基地和木本油料生产基地，实现绿水青山与金山银山的有效对接。

主要参考文献

[1] 唐丽丽，等. 华北地区胡桃楸林分布规律及群落构建机制分析[J]. 植物生态学报，2019，43（9）：753-761.
[2] 邹学忠，等. 不同立地条件水曲柳、核桃楸、紫椴造林的研究[J]. 林业科技通讯，1995（3）：16-18.
[3] 朱红波，等. 核桃楸资源研究进展[J]. 中国农学通报，2011，27（25）：1-4.
[4] 夏亚军. 雾灵山核桃楸林生物多样性研究[J]. 河北林业科技，2011，2：20-22.
[5] 邢韶华，等. 北京雾灵山自然保护区胡桃楸群落结构[J]. 浙江林学院学报，2006，23（3）：290-296.
[6] 郭文增，等. 石家庄山区植物群落结构及物种多样性研究[J]. 河北林果研究，2012，3（27）：265-270.
[7] 刘玉波，树木传奇丨三大硬阔：好兄弟不相忘[EB/OL].（2020-8-17）[2023-9-20]. https://m.thepaper.cn/baijiahao_8762150.
[8] 马万里. 长白山地区胡桃楸种群的种子雨和种子库动态[J]. 北京林业大学学报，2001，25（3）：70-72.
[9] 马万里，等. 珍贵树种核桃楸的生态学问题及培育前景[J]. 内蒙古师范大学学报（自然科学汉文版），2005，4（34）：489-492.
[10] 王建义. 核桃楸播种育苗与造林技术[J]. 内蒙古林业调查设计，2017（6）：27-28.

6. 榆树类

丰宁邓栅子林场天然榆树林

围场小滦河自然保护区天然榆树林

尚义大青山裂叶榆

赤城黑龙山天然榆树林

丰宁邓栅子乡同好沟栓翅春榆

沽源老掌沟林场天然榆树林

第二章 天然阔叶林树种

平泉党坝乡大仗子林下大果榆幼苗　　　　　　　　平泉大仗子天然大果榆

围场西色树沟天然榆树古树林

围场木兰林场五道沟榆树古树林

涉县路罗乡青峰村东山榔榆

隆化茅荆坝森林公园发现裂叶榆古树群落，树高10~15m，胸径15~30cm，树龄80~100年，群落分布面积50亩左右，裂叶榆占比50%左右，其中分布大果榆、五角枫、棘皮桦、山荆子、冻绿鼠李等树种

围场黄土坎乡头道川天然榆树根系发达水土保持作用突出

丰宁草原林场榆树稀疏草原

榆树是我国的古老树种。根据植物化石与孢粉的资料显示，榆树是新生代第三纪地层的古老树种，历史极为悠久。河北榆科（Ulmaceae）榆属（*Ulmus* L.）主要有6个天然树种，包括白榆（*U. pmila*）、大果榆、黑榆、榔榆（*U. parvifolia*）、裂叶榆、旱榆（*U. glaucescens*）、脱皮榆（*U. lamellosa*）等。此外，保定等地还引进了欧洲白榆（*U. laevis*）。

榆树分种检索表[1]：

1. 花春季开放；花萼浅裂。
　　2. 果柄较长，6～30mm，不等长，下垂；翅果边缘有睫毛；叶倒卵形，基部甚偏斜，齿端明显内弯 ……………………………………………………………………………………………… 1. 欧洲白榆
　　2. 果柄较短，长不超过5mm，近等长，不下垂。
　　　　3. 叶片先端3-5裂，倒卵形或椭圆状倒卵形，长5～18cm，表面有硬毛，粗糙 ………… 2. 裂叶榆
　　　　3. 叶片先端不裂。
　　　　　　4. 叶缘单锯齿，稀有重锯齿。
　　　　　　　　5. 叶片椭圆状卵形或椭圆状披针形，长2～8cm；翅果近圆形，长1～1.5cm ………… 3. 白榆
　　　　　　　　5. 叶片卵形或长卵形，长2～5cm；翅果倒卵圆形，长2～2.5cm ………………… 4. 旱榆
　　　　　　4. 叶缘重锯齿，稀有单锯齿。
　　　　　　　　6. 翅果较大，长2.5～3.5cm，全部被毛；种子位于翅果中部。
　　　　　　　　　　7. 树皮片状剥落；萌枝和2年生枝无木栓翅；花散生于1年生之基部 ………… 5. 脱皮榆
　　　　　　　　　　7. 树皮浅纵裂；萌枝和2年生枝常有木栓翅，花簇生于2年生枝的叶 ………… 6. 大果榆
　　　　　　　　6. 翅果较小，长1～1.5cm，果核处疏生毛；种子位于翅果中上部或上部 ………… 7. 黑榆
1. 花秋季开放，花萼深裂。叶片窄椭圆形或倒卵形，较小，长2～5cm，单锯齿 ………………… 8. 榔榆

（1）形态特征与分布[1]

白榆：别名家榆、春榆等，乔木，高达25m，胸径1.5m。是河北省重要的乡土树种之一。树冠卵圆形，树皮暗灰色，纵裂粗糙幼枝灰色，叶片椭圆状卵形或椭圆披针形，长2～8cm，宽1.2～3.5cm，先端渐尖，基部近对称或椭圆稍偏斜，边缘锯齿，无毛，侧脉明显。花先叶开放，翅果近圆形。长1～1.5cm。白榆广泛分布于中国、蒙古、俄罗斯、朝鲜等国家。我国东北、华北、西北、华中、华东及西南各地都有分布。白榆在河北分布从南到北，分布全境。

大果榆：也称大果榆，为乔木，树高达20m，树皮深灰色，纵裂，2年生枝常有木栓翅。叶片宽倒卵形，长3～10cm，宽2～6cm，中上部最宽先端短尖，边缘有重锯齿，两面被短硬毛，粗糙。花先叶开放，翅果近圆形，长2.5～3.5cm，果柄4mm，被柔毛。分布在河北围场、丰宁、兴隆、平泉、遵化、迁西、迁安、卢龙及太行山区，海拔300～1500m。在我国东北、华北、西北、华中、华东都有分布。

黑榆：也是乔木高达15m，树皮暗灰色，不规则沟裂，枝条和树干具有向四周膨大不规则木栓翅或四条不规则木栓翅。叶片倒卵形，长4～10cm，先端渐尖或急尖边缘重锯齿，侧脉10～20对，表面有短硬毛，背面有柔毛后两面无毛，叶柄5～10mm，翅果倒卵形，长1～1.5cm。分布在河北围场、隆化、丰宁、迁安、青龙、抚宁、北戴河、蔚县、内丘等地。在吉林、辽宁、山西、陕西都有分布。

榔榆：乔木，树高达25m，树皮灰褐色，不规则鳞片状剥落，露出灰白色、红褐色斑块，小枝红

褐色至灰褐色，叶片革质较厚，窄椭圆形，卵形或倒卵形，较小，长2～5cm，先端渐尖或钝，单锯齿，秋季开花，翅较窄，花期9月，果期10月。主要产自河北青龙、遵化、迁安、北戴河、易县、涉县等地。在我国主要分布在长江流域各地，东至台湾，西至四川，南至广东，山西、陕西、河南、山东也有分布。

裂叶榆：也称青榆，乔木，高达27m，胸径可达50cm，树皮灰褐色，浅纵裂，幼枝灰褐色，叶片倒卵形或椭圆形，叶长5～18cm，宽3～10cm，长尾状尖或渐尖，基部渐窄呈楔形，偏斜，表面暗绿色，散生硬毛，粗糙，背面淡绿色，边缘有重锯齿，叶柄较短，长2～7mm，翅果扁平，椭圆形或卵状椭圆形，长1.5～2cm，宽1cm，种子位于翅果中下部。花期4～5月。在河北丰宁云雾山、隆化茅荆坝、兴隆雾灵山、尚义大青山，太行山区都有分布，主要生长于海拔800～2000m的山谷。在我国主要分布于东北和华北。

旱榆：也称灰榆，乔木或灌木，高达18m，1年生枝红褐色，2年生枝淡灰黄色，无毛常具纵裂纹。叶片卵形或长卵形，长2～5cm，宽1～2.5cm，先端渐尖，两面光滑无毛，叶缘单锯齿，叶柄长5～8mm，花与叶同时开放，翅果倒卵圆形，长2～2.5cm，种子位于翅果中部。分布在张家口赐儿山、丰宁干沟门林场、怀来、宣化、蔚县。在国内主要分布在华北、西北及山东、河南等地。

脱皮榆，乔木，高达10m，胸径25cm。树皮灰色，不规则片状脱落，露出淡黄绿色内皮，叶卵形或椭圆状倒卵形，长4～8cm，宽2～4cm，侧脉11～15对，边缘重锯齿花同幼枝一起从混合芽抽出。翅果倒卵形，长2.5～3.5cm，被毛，花期4月，果成熟期5月。

在这些树种中，白榆最具代表性，以下重点讨论白榆。

我国是白榆分布最多的国家。内蒙古滦河源榆木川森林公园距多伦县城东南35km，内有亚洲面积最大的天然白榆林2000hm^2，树龄60～80年，树高10m以上，林木生长旺盛[2]。

《河北树木志》[1]记载，河北曾经最大的一片天然纯林位于丰宁邓栅子林场，海拔1120m，面积约70hm^2。分布在滩地或阶地上，土壤为棕色森林土，土层厚度20cm，下层为砂砾。围场塞罕坝机械林场海拔1300～1500m有团状分布的天然林，在有些地段与黑桦、蒙古栎混生，由于土壤贫瘠干旱，林木生长不良，树干低矮且弯曲。

河北赤城黑龙山林场，在黑河源景区和白桦林景区下部沟谷响水谷，有面积200多公顷的天然榆树林，沿沟谷呈带状分布，林带长20km，平均树高13.5m，平均胸径28.4cm，平均冠幅4.6m，最大的胸径达70cm。据说，此地原是一片河滩，民国19年，大雨倾盆，山洪暴发，第二年河滩生长出密密麻麻的小榆树，后成为通往黑龙山地区的唯一道路，故被当地人称为榆树长廊。该林地应该是河北目前规模最大、保存最完整、长势最好的榆树天然林。目前，黑龙山林场对分布在厂区范围内的榆树沟进行了围栏封育，树木生长旺盛。

赤城大海陀自然保护区里的大海坨村旁，沿沟生长着一片成龄的天然榆树林，面积2hm^2，平均数高17m，平均胸径30cm，年龄约80年，最大胸径60cm，年龄百年以上。

在坝上地区，存在着被称作"生态活化石"的稀树草原景观，主要是在温带落叶阔叶林与草原交错的生态过渡带独特区域，无法形成一种均匀的植被类型，而是落叶林和草甸草原的大型镶嵌体[3]。这些稀疏阔叶树主要是榆树、桦树、山丁子、河柳等。丰宁坝上"京北第一草原"就是这种自然景观，在丰宁草原林场永泰兴分场，在滦河川内分布着白榆稀树草原面积700hm^2，郁闭度多在0.2以下，局部可以达到林分标准。

河北人工栽培主要分布在平原，以保定、石家庄、沧州、衡水、邢台、邯郸等地的平原栽培最多。人工栽培多为散生，也有成行、成带、成片的林分，纯林居多，也有与刺槐、杨树、紫穗槐的混交林。

根据河北2015—2018年二类资源清查数据，河北现有天然白榆林8628hm²。其中，承德7070hm²，占全省的82%；张家口1329hm²，占全省的15%。主要分布在丰宁、围场、御道口牧场、木兰林场、御道口牧场、塞罕坝机械林场、赤城、崇礼等地。分布最多的县（区）为丰宁2874hm²，占全省的33%。其他地区也有少量片林分布。

（2）生态学特性

阳性树种，喜光、耐寒，能耐-40℃左右的低温，年均温-2.2～14℃，最热月平均气温16～28℃，无霜期80～240天，年降水量（吐鲁番）16.6～800mm。抗旱，适应性强，在降水量不足350mm的丰宁坝上地区亦能正常生长。

喜湿润肥沃土壤，对土壤要求不严，耐贫瘠，在沙地和中度以下盐碱地上也能生长，但不耐水湿。在河北盐碱地的适宜条件是：0～60cm土壤中的含盐量，在滨海地区小于0.4%，内陆地区小于0.6%。主根深，侧根发达，抗风、生长快。萌芽力强，耐修剪，在干旱贫瘠之地或牛羊多次啃食常长成灌木状。在土壤深厚、肥沃、排水良好的冲积土及黄土高原生长良好。榆树不耐涝，在地下水为过高或低洼积水地易烂根死亡，但在地表水是活水时，整个生长及根系浸泡在水中也能良好生长。

榆树在山地不如在平原或川地长得好，在坡地、丘陵、高原干旱地带的榆树林，常呈疏林状"小老头林"。

榆树寿命长，可达百年甚至千年以上。收录在《河北古树名木》中百年以上的古榆树就达20多株，其中崇礼县西湾子镇四道沟村一株老榆树树龄达2000年左右，树高25m，胸围630cm，相传300年前，该村就曾在此建立龙王庙和观音庙。

（3）生态经济价值

榆树适应性强、耐干旱、耐贫瘠、耐盐碱，生长快，树干通直，树体高达，树形圆满，枝繁叶茂，叶子季相变化丰富，页面滞尘能力强，抗烟尘和有毒气体（二氧化碳、氯气、硫化氢），是城市绿化、行道树、庭荫树、工厂绿化的主要树种。在林业上也是营造防风林、水土保持林和盐碱地造林的主要树种之一，广泛应用在西北荒漠、华北及淮北平原、丘陵及东北荒山、砂地及滨海的造林绿化中。作为行道树，缺点是虫害较多。

榆树分枝能力强，耐修剪，韧性好，常用作绿篱和园艺造型。又因其老桩萌芽力强，在园林上常用于制作盆景。榆树盆景古朴苍劲，分枝多，叶子小巧、枝叶婆娑，韵味十足。

榆树可用于嫁接金叶榆（*U. pumila* L cv. jinye）、龙爪榆（*U. pumila* cv.Pendula）、垂枝榆（*U. pumila* cv.Tenue）。

榆树与南方的榉木，有"南榉北榆"之称。木材坚硬，气干密度0.68g/cm³，材质好，纹理直，结构稍粗，旋面花纹美丽，有鸡翅木的花纹，不易变形和开裂，是建筑、家具、农具、雕刻的良好材料。在中原和华北一带，无论是古代家具还是现代家具，榆木家具都是大宗家具。俄罗斯榆木及东北榆木（即"北榆"）生长缓慢，木质坚硬，常被业内称为"老榆木"，南方榆木（即"南榆"）材质稍逊。

幼叶、果实、榆皮面可食。枝皮纤维坚韧，可制绳索、造纸。种子含油25.5%，食用或工业用。果、叶、皮入药，能安神利尿。

（4）群落特征

河北天然榆树林主要有川地榆树林和坝上稀疏草原榆树林两种类型。位于沟谷床底的榆树林林下植被以沟谷草甸为主，由于水湿条件好，草被生长旺盛，林下灌木很少。坝上稀疏草原榆树林林间植被以草原草甸为主，植被盖度大，灌木稀少且矮化生长。沟谷榆树林个体高大通直，而草原树林受大风和紫外线影响，树体矮小且树干扭曲。这些榆树林大多都是水源涵养林和防风固沙林，生态地位突出。

黑龙山林场黑河源林区的天然榆树林，位于海拔1200～1600m的沟内，号称"榆树长廊"。沿沟而上，随着人为活动的减少，沟内林下草被逐渐增厚，主要草被有委陵菜、唐松草、问荆、狭叶荨麻（*Urtica angustifolia*）、兴安升麻（*Actaea dahurica*）、细柄黍（*Panicum sumatrense*）、鹅肠菜（*Stellaria aquatica*）、龙牙草、高乌头（*Aconitum sinomontanum*）、中华蹄盖蕨、蹄盖蕨（*Athyrium filix-femina*）、绵毛酸模叶蓼（*Polygonum lapathifolium* var. *salicifolium*）、长白金莲花（*Trollius japonicus*）、蚊子草（*Filipendula palmata*）、毛车前（*Plantago australis*）、蒲公英（*Taraxacum mongolicum*）等，草被生长旺盛，种类繁多，草被盖度达100%。海拔1400m以下林下基本没有灌木，随着海拔的升高，林下灌木和其他伴生乔木开始在林中出现，灌木有红丁香、毛榛、山刺玫、土庄绣线菊、细叶小檗、胡枝子等。伴生乔木有山荆子（*Malus baccata*）、白桦（*Betula platyphylla*）、花楸树等，数量均较少。随着海拔由低到高的变化，榆树高度逐渐减低，海拔1500m的榆树高度多在10m以下。沟内榆树向两侧山地的桦树林、栎林内扩展，成为山地天然林下坡位的森林组分。近些年，林场实施了围栏封育，沟内空地生出大量实生榆树幼林，群落规模迅速扩大。

沽源老掌沟古榆树群3hm^2，树高17m，平均胸径30cm，最粗65cm，主林层年龄100年以上，郁闭度0.7，林下次林层榆树见有胸径14cm左右的榆树因得不到充足阳光而死亡。林下无灌木层。草被有透茎冷水花（*Pilea pumila*）、蛇莓（*Duchesnea indica*）、皱叶酸模（*Rumex crispus*）、瓜叶乌头（*Aconitum hemsleyanum*）、萎蒿（*Artemisia selengensis*）、野罂粟（*Oreomecon nudicaulis*）、短毛独活（*Heracleum moendorffii*）等，种类少，但盖度高达95%。

丰宁坝上榆树稀树草原林间草甸常见植被有细叶薹草、委陵菜、地榆、石竹、瞿麦（*Dianthus superbus*）、广布野豌豆（*Vicia sepium*）、二色补血草（*Limonium bicolor*）、白头翁、野罂粟、狭叶红景天（*Rhodiola kirilouii*）、高乌头、甘草（*Glycyrrhiz uralensis*）、狼毒（*Stellera chamaejasme*）、藜芦（*Veratrum nigrum*）、列当（*Orobanche coerulescens*）、毛车前等，种类繁多。草丛间有少量灌木，主要有细叶小檗、山刺玫、三裂绣线菊、胡枝子、金露梅（*Dasiphora fruticosa*）、银露梅（*Dasiphora glabra*）等，植株矮小，常与草被同高。

（5）植物文化

在风水学中，榆树是风水树之一。不管是王谢堂前，还是百姓庭院，均有榆树栽培。"榆"与"裕"同音，寓意富裕吉祥、财运亨通。榆树的果俗称"榆钱"，与"余钱"谐音，所以人们认为，榆树养在家里有招财进宝之意，种在屋后寓意后代有余粮，背有靠山。榆树是一种长寿树种，宅旁种植榆树常被认为能庇护家中老人长寿，"桑榆之年"是对"老寿星"的借喻。榆树属阳木自带阳气，可以去除阴邪。《后汉书。冯异传》"失之东隅，收之桑榆"，"桑榆"指日落处。榆木素有"榆木疙瘩"之戏谑，言其不开窍难解难伐之谓。

榆树作为救荒植物，史书早又记载。《汉书》"旱，伤麦，民食榆皮"；《广群谱芳》"嫩叶炸浸，淘净可食""榆钱可食，又可蒸糕饵"。在20世纪50年代末60年代初，发生在我国的"三年自然灾害"，当时在中原等许多地方，榆树皮都被剥光吃尽。有诗曰"平素默无音，春发又自新。满枝钱万贯，一树济千民。宁忍剥皮苦，何惜断骨辛。饥荒为百姓，甘愿献残身。"是对榆树精神的生动写照[4]。

（6）更新繁殖

自然条件下榆树繁殖主要靠种子繁殖和根蘖繁殖。榆树翅果种子量大，种子千粒重7.7g，发芽率65%～85%，随风、水传播，种源扩散能力强。赤城黑龙山林场对沟谷榆树林实施封育后，林分郁闭度显著增大，林下少见更新幼树，在高度郁闭的林下榆树更新不良，但是在林地外围的空地，会生发出了大面积榆树幼林，每公顷可达15000株，密度甚至达到苗圃的标准，由于没有了牛羊破坏，这些天然下种更新的幼林得以保护。由于自疏作用，林内部分幼树因营养生长空间不足而陆续自然死亡，上层木得以保留。榆树具有一定根蘖能力和伐桩萌生能力，但这不是主要的自然成林方式，目前河北大片的天然榆树林地主要是由天然落种发育起来的林地。

人工繁殖主要是种子繁殖，也可用嫁接、分蘖、扦插等方式繁殖。播种繁殖宜随采随播，扦插繁殖成活率高，达85%左右，扦插苗生长快，管理粗放。

人工造林密度一般为每公顷600～800株，株行距4m×4m或3m×4m。

榆树病虫害较多，达20多种，主要有榆兰金花虫、榆毒蛾、介壳虫等，可采取灯光诱杀、人工捕杀、生物防治和化学防治可用20%灭扫利乳油2500～3000倍液或20%菊酯乳液2000倍灭杀。

（7）资源保育

天然榆树林多分布在河川、河故道内，对河堤保护、河水过滤净化、水源涵养具有较好作用，河川内草被旺盛，是天然的"牧场"，天然下种形成的幼树难以保存。借鉴黑龙山林场经验，处于更新阶段的林地应做好围栏封育，保护更新幼苗、幼树顺利成长。

坝上滦河源的稀树草原是一种独特的森林草原景观，具有很好的水源涵养、防风固沙的作用，具有较高的科研价值和保护价值，但现有榆树有退化迹象，长势衰弱，丰宁永泰兴林区近年来实施了榆树疏林大树复壮项目，通过施肥、病虫害防治等措施，树木长势明显好转，证明这种人工复壮措施是非常有效的。

榆树病虫害较多，人工造林应尽量多造混交林，提高生物多样性和抗病虫能力。混交树种因地制宜可选择杨树、柳树、刺槐、五角枫、油松、沙棘、丁香等树种。

榆树寿命长，古树资源多、分布广，应做好古树的登记建档和挂牌保护，同时做好种源收集和研究利用工作。

主要参考文献

[1] 孙立元，任宪威. 河北树木志 [M]. 北京：中国林业出版社，1997.
[2] 佚名. 多伦县榆木川森林公园简介 [EB/OL]. （2017-8-21）[2021-9-25]. www.docin.com/p-388749676.html.
[3] 袁伟华，等. 河北森林草原研究之二：原生植被 [EB/OL]. （2020-2-17）[2023-9-20]. https://www.sohu.com/a/373622514_750320.
[4] 河北省绿化委员会办公室. 河北古树名木 [M]. 石家庄：河北科技出版社，2009.

7. 香杨

兴隆雾灵山天然香杨林

兴隆雾灵山香杨古树

隆化茅荆坝黑熊谷天然香杨林

香杨为杨柳科（Salicaceae）杨属（*Populus*）青杨组落叶乔木，是中国东北东部林区高大粗壮林木之一。该种近似大青杨（*P. ussuriensis*），其主要区别是：香杨小枝光滑，发红，有香气；叶上面具明显深皱纹[1]。

香杨是河北第一批公布的重点保护野生植物，是集绿化、美化、香化、净化为一体的珍贵园林树种和用材树种。

（1）形态特征

香杨，乔木，高达30m，胸径1～1.5m，树冠宽圆形；树皮幼时灰绿色，光滑，老时暗灰色，深纵裂；小枝幼时具胶质，有香气，圆柱形，粗壮，绿褐色，无毛。芽大，长卵形或长圆锥形，富胶质，先端渐尖，栗色或淡红褐色，富黏性，具香气。长枝叶片长卵状椭圆形、椭圆形或倒卵状披针形，长5～15cm，宽3.5～8.5cm，先端短渐尖，少扭曲，基部宽楔形或近心形，边缘细圆腺齿，表面有明显皱纹，背面苍白色或稍粉红色；叶柄长1.5～3cm，先端有短毛；短枝叶片椭圆形、椭圆状披针形或倒卵状椭圆形，长4～12cm，宽3～8cm，先端尖，基部楔形或宽楔形；叶柄长1.5～3cm。雄花序长3.5～5cm；苞片近圆形或肾形，雄蕊10～30；雌花序长3.5cm，无毛。蒴果卵圆形，无柄，无毛，2～4裂。花期4月下旬至5月上旬；果期5～6月[1]。

（2）分布

分布于中国、朝鲜、俄罗斯东部。在中国分布于黑龙江（大兴安岭）、吉林（长白山林区）、辽宁东部。垂直分布多在海拔400～1600m。多生于河边、溪边谷地，常与红松混生或生于阔叶树林中[1]。

河北北部山区有零散分布。主要分布在承德兴隆雾灵山、隆化茅荆坝、平泉大卧铺林场，海拔400～1500m沟谷地带。

根据隆化县毛荆坝林场的调查，林区内有少量天然香杨，分布不均，成零散分布，树木生长状况差异较大，林龄不同，树木径生长、高生长有较大差距，胸径8～65cm，树高3.0～29.7m，林区范围外的周边区域，还散生有少量天然香杨，幼树集中分布，大树散生分布。

茅荆坝林场黑熊谷景区沟膛内有一片香杨纯林，面积27hm²，平均胸径45cm，平均树高20m，林分郁闭度0.7～0.8，林木长势良好，树木干型通直。

（3）生物生态学特性

阳性树种，喜光，喜冷湿，抗寒性强，在绝对低温-42℃、无霜期110天的高寒地区不遭受冻害。适应性强，根系发达，树干坚韧，抗风折能力强，抗旱、抗涝、耐积水、耐盐碱力均较强，在沙地、黏土地、中度盐碱地上均能健壮生长。

生长速度快，速生期可达8年，5年内表现最为明显。从扦插苗的第2年到第6年，在较好水土条件和管理下，树干胸径年增长可达3.5～4.5cm，木材蓄积每667m²年增量3.5～4.5m³。

抗病虫害能力强，对危害林木的病虫表现出显著的抗虫性，由于生长速度快，可使天牛卵在树干槽沟迅速愈合过程中被挤死。属高抗免疫型树种，叶锈病、霉乌病、病毒病等的发病指数为零。抗病能力远优于山杨，是一种珍贵的抗病型杨树基因资源。

（4）群落结构

香杨集中分布于小兴安岭、长白山林区，常在山地缓坡中下部或河岸两侧形成小面积纯林。或作为伴生树种，混生于红松或阔叶树林中。

河北香杨资源数量很少，以散生或片林的形式存在。

在燕山北部的天然林区，在坡脚或缓坡地带，林中见有少量香杨散生，伴生树种主要有桦树（Betula）、山杨、栎类、五角枫树等树种，多在阴坡下部。

在茅荆坝林区及雾灵山林区有片林存在。茅荆坝林场黑熊谷景区香杨纯林，全部生长在沟谷地带，林下灌木稀少，主要有榛、锦带花、绣线菊、接骨木（Sambucus williamsii）、细叶小檗、六道木、牛叠肚、华北忍冬、胡枝子、鸡树条（Viburnum opulus）、山刺玫等，高1～2m，草本主要有细叶薹草、荨麻（Urtica fissa Pritz）、唐松草、毛萼香芥（Clausia trichosepala）、蚊子草、糙苏、蕨类、独活（Heracleum hemsleyanum）、白芷（Angelica dahurica）、北乌头、龙须菜（Asparagus schoberioides）、金莲花、地榆、龙牙草等40余种草本植物，高度0.3～1.5m。同时还伴生有桦树、五角枫、花楸树等幼树，树高1.5～2m。林下未见香杨幼树，自然更新不良。

（5）生态经济价值

在众多的杨柳科树种中，在自然条件下，独有香杨枝、叶、芽中含有大量的香素，一年四季均能散发浓郁的清香，尤其是雨季气孔开放时香味更浓，树形美观、挺拔俊秀，叶片大而稠密，枝叶奇特，树干通直圆满，树冠广圆形，其幼树基部青绿色，中上部浅棕红色，光滑无棱，叶长椭圆形，长宽比为2:1，叶面构造奇特，观赏价值极高。发芽早，落叶迟，较当地其他落叶树种提前半个月发芽，延迟半个月落叶，生长期延长1个月左右，有效延长了观赏期和香味散发时间。春季飞絮较少，是城市园林绿化、美化、香化树种。

材质坚硬，空心小，木材比重大，边材白色，心材淡褐色，纹理直，易干燥，易加工，具香气，抗腐性强。材质细密洁白，纤维适度，基本密度比一般杨树每立方厘米提高0.008～0.03g，是造纸的理想原料，还适宜制造胶合板、刨花板、卫生筷、包装箱等[2]。

嫩枝绿叶还是上好饲料，叶片肥厚，不涩不苦，粗蛋白质含量18.38%，仅次于苜蓿，而高于麦秸、甘薯蔓和玉米秸。粗脂肪含量2.38%，含钙量高。8月叶含氨基酸4.16%～4.81%，除缬氨酸和蛋氨酸外，其他7种氨基酸尤其赖氨酸含量明显超过各种秸秆饲料，有较高的饲用营养价值。

（6）人工繁育

香杨人工繁殖多用扦插育苗。

圃地准备：育苗地应选择地势较平坦，排水良好，具备灌溉条件，土地比较肥沃、疏松，交通方便的地方。土壤以排水、透气性良好的沙壤土为好。

插穗处理：采用1年生平茬苗干或2年生苗干，作插穗。插条粗0.5～2cm，切成长12cm左右的插穗，每个插穗的上切口距第一个芽至少保持1.5cm，下切口在下芽的基部约1cm处按45°切成斜面，上切口成平面，下切口成马耳形。而切好的插穗，立即用湿沙贮藏，用塑料膜覆盖，随用随取。扦插前最好浸泡1～2天取出。贮藏插穗地点，应选择阴凉、阳光不能照射的地方。另外，也可以随切随运到圃地扦插，如有ABT生根粉，适当浓度蘸取后，即可扦插[3]。

扦插方法：分平畦扦插法和沟插法两种，如用平畦扦插法，畦的宽度为2.6m，畦长20～30m，打30cm高的畦埂，平整畦面，按行距60cm，株距25cm扦插，每667m²插条3500～4000株或用5m×5m的方畦扦插；而沟插法，每沟长50m左右，按1m划线开沟，在每沟的两侧沿沟沿一个方向进行扦插。扦插时上部第一个芽基部与土面持平为准，但第一个芽不能埋入土中，插后用脚踏实。春季在叶芽萌动前，土壤解冻后即可进行插条[3]。

栽培技术如下。

灌溉：扦插后及时灌足第一次水，以后每5～7天灌水1次，连灌3遍；定苗和成活稳定后，随着生长加快，逐渐增加灌溉量，并延长灌水间隔期，由7～10天，延长至15～20天。

摘芽：香杨几乎每个叶腋都能长出侧枝，应在侧枝未木质化时及时摘芽。在苗木生长期内至少摘芽3次。第一次在5月中旬，凡是插穗萌出两条以上者，按留强去弱的原则，只留1株；第二次在6月底，对萌芽全部抹掉；第三次在7月中旬。

松土除草：在扦插灌水3次后，土壤墒情良好时，必须浅松一次，苗木近根处不除，深度3cm，破除板结即可；第二次在5次灌水后土壤墒情好，插条已生根时，可加深至5cm，以后可增加深度至8～10cm，并掌握"行间深松，株间近苗处适当浅松"的原则，除尽杂草；以后视情况，再除草1～2次，全年松土除草3～4次。

施肥：如未施农家肥做底肥，可结合翻耕每667m²施二铵25kg，深翻为底肥。一般来说，苗木生根期，需钾肥较多，应多施；进入生长旺期，需大量氮肥供应；苗木生长后期，高生长停顿，直径继续生长，则以磷、钾肥为主。追施尿素时间一般以苗高来判断，苗高60～80cm追肥1次，一般5～10kg；苗高1.5m时再施肥1次，约10kg；苗高2～2.5m时，再追肥10kg1次。

茅荆坝林场自2010年开始采集天然香杨一年生接穗，进行试验扦插，基本掌握了香杨扦插繁育技术，2015年借实施天然香杨林一期保护项目，扦插香杨0.4hm²。并利用二年生的香杨苗木，在项目区范围内进行了造林实验，栽植香杨4600株，但由于技术原因，长势不良。

（7）资源保育

香杨集绿化、美化、香化为一体，又具有很高的经济价值，是极具价值的资源植物，在省内属于珍稀树种，应加以重点保护[4]。为保护好天然香杨林这一小种群野生植物资源，要明确树立"保护第一、积极扩繁"的原则。

①实施就地保护，在天然香杨的主要分布区内，依托各种类型自然保护区（包括风景名胜区、森林公园），在香杨分布较为集中的地区建立保护小区，加强对天然香杨资源的就地保护。

②进一步探究香杨的生物学生态学特性，对其种子库、幼苗生长动态变化等进行深入研究，完善繁殖技术，提高造林成活率。

③在自然分布范围内，选择土壤肥沃湿润、图层深厚的河岸、溪边、开阔沟谷川地，发展人工造林，有条件的国有林场、自然保护区等，可适度规模经营，建立香杨生产示范基地，扩大种群数量，促进香杨科学发展。

④积极尝试香杨在园林绿化中的应用，扩大在行道、河道、公园及住宅小区绿化中的比例，利用好这一特殊的园林树种，为城市绿化、美化增添树种资源。

主要参考文献

[1]中国科学院中国植物志编辑委员会. 香杨［EB/OL］.（2019-8-27）(2023-9-20). https://www.iplant.cn/info/%E9%A6%99%E6%9D%A8.

[2]中国科学院中国植物编辑委员会. 中国植物志［M］. 第20（2）卷. 北京：科学出版社，1984.

[3]吴彦. 香杨的优点及等育技术［J］. 现代农业研究，2012（1）：56.

[4]孙立元，任宪威. 河北树木志［M］. 北京：中国林业出版社，1997.

8.五角枫

涞水桑园涧林场五角枫群落

秋后五角枫

第二章 天然阔叶林树种

丰宁平顶山林场五角枫果实

阜平吴王口乡周家河村千年古五角枫

木兰林场五道沟分场五角枫山杨蒙古栎天然林群落

木兰林场新丰分场五角枫白桦山杨天然林群落

平泉党坝乡五角枫白蜡树大果榆天然林群落

都山林场五角枫开花

都山五角枫古树

五角枫别名色木、地锦槭，为槭树科（Aceraceae）槭属（Acer）落叶乔木，落叶乔木，高5～13m，在水湿条件较好的亚热带地区高可达20m。五角枫天然种群数量稀少，分布零散，种群数量长期处于下降趋势，在《在中国物种红色名录》被列为近危种。

五角枫是华北地区天然落叶阔叶林的重要组分，参与山地森林生态系统的构建。重要的季相彩叶树种，因其翅果形似古代的元宝，在园林上又被称为元宝枫。

（1）分布

全世界的槭属约200种，分布于亚洲、欧洲、北美洲和非洲北缘。我国是世界上槭属种类最多的国家，到目前为止，已知有151种，占世界槭属种类的75%以上，全国各地均有分布，主产长江流域及其以南各地[1]。

五角枫广泛分布于东北、华北及长江流域地，北至黑龙江、内蒙古，西至西藏、新疆，南至云南、上海的广大区域都有分布，主产东北地区，以松花江地区最多。俄罗斯西伯利亚东部、蒙古、朝鲜和日本也有分布。生于海拔800～1500m，在华北地区生于海拔1000～2000m酸性土壤山区[2]。

内蒙古有全国最大的五角枫自然保护区，该保护区位于兴安盟科尔沁右翼中旗，科尔沁沙地最北缘，总面积61641.3hm²，大兴安岭东南，霍林河东岸。主要保护对象为科尔沁沙地顶极演替群落——五角枫、榆树疏林草原生态系统，有较多的古树的分布[3]。

河北五角枫分布范围很广，冀北山地、燕山山区、太行山区均有分布，但成片的纯林较少。在根据2016年河北森林资源二类调查数据，全省现有五角枫836hm²，蓄积20278m³，其中，幼龄林715hm²，中龄林114hm²，成熟林5hm²，幼龄林占85.5%，主要是近些年的景观造林。大的五角枫林很少，行道树可见有较大树木。在天然林中，少见有以五角枫为优势种的林分。

2013年，平泉市在全县古树名木摸底调查中发现一处五角枫古树群。该古树群坐落于松树台乡小西梁村大杖子后山，面积近10hm²，树龄约100年以上的300多株，树龄最大约为500年，树高10~15m，胸围80~160cm，冠幅最大达15m，林中五角枫小树密布丛生。这么大面积的五角枫纯林在河北很难见到，这么大的五角枫古树群更加珍贵，具有极高的科研价值[4]。

青龙祖山林场海拔1000m以上，木兰苑周边有较多五角枫古树分布，胸径达60cm，树高15m，树龄约120年，这些古树多与白桦、蒙古栎、椴树混交，林木长势旺盛。众多的五角枫古树，在一定区域内集中分布，省内少见。

赤城大海陀自然保护区内有一定数量的五角枫片林，多分布在沟谷及两侧山坡的中下部，大部分为幼林。

（2）生物生态学特性

五角枫为弱阳性树种，稍耐阴，幼苗幼树耐阴性较强，大树耐侧方遮阴，在混交林中常为下层木。喜温凉湿润气候，耐寒性强，在我国黑龙江地区即使-40℃的气候环境也能安然越冬，甚至在俄罗斯西伯利亚东部极寒城市也有生长，但过于干冷对其生长不利。对土壤要求不严，在酸性土、中性土及石灰性土壤中均能生长，但以湿润、肥沃、土层深厚的土壤在生长最好。深根性，根系发达，抗风力较强，有一定萌芽能力，病虫害较少[2]。

内蒙古五角枫保护区属温带大陆性气候季风气候，冬季温长寒冷、夏季短促炎热。年均降雨量383mm，集中分布在7~8月。年均温度5.2℃，最低月平均气温-13.8℃，最高月平均气温22.9℃，年积温2907.1℃，年日照时数3132小时，无霜期138天，主风向西北[3]。

生长速度中等。根据李广祥[5]的调查结果，五角枫树高生长9年前为生长前期，9~31年为速生期，20年为生长高峰年，31年后为生长后期；材积生长25年前为生长前期，25~38年为速生期，32年为生长高峰年，38年后为生长后期。

寿命长。位于唐县倒马西关乡大石峪村段家庄自然村的五角枫古树，树龄1500年左右，树高25m，胸围370cm，整个树身3人才能合抱[6]。

（3）群落结构

五角枫个体较矮，具有一定耐阴性，在天然混交林中处于林冠下层，其高、径生长常被抑制，作为伴生树种，各类林型中均少见粗大的个体。河北五角枫多生于海拔800~1500m的山坡或山谷林地中，是河北天然林落叶阔叶林常见的伴生树种。常散布在辽东栎（*Quercus wutaishanica*）、蒙古栎、胡桃楸、白桦、棘皮桦、山杨、落叶松林及杂木林中，是华北山地落叶阔叶林及针阔叶混交林的重要的组成树种。五角枫落叶在林下易分解，对促进森林生态系统物质能量变换具有很好作用。

五角枫纯林不多，在迹地、林缘、林窗、沟谷、坡脚、稀疏林地见有纯林斑块。纯林多见于降水相对较多的燕山地区，太行山区和冀西北干旱地区少见有片林存在。

根据我们的调查，赤城大海陀自然保护区黑龙潭沟，海拔1400m上下，沿沟一带有连续的五角枫混交林分布，主要位于谷底和坡脚，山坡上五角枫则多为散生。与其伴生的树种有胡桃楸、白桦、棘皮桦、蒙古栎、裂叶榆、花曲柳、花楸等，林分组成4五4核1桦1杂，为多树种混交林。林下灌草丰富，有30多种，主要有毛榛、紫丁香（Syringa oblata）、小花溲疏、悬钩子（Rubus kanayamensis）、细叶薹草、宽叶薹草、山尖子、拐芹、橐吾、蹄盖蕨（Athyrium filix-femina）、北柴胡（Bupleurum chinensis DC）、紫斑风铃草（Campanula punctata）、山梅花等，林下乱石林，流水潺潺，喜阴耐湿植物多，植被茂密，生态效果好。沟内小道两侧有较多五角枫实生幼苗。该群落为多树种混交林，五角枫平均胸径12cm，高度8m，并不占优势，胡桃楸长势优于五角枫。随着群落的不断发育，五角枫将处于下层木，个体数量会逐渐减少。

种内种间竞争强度和竞争者的更新能力，往往决定着竞争者在的群落中生存与地位。根据殷东生等对小兴安岭五角枫天然次生阔叶混交林的研究，与五角枫竞争激烈的树种主要是五角枫本身及辽椴和蒙古栎等地带性植被的优势种。五角枫在胸径达到15cm前受到的竞争压力最大，在此阶段应进行适当的抚育间伐，以减少种内竞争，同时适当伐除蒙古栎等竞争激烈的伴生树种，为五角枫提供良好的生长环境[7]。

根据殷东生等[8]对五角枫次生林种群结构动态的研究，五角枫种群幼龄个体数量丰富，中龄级和成熟龄级数量较少，种群为进展型种群。五角枫种群数量前期幼年个体较多，种内竞争激烈导致其数量锐减，中后期稳定，末期五角枫个体逐渐进入成熟期，种群逐渐衰退，具有前期锐减、末期衰退的特点。五角枫种群在其生长过程中，当胸径达到15cm时，由于种内竞争激烈，将遭遇一次死亡高峰；随后进入一个平稳的生长期；当胸径达到40cm时遭遇第二次死亡高峰，此时五角枫林木达到近成熟时期，种间竞争激烈。针对研究结果，建议在五角枫胸径达到15cm前时，应及时对幼龄林进行抚育间伐，减少种内竞争，以提高五角枫中小径级木材利用率，同时为培育大径级五角枫用材林创造良好的生长环境；五角枫胸径达到40cm前，应及时进行择伐，以便为幼树提供良好生存空间。

（4）生态经济价值[2, 9-11]

五角枫树形优美、叶形秀丽，秋后霜叶更是红润可爱，具有很高的观赏价值，被大量应用于园林绿化工程中。五角枫依其树龄不同和树叶的老嫩，颜色也不同。即使同一株树，叶子的颜色也大不相同，常常一颗五角枫，叶片可分出深红、浅红、橘红、橙黄、大黄、鹅黄嫩绿、深绿等十几种颜色，是重要的园林绿化树种。有的栽培类型，枝条尖端的叶簇为红色，以下全为绿色，甚为奇特。或在针叶林中点缀，或营造小片林与其他树种块状混交。季相表现特征明显，景观效果宜人，绿化成景效果好，可孤植、列植、片植均可，丛植效果优于孤植，适宜在公园、小区及高楼林立的街道两侧种植。吸尘能力强，对二氧化硫、氟化氢的抗性强，适合工矿区栽植，对防治大气污染和环境保护具有较好作用。

树木含水量大，含油量较小，不易燃烧，凋落物分解快，是一个理想的防火树种，在人工造林中也是一个理想的混交树种。

五角枫木材重而坚韧，强度高、木纹美观，是制作家具、室内装饰的良好材料。种子富含油脂、蛋白质，可榨油，种皮和果翅富含单宁，五角枫单宁具有镇静、催眠、镇痛的作用，有明显抗凝血作用，是治疗心脑血管疾病中抗血栓的新药。

种仁含油46%～48%，油质清香，且含有较多的蛋白质和脂肪酸，食用价值可与花生油媲美；树液含糖2%～4%，为食用槭糖的良好原料；嫩叶可作蔬菜或代茶饮。

木材坚韧密实，是纺织业木梭、纱管的特用材。医学实验证明五角枫油对肿瘤细胞有抑制作用，能促进新组织生长，添加于化妆品中，去除雀斑效果明显，有广阔的医用前景。

（5）植物文化

枫叶是希望的象征，是成熟的标志，是收获的赞歌。

从观赏角度讲，我国历来把"槭"叫"枫"或"枫树"。枫树，自古受到中国人的欣赏，早在汉代已有丹枫种植于庭园，历代诗人喜以枫树为体裁，吟诗作赋，成为中国文化的传统。"停车坐爱枫林晚，霜叶红于二月花"，唐代诗人杜牧在《山行》诗中描绘了一幅如火如荼的秋色自画。自然分布的枫树，是风景区、旅游区秋季美不胜收的野景。四川著名风景区——九寨沟，自然分布着9种槭属植物，且数量众，是九寨沟秋天美景的主要景观。南京栖霞山和苏州天平山都以枫林美景驰名中外[12]。内蒙古科尔沁左翼后旗乌旦塔拉每年在乌丹塔拉五角枫森林公园举办"国际枫叶节"。

在欧美和日本，槭树（Maple）风景资源的开发与利用已经达到很高的水平，而且很普遍。如鸡爪槭（A. palmatum）一种就培育出450余个赏叶品种。如果说日本人早春主要欣赏娇艳可爱的樱花，那么他们在晚秋时节最好的野景就是火焰烂漫的槭叶了。在加拿大，每年都要为它举行盛大的"槭树节"，以槭叶为标志的商品或印刷品比比皆是，连加拿大的国旗上也用了一片红艳的叶子，由此可见加拿大人是何等的喜欢槭树。虽然我国的槭属植物种类比国外多得多，但在作为风景资源，在开发利用方面与国外的差距是很大的。对我国野生槭树进行科学分类研究引种驯化，选种育种，对于利用和保护丰富的槭属植物资源，提高我国的园林建设水平，美化城乡人民生活意义[12]。

（6）更新繁殖

五角枫种实量大，种子具翅，1kg种子5200粒左右，易散播，幼苗较耐阴，因此在林下能萌发正常生长。由于这些较为特殊的生物学特性，使得其自然条件下更新较为容易。因此，群落中幼苗、幼树占绝对的优势，故早期阶段的种内竞争强度偏大，明显大于种间的竞争强度。随着胸径的增大，林木对其生长空间和营养条件等要求愈来愈高，林木之间的竞争强度必然增大。竞争的结果使林木开始发生自然稀疏，林木自然稀疏而加大距离，种群调节而使个体间对光、热、水、土等资源的竞争性利用逐渐减弱，林木逐渐趋于均匀化而表现出各自相对的独立性，从而使竞争强度的上升趋势得到抑制，开始呈现出下降的趋势。

根据王广海等对冀北山地杨桦次生林下五角枫基径3cm以下更新幼苗种群结构的调查研究，五角枫更新苗总株数为1094株/hm²，五角枫更新苗径级主要集中在0.5～2cm，占总株数的73.3%。其高度主要集中在0.5～2.5 m。当基径达到1.5～2cm更新新苗株数为660株/hm²，当基径达到2.5～3cm更新苗株数为182株/hm²，分别下降了40%和83%。该调查显示，随着幼苗的生长，超出灌木层进入演替层而存活下来的株树显著下降，使得五角枫成为伴生树种[13]。

根据秦淑英等[14]对雾灵山针阔叶混交林群落结构及动态的调查研究，在雾灵山的云杉混交林中，林下更新幼树为青杆、白杆、五角枫和花楸树等，五角枫幼树最多，但五角枫不是基本成林树种，不会在主林层中占优势；随着演替过程的持续进行，耐阴性较强的云杉幼树，将在阔叶树林冠下很快完成更新，逐渐长成高大个体，并将最终取代五角枫、花楸树等阔叶树种，形成以云杉占绝对优势的稳定群落，五角枫将成为伴生树种。

人工繁育五角枫主要以种子繁殖。五角枫在胸径达到3～5cm时就开始生殖生长，开花结果。五角枫成熟时果皮黄褐色，成熟后较长时间不脱落，结实间隔期为1年。可用手摘果或剪下果枝，采后晾晒3~4天，除去果枝和秕粒等，搓去果翅或带翅贮藏。带果翅的出种率可达50%。翌春播种，应混沙埋藏越冬。切忌干藏。人工育苗，发芽率约70%[15]。

在山坡、疏林、平地、河谷均可种植，常规造林技术。

（7）资源保育

7.1 适度抚育

五角枫在河北天然林面积很少，主要以针阔叶混交林的伴生形式存在，处于次林层，常受到上层木的压制；林下幼苗多，但进入演替层的幼树少。因此，在旅游区、窗口地带等特殊地段，要扩大五角枫的组分和面积，可适度调整其他大树的比例和林下灌木盖度，为五角枫的生长提供更多的生长空间，培育景观林。

7.2 扩大利用

槭属植物景观效果，可广泛应用下公园、绿地、小区、街道、公路两侧绿化。石家庄市汇宁街两侧栽植的行道树，胸径已接近30cm，树高约10m。迁西县滦河沿岸道路以五角枫做行道树，树木长势良好。但总的来看，在园林中的应用比例还很小，发展空间大。五角枫在医疗保健方面具有特殊作用，随着科技大的进步和对其认识的逐步加深，其资源的开发利用前景广阔。可选择立地条件较好的阴坡、坡脚、川地营造混交林，人工引种驯化栽培。

7.3 培育新品种

五角枫叶各色各样，变异类型多，可积极选育遗传稳定、抗逆性强、特点突出，具有自主产权的新品种，进行推广，提高园林水平。美国红枫就是典型例证。

主要参考文献

[1]徐廷志. 我国槭属植物资源评价[J]. 资源开发与保护，1988，4：51-54.

[2]中国科学院中国植物志编辑委员会. 中国植物志[M]. 第46卷. 北京：科学出版社，1981.

[3]佚名. 五角枫自然保护区[EB/OL]. （2013-10-24）[2023-9-28]. http://www.kyzq.gov.cn/kyzq/2017-04/14/article_20240414409511877488.html.

[4]石峥，等. 河北平泉发现一处五角枫古树群最大约500年[EB/OL]. 长城网，（2013-11-18）[2023-8-30］. http://news.hebei.com.cn/system/2013/11/12/013061895.shtml.

[5]李广祥. 色木槭、拧劲槭生长分析及生长阶段划分初探[J]. 吉林林业科技，2009，38（5）：26-28.

[6]河北省绿化委员会. 河北古树名木[M]. 石家庄：河北美术出版社，2021.

[7]殷东生，等. 色木槭天然次生林种群竞争关系研究[J]. 植物研究，2012，32（1）：105-109.

[8]殷东生，等，色木槭次生林种群结构动态分析[J]. 林业科技，2011（6）：19-22.

[9]张翠琴，等，五角枫种群表型多样性[J]. 生态学报，2015，16（35）：5343-5352.

[10]西林. 木本油料五角枫[J]. 植物杂志，1982（6）：26.

[11]姚婧，等. 东灵山不同林型五角枫叶性状异速生长关系发育阶段的变化[J]. 生态学报，2013，13（33）：3907-3915.

[12]徐廷志. 我国槭属植物资源评价[J]. 资源开发与保护，1988（4）：51-54.

[13]王广海，等. 冀北山地杨桦次生林五角枫更新幼苗种群结构与动态研究[J]. 河北林果研究，2013（3）：233-236.

[14]秦淑英，等. 雾灵山蒙椴阔叶混交林群落结构及动态分析[J]. 河北林果研究，1999（6）：108-111.

[15]李高，等. 五角枫繁殖栽培及园林应用[J]. 现代农村科技，2015（4）：47-48.

9. 栾树

栾树花序

栾树果实

井陉苍岩山天然栾树林

栾树为无患子科（Sapindaceae）栾属（Koel-reuteria）古老树种，第三纪孑遗植物，栽培历史悠久。

栾树为重要的园林树种，有"花树"之称。

（1）形态特征

栾树又名灯笼树、乌叶树、木栏芽，落叶乔木，高达15m。树冠近球形。树皮灰褐色，细纵裂。小枝无顶芽，有柔毛。冬芽小，又2鳞片。一至二回奇数羽状复叶，叶互生，长可达50cm，小叶7~18，近无柄小叶片纸质，卵形至卵状披针形，边缘具锯齿或不规则羽状分裂，表面仅中脉上散生皱曲的短柔毛，背面沿脉有毛。聚伞圆锥花序顶生，长25~40cm，密被柔毛；花黄色中心紫色；雄蕊8，花盘偏斜，有圆钝小裂片；子房三棱形，退化子房密被小粗毛。蒴果圆锥形，具3棱，顶端渐尖，果瓣卵形，外面有网纹；种子圆形黑色；花期6~9（11）月，果期9~10月[1]。

河北尚引进有全缘叶栾树，亦称黄山栾树（二回羽状复叶，小叶全缘）[1]。

（2）分布

栾树属植物在无患子科中属于东亚地区特有的树种，生长在我国和斐济，日本、朝鲜也有分布。在我国，主要分布在黄河流域和长江流域下游，产北部及中部大部分地区，东北、华北、西北、华东、西南及陕西、甘肃等地都有分布。河北、北京、天津各地均有野生或栽培。栾树主产我国北方，因此又称其为"北栾"；复羽叶栾（koelreuteria bipinnata）主要生长在南方，故称为"南栾"[2-3]。

根据2015—2018年河北森林资源调查统计数据，全省有栾树1868hm^2，蓄积15897m^3，其中，幼龄林1596hm^2，占总面积的85.4%，主要为幼树。其中，易县335hm^2、高邑128hm^2、武安71hm^2、清苑区64hm^2、无极39hm^2、徐水区34hm^2、藁城33hm^2，多为人工种植。其他地方也常见人工栽培。

（3）生物生态学特性

喜光、耐半阴，耐寒，可抵抗-25℃的低温，抗风、耐旱、耐瘠薄，适生于石灰性钙基土壤，能耐盐渍性土，但不能生长在硅基酸性的红土地上，耐短期积水，但不能长时间水淹。深根性，根强健，萌蘖力强。春季发芽相对较晚，秋季落叶较早，年生长期较短，生长缓慢。

栾树寿命较长，《河北古树名木》[4]记载：清苑县温仁镇温仁村有栾树树龄110年左右，树高8m，胸围120cm。临城县赵庄乡方垴村栾树树龄120年左右，树高8m，胸围120cm，生长旺盛。北京西山卧佛寺内至今还保留着乾隆时期所栽植的几十棵栾树，距今已280多岁，仍然枝叶繁茂。

（4）群落结构

河北天然栾树生于海拔1000m以下的山坡下部杂木林或灌丛中，主要分布在山地阳坡，常与臭椿、栎类、侧柏、蒙桑、荆条、酸枣、小叶鼠李、绣线菊、黄栌、山杏、黄背草（Themeda triandra）、白羊草等乔灌草植被混生，是山地自然植被遭到破坏后群落演替的早期先锋乔木树种。在受到多次人为破坏后，在坡地上与灌丛混生的栾树，大部分都比较低矮。栾树散生较多，片林很少。

根据金文学[5]对凌源青龙河流域天然栾树的调查，辽西青龙河流域内自然生长一些零星栾树，并有栾树纯林，天然更新良好。位于大河北镇石洞沟的天然栾树乔木林，林龄20年以上，小班面积3.5hm^2，海拔740 m左右，阳坡，石灰岩母质，土层厚度5~30cm，中坡位，坡向南、坡度20°，立地条件较差。平均胸径5.3cm，平均树高4.5 m，郁闭度0.9。在天然栾树林片林下，常见三裂绣线菊、大果榆、山葡萄、蒙桑、小花溲疏、穿龙薯蓣（Discorea nipponica Makino）、斑叶堇菜（Viola variegata）、乳浆大戟（Euphorbia esula L.）、黄精（Polygonatum sibiricus）等灌草植被。栾树超强的生态适应性，在天然林生态系统阶段演替中，使天然栾树次生林林相稳定，天然更新良好，少病虫害发生，为植物群落的主导因子，栾树也是青龙河流域相对贫瘠立地条件下原始的建群种和先锋树种，与林冠下草本、灌木相互补充，保证了群落植物相对丰富。

根据李维[6]对北京密云县古北口潮关西沟流域天然次生植被群落演替的研究，认为流域内植被演替的总体演替趋势为：荆条灌丛→荆条、土庄绣线菊混交灌丛→栾树林→黑弹树、山杏、臭椿林→臭檀吴萸（Tetradium daniellii）林→鹅耳枥、胡桃楸林→山杨、榆树、桑（Morus alba）林→白蜡树（Fraxinus chinensis）、大果榆、元宝槭、五角枫林→黑桦、蒙椴→蒙古栎、油松林。栾树在该区域森林生态系统的生态位，表明了其与相关种群之间的关系，也说明栾树是该区域灌丛地上最早侵入和成长起来的先锋乔木树种。

（5）生态经济价值

栾树根系发达，是山区良好的水土保持树种。有很强的抗风能力，对粉尘、臭氧、二氧化硫都有较强的抗性，可用于厂区绿化或作行道树、庭荫树、园林树。

树体高大，树冠圆润，为重要的绿化树种，栾树幼嫩的枝叶呈土红色，是春季的观叶树种。其花独特，有"花树"之称，花期长，可持续到霜降。花有淡淡的清香，路过树下，闻其花香，令人陶醉。在我国南方于国庆节前后，黄山栾满树的果实这时最为艳丽，红艳艳的团团蒴果像盛开的花朵，故而又得名"国庆花"。栾树果由三片又薄又脆的心形果皮包裹，初时浅绿色，逐渐变为黄绿，成熟后慢慢变成红色，甚至紫红色，一树三色，异常美丽。在深秋的街头，大部分的景观树都繁华落尽时，栾树却撑起了别致的景天，葱茏华盖上，其果像一个个圆圆的小灯笼挂在一起，因而，有人又称栾树为"灯笼树"。微风吹来，悬挂于树枝的果实互相碰击，声音簌簌悦耳，犹如一枚枚铜钱，故又被称为"摇钱树"。栾树的优良生物学特性，具有不可替代性，使其成为广大地区的优良园林树种。无论孤植、丛植、片植或与其他乔木、灌木、草本等都极易搭配栽植，形成独特的园林景观[2, 8-9]。

木材坚硬，材质细腻，黄白色，易加工，可制家具、农具。栾木可作佛珠，故寺庙多栽植。嫩叶可作菜肴，俗称"木栏芽""树头菜"；栾树叶汁具有很强的抗菌作用；栾树叶虽然呈绿色，但与白布一起煮染后却呈现为黑色，俗称"乌叶子树"，因此，可作黑色染料，古时，南方老百姓用其染布；叶含鞣质，可提制拷胶；栾树花可提取黄色染料，还可入药；秦汉时期的《神农本草经》记载，栾树花"主目痛，泪出伤眦，消目肿"。由于栾树花是虫媒花，花多量大，是夏秋良好的蜜源植物；栾树种子富含油脂，含油量达38.6%，营养价值很高，油中的二十碳烯酸含量达45%，其次为脂肪酸亚油酸，含量高于花生油；种子油不饱和脂肪酸指数为88%，稳定性好，可作为食品加工业的原料，也可制润滑油或肥皂[2, 7-8]。

在丰宁城东南部有片状栾树分布，丰宁以生态立县，充分利用荒山、秃岭、石质阳坡地带发展栾树，对原有栾树进行抚育、放穴、轻度修剪等管理，生产加工栾树的嫩芽（当地称木力芽），木力芽是当地重要的天然绿色森林蔬菜，开发利用潜力大。栾树在发芽期幼芽生长很快，在发芽后的4~10天，采取嫩枝叶，立即经水煮、凉水浸泡后便可作绿色蔬菜食用，是当地餐厅、饭店一种必备的野菜。全县年产鲜菜约600万kg，产值6000万元。

（6）植物文化

栾树不但使用价值高，文化内涵也非常丰富，是自然文物的宝贵财富。

栾树的花语是"奇妙震撼，绚丽一生"。春季观叶、夏季观花，秋冬观果，人生得意，事业顺达。

虽风度翩翩，却不与百花争春，是花中"谦谦君子"。栾树一边开花一边结果，植物界称之为"抱子怀胎"，寓意生命的美丽与延繁。

栾树被称作"大夫树"。有关栾树最早的记载见于2200多年前先秦时期的《山海经·大荒南经》中："大荒之中，有云雨之山，有木名曰栾。禹攻云雨，有赤石焉生栾。"春秋《含文嘉》曰："天子坟高三仞，树以松；诸侯半之，树以柏；大夫八尺，树以栾；士四尺，树以槐；庶人无坟，树以杨柳。"意思是说从皇帝到普通老百姓的墓葬，按周礼共分为五等，其上可分别栽种不同的树以彰显身份，士大夫的坟头多栽栾树，因此栾树又叫"大夫树"。大夫在古代官职不低，是中央要职，如御史大夫、谏大夫等，素有"刑不上大夫"之说。唐明皇开元盛世之时的名相张说（yuè）在其诗中也写到"风高大夫树，露下将军药"，这大夫树就是栾树[2, 7-8]。

《植物名实图考》有："绛霞烛天，丹撷照岫，先于双叶，可增秋色"，宋·杨万里《中和节日步东园三首》有："五出桃花千叶菲，因栾绕树间芳菲"来描述栾树景观。

唐代佛教盛行，京城中多以栾子做佛珠，被称之为"木栾珠"。乾隆十分喜爱和欣赏满树金黄色的栾树花，因为金黄色在国人的文化中为最尊贵之色，为皇宫建筑和皇帝服饰专用之色。又因为栾树开花期长，满树接连不断开放着的金灿灿的栾树花，象征着他的江山长盛不衰、欣欣向荣。乾隆为此还下令在他常去祭拜的北京西山卧佛寺及周边大栽栾树。卧佛寺内至今还保留着乾隆时期所栽植的几十棵栾树。虽然已经280多岁仍然枝繁叶茂[7]。

在我国山东淄博等地，至今还保留着"栾树节"的传统文化习俗，家家户户都要栽种栾树，借以思念在外漂泊的亲人，期待在栾树生长繁茂时节亲人的回归。

（7）更新繁殖

自然条件下，栾树种子成熟落地或被鸟食传播后，能正常萌发成苗，实现自我更新繁衍。在城市环境中，有栾树行道树的地方，常可见栾树种子散落在花坛、中央隔离带、草坪、砖缝后长出的幼苗。在密闭的林下，栾树更新不良。栾树萌生能力较强，在遭到破坏后，可萌生出新的植株，萌蘖苗发育的个体不如实生苗干型好。

人工繁育栾树可用种子繁殖或分蘖、插根繁殖。无性繁殖应尽量选择生长健壮的中幼龄母树上选材，不能从老树残桩取材。种子繁殖，选择母树树龄15~25年生、树干直，生长健壮的优良母株上采种，种子一般是在10~11月成熟，秋季待果色呈红褐色至褐色时，表明种子已成熟可采，采后晾干。因其种皮坚硬，不易透水，直接播种不发芽，需去壳播种。可脚挫除果壳，去除杂质，挑出空粒，这样就获得纯净种子，出种率约为20%，净度90%，千粒重150g左右。种子黑色，圆球形，直径约6mm。种子发芽率高，一次性产苗量大。常规育苗技术[9]。

（8）资源保育

8.1 保护现有天然栾树资源

某些地方，存在偷挖和收购山上的野生栾树大树，然后假植在农田待售，或栽植在苗圃地继续培育后出售的现象，造成坡体表面结构严重破坏和水土流失，这种非法采挖、急功近利的行为必须彻底遏制。

8.2 人工促进自然修复

按照群落演替的基本规律，根据不同的自然气候特点和立地条件，选择适宜地块，保留原有栾树和其他乔灌树种，补栽栾树、山杏、侧柏、臭椿、大果榆等乡土树种，与原有植被相互补充，形成人工辅助修复后的植被生长与原有植被合理搭配，逐渐演替形成以乡土树种为优势种的乔灌木林促进原有植物群落演替到相对稳定的植被群落。

8.3 适当发展人工林种植经营

栾树花繁色艳，是夏秋季节重要的木本花卉，可加大在高速公路、城市道路和公园绿化中的利用。在适宜地区，选择自然条件较好地段，可集约化发展人工片林，依托当地市场，经营木栏芽木本蔬菜。同时进一步探索在天然染料、天然食用色素、医药等方面的开发应用，造福人类。

主要参考文献

[1] 孙立元，任宪威. 河北树木志 [M]. 北京：中国林业出版社，1997.
[2] 吴亮，等. 栾树属植种质资源研究进展 [J]. 河北农机，2016（6）：24–25.
[3] 温学，等. 复羽叶栾树在广州市的应用探析 [J]. 现代农业科技，2019，018（000）：118–119+122.
[4] 武国堂，等. 河北古树名木 [M]. 石家庄：河北科学技术出版社，2009.
[5] 金文学，凌源. 青龙河流域栾树的天然分布及生态利用 [J]. 防护林科技，2016（10）：63–64.
[6] 李维. 北京山区典型流域森林植被多样性研究 [D]. 北京：北京林业大学，2008.
[7] 杨忠岐. 树木中的谦谦君子——栾树 [J]. 绿色中国，2020，19.
[8] 泰安市公安局民警. 栾树的启示 [N]. 潇湘晨报，2020-11-20.
[9] 何秀梅. 栾树的生态习性及育苗栽培技术 [J]. 现代农业科技，2019，15：150–151.

10. 黄连木

黄连木为漆树科（Anacardiaceae）黄连木属（*Toxicodendron*）落叶乔木，高达20m，别名楷木、黄连茶、药木、木蓼树、岩拐角等。古老树种，仅栽培历史就有2500多年。

黄连木是我国重要的食用油料树种和能源树种。

（1）分布

黄连木在中国分布广泛，北起河北、山东，南至广东、广西，东到台湾，西南至四川、云南都有分布。以河北、河南、山西、陕西最多。中国农业大学符瑜[1]等根据中国林业科学研究院黄连木资源调查结果，结合文献记载得出，黄连木分布的北界为：云南潞西、泸水—西藏察隅—四川甘孜—青海循化—甘肃天水—陕西富县—山西阳城—河北完县（今河北顺平）—北京，在此界限以东、以南有分布。在《西藏植物志》中记载，黄连木仅在察隅县有分布，是自然分布的西界；《海南植物志》中提到在崖县（今三亚市）可生长，是黄连木分布的南界。黄连木分布的北界于1月均温 –8℃等温线大体一致，主要分布地区均在此等温线以南地区。

根据中国林业科学研究院对主要木本粮油全国普查结果，黄连木垂直分布的区域海拔一般在2000m以下，以700m以下的丘陵、山地居多，垂直分布的上下限由分布区域的经纬度和海拔高度共同决定。

在河北，黄连木分布在太行山地区的广大丘陵和山地，易水河以南地区，太行山南段为主分布区。根据河北2015—2018年森林资源二类调查数据，全省黄连木总面积2054hm^2，蓄积39731m^3，大部分进入更新阶段，衰产期面积1739hm^2，占总面积的84.6%。在总面积中，涉县1575hm^2、武安115hm^2、磁县125hm^2、邢台县（现信都区）40hm^2、临城6hm^2、井陉40hm^2、平山10hm^2、顺平24hm^2、唐县92hm^2、易县25hm^2。涉县最多，占全省的76.7%。

（2）生物生态学特性

黄连木为暖温带树种，不耐寒，–20℃以下低温易受冻害，最冷月极端低温是限制其向更高纬度发展的主要气候因素之一。根据有关研究[1]，黄连木生长的气候指标为：年均温不低于5.8℃，1月均温不低于–8℃，1月极端低温不低于–26.5℃，7月均温高于13.8℃。黄连木对日照的要求不高，国内大部分地区的日照条件都能满足其生长。

强阳性树种，喜光、1～3年幼树较耐庇荫；对土壤要求不严，可在干旱、瘠薄的微酸性和碱性的砂质、黏质土中生长，适宜在石灰岩地区种植，即使在岩石缝中也能生长。深根性，拥有发达的主根系和连续的侧根系，在坡脚的50年生黄连木，主根深可达3m以上，水平根分布范围相当冠幅的3倍左右，可以抵御大风并易于根蘖。具有较强的耐旱能力，耐涝性极差，在年降水量210～620mm即可满足黄连木正常生长，对于恶劣的自然环境有很强的适应性和抗逆性。

寿命长，可达300年以上。早期缓慢，以后生长加快，4年后即可开花结果，8～10年进入盛果期，产量高。胸径15cm时，年产果50～75kg，胸径30cm时，年产果100～150kg。高生长在1～5年时较缓慢，而在6～15年为速生期，树高平均生长量在15年左右达最大值0.45m，以后逐渐降低；胸径平均生长量一直呈现增加趋势，衰退时间较晚，材积的速生期在32～50年，平均生长量在42年左右达到最大值，之后逐渐降低[2]。

(3) 群落结构

黄连木是太行山区干旱阳坡的先锋树种，多分布在阳坡和半阳坡，以纯林，混交林和杂木林的形式存在。受人为影响，黄连木分布切割严重，在太行山中南段地区，在沟谷川地、丘陵地带、废旧梯田有大量散生植株，或三五株丛生，或小片分布，大面积的纯林和混交林已经不多。

根据吴志庄等[3]对河北、河南太行山区黄连木的调查研究，在太行山区多石质山地，黄连木群落表现强势，以黄连木为单优种群，重要值高达73.1931，其他树种对黄连木群落影响很小，在一定时期内，群落稳定性好。伴生树种少，主要有柿树（Diospyros kaki）、野柿（Diospyros kaki var. silvestris）、侧柏、刺槐、胡桃、臭椿、栾、桑等；灌木层种类丰富，重要值大于10%的有荆条、黄连木幼树和扁刺锦鸡儿（Gleditsia boisii），荆条明显占优势地位。其他还有酸枣胡枝子、山葡萄、连翘等；草本植物种类比乔、灌层种类丰富共记录到草本植物46种，重要值大于10%的依次有荩草、黄背草、莠竹（Microstegium vimineum）、艾（Artemisia argyi）。乔灌草3个层次物种多样性分析表明，草本层＞灌木层＞乔木层，而乔木层优势度指数为0.5437，远高于灌木层和草本层，说明太行山区适于黄连木生长。由于土壤和生态条件恶劣，多数树种难以适应，从而形成以黄连木为优势种的群落类型。林下灌木和草本层种类较多，受立地条件限制，盖度不大。

（4）生态经济价值

黄连木是河北太行山区的乡土树种，具有很高的生态经济价值。

生态树种。耐干旱贫瘠，根系发达，是太行山区石灰岩山地的先锋树种，也是干旱阳坡人工造林的一个重要的树种，具有很好的水土保持作用。抗风、抗污染能力强，对二氧化硫、硫化氢和煤烟有较强抗性，可作雾霾防治树种和大气环境监测树种。

园林树种。枝叶繁茂，树冠浑圆，早春嫩叶红色，入秋又变成深红或橙黄，雌花序紫红色，能一直保持到深秋，艳丽美观，是行道树、景区及庭院绿化美化的优良树种。与五角枫、柿树、火炬树（Rhus typhina）、黄栌搭配，可构造大片秋色红叶林，是良好的山地风景树种。

木本油料树种、能源树种。黄连木种子含油42.5%，种仁含油56.5%，具有出油率高、油质好的特点。种子油带苦涩味，精制加工后可作食用油，现在已经很少食用。油饼可作饲料和肥料。黄连木被喻为"石油植物新秀""柴油树""黄金树"，每亩产籽量可达500kg，可产油200kg，是制作生物柴油的上佳原料，其生物柴油在含硫量、一氧化碳和铅排放优于国内零号柴油，碳链长度集中在C17～C19，理化性质与普通柴油非常接近，这决定了该树种在发展生物质能源中的重要地位。在原国家林业局《2006—2015年的能源林建设规划》当中，黄连木是一个重要树种。河北武安、涉县、磁县、平山等黄连木主要产区县相继成立了一批生物质能源开发公司，启动了一批生物柴油原料林基地建设项目，展现了良好的发展前景。

用材树种。黄连木的木材是环孔材，边材宽，灰黄色，心材黄褐色，材质坚重，气干密度0.713g/cm³，纹理致密结构细匀，不易开裂，属于硬杂木类，是建筑、家具、雕刻、室内装饰的优质用材。

传统的中药材。根、枝条、叶、皮均可入药，可代黄柏，具有清热解毒、祛暑止渴的功效。用黄连木的根、枝、皮、叶熬制的水溶液可作生物农药，可杀死各种水稻害虫如蚜虫和螟虫等。

黄连木花期3～4月，花粉量大、是早春重要的蜜源植物。鲜叶含芳香油0.12%，可作食品添加剂和熏香剂，叶可加工成茶叶饮用。黄连木还可以作为砧木嫁接阿月浑子（即开心果），河北农业大学路丙社博士主持的黄连木嫁接开心果项目，2006年时已获得成功并通过科研成果鉴定。

（5）植物文化

黄连木树干刚直挺拔，自古是尊师重教的象征。"楷树"即黄连木，据说这种树最早生长在孔子墓旁，孔子逝世后，其弟子子贡在墓旁"结庐"守墓六年，并从卫国移来楷树苗植于墓前，天长日久长成挺拔大树。以树喻人，用来称颂那些品德高尚、高风亮节，为师表的楷模[4]。

明郭良翰《问奇类林》："楷木生孔子冢上，其干枝疏而不屈，以质得其正也……周、孔为万世模楷，而冢木表正。"即孔子冢上的楷树与周公冢上的模树为万世楷模，这就是"楷模"一词的来历。元袁桷《清容居士集》："唐文皇（唐太宗李世民）以孔林楷木裁手板，赐十八学士……"明周瑛《翠渠摘稿》曰："予为进士时，人遗予以楷木笏，且告曰此孔林遗植也。其理赤，其节密，可以直挂不可以横击也。"黄连木纹理直，故以此制笏（大臣上朝时执的手板），取其直意，即执笏者当为直臣、诤臣，寓意做人要有气节、正直。

粟裕故居湖南省怀化市会同县坪村镇，栽有一株黄连木，高达20m，胸围4m，被当地人视为"神树""龙树"，逢年过节挂红祭拜，借物抒情，表达对这位楷模功臣的深情缅怀[5]。

（6）天然更新

黄连木天然林自我更新有萌芽更新和种子繁殖两种形式。林下实生苗少，靠种子繁殖更新有一定困难，萌生更新是黄连木更新的主要方式。从现有群落来看，黄连木纯林多是过去皆伐后萌生的次生林，少见实生林，究其原因可能是萌生林在皆伐迹地的次生裸地上形成，萌生条有很好的光照条件，而且早期生长快，不会被灌草压制而能成林，而实生苗在幼年生长很慢，3年生苗也不及50cm，很易被灌草压制而死亡[2]。

根据张宏文等[6]的调查，坡向不同，黄连木天然更新效果不同，阳坡幼树株数明显高于阴坡，约为阴坡的5倍，阳坡上实生苗年均高生长量为28.7cm，萌生苗年均高生长量83.2cm；在阴坡上实生苗年均高生长量为28cm，萌生苗年均高生长量61.8cm。在同一坡面上，坡位不同，更新效果不同，中部和上部差异不显著，中、上部明显好于下部。这是因为黄连木是阳性树种，喜光性强，所以阳坡比阴坡更新效果好；又因为在山坡下部人为活动频繁，对更新起来的幼苗幼树损坏严重，而中、上部人为活动少，苗木保存较好，因此中、上部更新比下部好。不同树龄对萌芽更新效果影响很大。8～13年生林地采伐后，萌芽株数较多，但高生长量较小，可能是由于母树年龄小，萌芽力强，但养分跟不上之故；26～41年采伐，萌芽年均高生长量大，但株数少，可能是年龄大，萌芽力弱，但根部营养积累较多之故；15～20年采伐，萌芽株数多，高生长量也大，萌芽更新效果最好。

（7）资源保育

由于历史原因，黄连木天然林已被采伐殆尽，有的遗传资源已经丢失，现有黄连木林主要分布在山区陡坡地段，多为森林主伐后形成的残败次生林，萌生林居多，林相较差，群落退化严重，生产力低下。加速退化森林植被的修复和重建，首先要明确思想，确立天然黄连木林分的生态服务功能和生物多样性保护的主体功能，兼顾木材生产和油料生产，改变过去的无序经营和过度经营。

①加强种质资源的基础性研究，充分调查收集、利用现有的种质资源，建成黄连木种质资

源原地保存、异地保存相辅相成、遗传基础丰富的保存体系，搞好对黄连木资源的保护和遗传改良。

②以护为主，适度经营。太行山区天然林资源十分宝贵，一般林地，尽量不做采伐性抚育经营，以封育保护、依靠自然力修复为主。对于郁闭度0.8以上的过密林分，可行弱强度抚育，适当伐除低劣株、老残株、病虫株，以及冠幅过大的、压制黄连木生长的"霸王木"，使之改善林内通风条件。切忌进行一次性伐光非目的树种的高强度抚育，以免引起林分郁闭度骤降，使保留木不能适应新的环境而生长衰退。调整后的郁闭度至少控制在0.5以上。对一丛多株的萌生条，定株时也要逐步进行，不可一次到位。同时，要注意保护好林下灌草植被，培育乔灌草层次完整的林分结构，只有在培育林下更新层和演替层幼苗幼树时适度割灌外，一般不做全面割灌，维护林地生态功能和生物多样性。

③搞好补植补造。太行山区存在较大面积的黄连木稀疏林地，针对这部分林地，可在林中隙地通过人工造林补植黄连木，培育经济性防护林；也可引入油松、侧柏、栾等耐旱树种，营建以黄连木为优势树种的混交林。对长势衰弱的个体，可通过修整树盘、清理石块、树盘覆草、加强肥水管理和病虫害防治等措施来增强树势。经过人工辅助修复后，形成连续的、质量较好的有林地资源。

④扩大人工造林。在太行山中南部主分布区，选择立地条件较好的地段，在土层较厚、坡度较小的向阳坡地，通过人工造林，有计划地建立一批黄连木能源林基地，促进规模化发展，壮大新兴产业。黄连木为雌雄异株，造林时应注意合理配置授粉树，雄株应占总株数10%～15%，且分布均匀，保证结实量。新造林地，在抚育时一般不做全面垦复，只可顺等高线作带状垦复，以此防止水土流失。危害黄连木生长的主要虫害为种子小蜂及木橑尺蠖，危害严重时可造成大面积减产甚至绝收，应注意防治。

主要参考文献

[1] 符瑜，等. 中国黄连木的地理分布与生境气候特征分析［J］. 中国农业气象，2009，30（3）：318–322.
[2] 高晓琳. 山西黄连木群落特征及林下植物多样性的影响因素［D］. 北京：北京林业大学，2012.
[3] 吴志庄，等. 太行山黄连木天然群落物种多样性的研究［J］. 中南林业科技大学学报，2013，12（33）：15–18.
[4] 吴彦飞，等. 淮滨发现极其罕见的百年黄连木［N］. 潇湘晨报，2020-10-20.
[5] 吕金海. 粟裕故居与黄连木植物文化传承研究［J］. 现代园艺，2019，2：97–98.
[6] 张宏文，等. 太行山南段黄连木天然更新调查研究［J］. 中南林业调查规划，1999，3（18）：13–15.

11. 鹅耳枥

平山营里乡高家寨天然鹅耳枥

鹅耳枥的枝叶、果实、树干和成年树形（苍岩山）

邢台信都区鹅耳枥古树

邢台信都区云梦山天然鹅耳枥古树林

鹅耳枥为桦木科鹅耳枥属（Carpinus）乔木或小乔木，别名北鹅耳枥、千金榆、牛筋树等。鹅耳枥是一个古老的树种，是从早第三纪保留下来的成分。李文漪[1]等对河北黄骅上新世孢子组合研究表明，晚第三纪孢子组合，主要以落叶阔叶林为主，鹅耳枥便是其中的一个种。有关研究[2]表明至始新纪中、晚期，鹅耳枥就已经在北京地区生长，到中新世在华北地区就已经广泛存在了。祝遵凌等[3]推测鹅耳枥属可能起源于我国的西南地区，随后向华中、华东散布，一些喜暖温带气候的向华北、东北散布，而喜热及泛热带气候类型的向华南散布。晚第三纪及第四纪的气候动荡、造山运动及冰期、间冰期更替，可能加速了这一进程。

鹅耳枥属植物在河北分布有鹅耳枥和千金榆（Carpinus cordata）两个种[4]。小叶鹅耳枥（C. turczaninowii）是鹅耳枥的一个变种。

鹅耳枥属植物多为乔木，少数为灌木，全属分为千金榆组（Sect. Distegocarpus）和鹅耳枥组（Sect. Carpinus）。根据叶缘形态等的差别，鹅耳枥组又可分为鹅耳枥亚组（Subsect. Carpinus）、云南鹅耳枥亚组（Subsect. Monbeigianae）、多脉鹅耳枥亚组（Subsect. Polyneurae）3个亚组[5]。

曾有一些植物学家将鹅耳枥属与榛属（Corylus L.）合并为榛科，但目前默认的分类法依然是把它们划在桦木科。很多人单凭叶子就断定鹅耳枥是榆属（Ulmus）或榉属（Zelkova Spach.）的植物，但只有当鹅耳枥开花时，人们才知道这是桦木科鹅耳枥属的植物，鹅耳枥的穗状花絮和串状果序是区分其他树种的有力依据[6]。

（1）分布

鹅耳枥属植物共有50种，主要分布于北温带及北亚热带地区，亚洲东部、中南半岛至尼泊尔、美洲及欧洲均有鹅耳枥属植物的分布。中国鹅耳枥属植物资源丰富，有33种、8个变种，分布于我国大部分地区，以云南、四川、贵州等西南地区分布最集中，如贵州鹅耳枥（*C. kweichowensis*）、川黔千金榆（*C. fangiana*）等。其中仅分布于浙江地区的普陀鹅耳枥（*C. putoensis*）是中国特有珍稀植物，已被列为国家一级濒危保护树种[7]。

普陀鹅耳枥是我国当今仅幸存1株的"地球独子"，其原生母树生长于著名的佛教圣地、国家级风景名胜区——普陀山。按照世界自然保护联盟评估标准，普陀鹅耳枥被列为"严重濒危灭绝"等级。1999年国务院将它批准为国家一级重点保护野生植物[8]。

鹅耳枥在河北主要分布在太行山、燕山山地，垂直分布海拔600~1400m，主分布带海拔800m左右，燕山东部、北部偏低，南部偏高些。其上常接杨桦林，在太行南部山区，其下常有漆（*Toxicodendron vernicifluum*）分布。

根据河北森林资源二类清查数据，全省鹅耳枥总面积53293hm^2，蓄积266876m^3，全部为天然林。其中，幼龄林46171hm^2，中龄林7108hm^2，近、成熟林15hm^2，中幼林占总面积的99.9%，可以看出河北鹅耳枥资源一度遭到的巨大破坏，资源保护与恢复与近些年的天然林停伐保护密切关联。

从地区分布看，保定市32536hm^2（涞水17201hm^2、阜平7541hm^2、易县4616hm^2、涞源2980hm^2、河北农大实验林场194hm^2）；石家庄市6898hm^2（平山5836hm^2、井陉598hm^2、赞皇466hm^2）；秦皇岛市4503hm^2（青龙2708hm^2、海港区1313hm^2、山海关区482hm^2）；邢台市4282hm^2（内丘3806hm^2、临城475hm^2）；承德市3640hm^2（承德县1754hm^2、兴隆863hm^2、滦平572hm^2、鹰手营子矿区247hm^2、承德市高新区101hm^2、丰宁29hm^2、平泉17hm^2、滦平国有林场管理处56hm^2）；张家口市1097hm^2（涿鹿1097hm^2）；邯郸市302hm^2（武安281hm^2、涉县21hm^2）；唐山市37hm^2（迁西37hm^2）。

太行山中北部的保定、石家庄是河北鹅耳枥资源的分布中心，其中，保定市占到全省的61%，仅涞水一县就有17201hm^2，占全省资源的1/3。在该区域，鹅耳枥为地带性落叶阔叶树种之一。

（2）生物生态学特性

温性树种。喜光、耐阴、耐寒，也耐干旱瘠薄，喜钙、抗风能力强、病虫害少，生命力强，喜肥沃湿润土壤，作为一种下层植被常生长于在山坡或山谷林中，在干燥阳坡、山顶、湿润沟谷、林下均能生长。

有一定的耐盐性。能够适应1~3g/L盐胁迫环境，但在4~5g/L高盐胁迫下会出现明显的受害症状，不能正常生长。因此，鹅耳枥可以在轻、中度盐渍化地区栽植和推广[9]。

在阳坡、阴坡都有分布。阳坡由于土壤干燥贫瘠，在鹅耳枥反复遭到破坏后呈灌丛状，高度2~5m，因此也有人认为鹅耳枥是灌木树种。阴坡水湿条件较好，鹅耳枥生长旺盛，林地郁闭度可达0.8以上，高度可达8~10m，较好的林分和径级较大的植株个体也多分布在阴坡。

根系浅，但侧根发达，可在岩石缝中顽强延伸生长，在陡峭地带，由于土层薄，部分树根外露，盘根错节。萌蘖能力强，采伐后单株可抽生十多根甚至二十多根萌生条，常呈团块状分布，但萌生株干型、高度和寿命均不如实生个体。枝条细软，耐修剪，修剪后可形成大量侧枝，适宜作绿篱。

鹅耳枥寿命较长。在临城县赵庄乡方垴村蝎子沟有120年龄的古树，树高5m，胸围200cm，冠幅7.5m×7.5m[10]。

2013年6月，河北天然林保护中心会同当地相关人员，在对邢台云梦山林区天然林、公益林进行实地调查时，在栖鹰瀑南沟两侧山坡发现大片鹅耳枥古树群，总面积约10hm^2，平均树高约12m，最大胸径60cm，树木基围最粗300cm，林分郁闭度0.8，树龄达200年以上。

（3）群落结构

在华北地区，山地原生的栎林和松柏林遭到破坏以后，鹅耳枥作为先锋树种，能迅速侵入领地并快速生长，形成天然次生林。常能独立形成稳定的群落，单一纯林，也可与栎类、松类等其他树种混生。

在阴坡、阳坡均能生长，阴坡生长更好。鹅耳枥林下植被，在干燥阳坡的旱化生境，常见旱生或中旱生灌草类型，如荆条、小叶鼠李、三裂绣线菊等，草本有丛生隐子草、艾、白莲蒿、黄背草、白羊草等。在阴坡的阴湿环境，常见一些耐阴喜湿的灌草植被，如土庄绣线菊、二色胡枝子、连翘、金花忍冬（*Lonicera chrysantha*）、细叶薹草、糙苏、地榆、异叶败酱、天南星、五味子（*Schisandra chinensis*）等。

在石灰岩山地的阴坡，在36°以上陡坡甚至悬崖峭壁上，其他树种难以存活，鹅耳枥可健壮生长，林下幼树能不断更新，鹅耳枥群落相对稳定。而在生态环境较好的中下坡位，由于其他高大树种的侵入，常形成混交林，随着林分郁闭度增大，鹅耳枥植株较矮，在林冠下逐渐演替为伴生树种。

鹅耳枥是太行山区地带性杂木林的组分之一，混生树种有栎类、小叶朴、栾、青檀、榆树、臭椿、蒙桑、油松、椴、胡桃楸、黑弹树、山桃等。在杂木林中，鹅耳枥植株矮小，在林中不占优势。

河北关于鹅耳枥群落的研究很少，鲜有报道。

根据我们的调查，阜平县城南庄镇骆驼湾村以上，辽道背以下，海拔700～1100m，在花岗岩山地山势陡峭、裸岩密布的阴坡，生长着漫坡的鹅耳枥林，由于近些年的封山育林，林分非常茂密，郁闭度高达0.8左右，鹅耳枥呈团丛状分布，高度约7m，胸径约8cm，林相外貌柔和，呈深墨绿色。林间混生的乔木树种有花曲柳、五角枫、山杨、油松、栎类、花楸树、山杏、大果榆等。灌木层有土庄绣线菊、胡枝子（*L. bicolor*）、牛叠肚、荚蒾（*Vibunum dilatatum*）、忍冬、溲疏（*Deutzia scabra*）等。草被层有细叶薹草、糙苏、地榆、龙牙草、山尖子、橐吾、北乌头等。林下灌草盖度较大，乔灌草层次完整，涵水效果好。

灵寿县南营乡车谷坨村生长着大片鹅耳枥林，该地的鹅耳枥林地处海拔700m左右的阴坡全坡，母岩为花岗岩，林分生长旺盛，郁闭度0.8，丛状生长，平均高约8m，平均胸径10cm，鹅耳枥为绝对优势树种，林内混生的乔木树种有蒙古栎、漆、小叶朴、榆树、大果榆等，其中榆树主要生长在山坡下部沟谷地带；灌草植被有三裂绣线菊、雀儿舌头、溲疏、牛迭肚、白屈菜、中华蹄盖蕨、地榆等，灌草植被种类较少。

根据米湘成等对山西省蟒河自然保护区鹅耳枥的调查，鹅耳枥在该区主要分布在海拔600～1000m地段，呈地带性分布，是保护区森林的主要类型。鹅耳枥多长在基岩缝里，其生境特点：坡度大，土壤为山地褐土或碳酸盐褐土，发育较差，营养贫瘠。其主要类型划分为4个群丛：①鹅耳枥+橿子栎—连翘—披针薹草群丛（Ass. *Carpinus turczaninowii* + *Quercus baroni*-*Forsythia suspensa*-*Carex laceolata*）；②鹅耳枥+栾—连翘—披针薹草群丛（Ass. *Carpinus turczaniowii* + *Koelreuteria* paniculata-Forsythia susp ensa-Carex lanceolata）；③鹅耳枥+盐麸木—连翘—披针薹草群丛（Ass. Carpinus turczaniowii + Rhuschinensis Forsythia suspensa-Carex lanceolata）；④鹅耳枥+橿子栎—连翘+陕西荚蒾—披针薹草群丛（Ass. Carpinus turczaninowii + Quercus baronii-Forsythia suspensa + Viburnum schensianum-Carex lanceolata）。保护区内鹅耳枥林集中分布在海拔700～760m的阴坡或半阴坡，760m以上多为零散分布，林木较稀，700m以下为茂密的栎林所替代。鹅耳枥林中还有朴树、盐麸木、槭树、桑、黑枣等乔木树种，群落结构较为复杂，纯林几乎没有，在较高海拔处鹅耳枥高一般为5～8m，海拔较低处高度一般为5～11m，而且树干弯曲分枝。灌木层主要优势种类有连翘、陕西荚蒾、忍冬等。鹅耳枥林中幼苗占一定比例，林分处在中生或幼龄阶段，可是它又是较古老的树种，随着时间推移和环境变迁，群落结构会发生一定变化，但群落类型仍将保持相对稳定[11]。

据马玉民对辽西地区天然鹅耳枥群落的调查，样地位于海拔高度476m，阴坡，上坡位，坡度43°，属陡坡，土层厚度3～16cm，小班内有零星裸岩。主要群落特征：优势种及建群种均为鹅耳枥、暴马丁香，乔木平均高为2.6m，每公顷6000株，郁闭度0.7，其他灌木有大果榆、绣线菊、蚂蚱腿子、荆条等。林下草被有西伯利亚远志（Polygala sibirica L.）、曲枝天门冬（Asoaragus trichophyllus）等多种植物。该区立地条件差，鹅耳枥呈片状生长，体现出其根系强大的萌蘖能力，种子繁殖与萌蘖繁殖相结合，使鹅耳枥的天然生长与更新更加稳定，这也表现出鹅耳枥原始建群种的先锋树种作用。本群落处在群落演替的灌木丛阶段，乔灌木的结构组成与种群数量预示通过漫长的正向演替，顶级群落应为暴马丁香乔木天然次生林，伴生树种为鹅耳枥[12]。

小叶鹅耳枥作为鹅耳枥的变种，其特性与鹅耳枥近似。根据闫美芳对太行山南段小叶鹅耳枥的调查，小叶鹅耳枥主要分布在太行山中南部山地，一般生长在阴坡或半阴坡，向阳山坡也能生长，但长势较差。现存的小叶鹅耳枥林均为栎类林破坏后萌生的次生林，喜中性土壤，其发育的土壤类型一般为淋溶褐土或山地棕壤。群落以小叶鹅耳杨为单优势种或与栎、榆、槭、侧柏等树种混生组成共优种群落。群落组成复杂，大多为复层结构。林下灌木主要有土庄绣线菊、陕西荚迷、金花忍冬、连翘等。草本层主要有细叶薹草、糙苏等[13]。

（4）生态经济价值

鹅耳枥的经济价值虽不是很高，但它是适应性较强的落叶阔叶树，根系发达，萌生能力强，单株可分蘖出大量枝条，纯林郁闭度高，林下枯枝落叶层厚，是河北太行山区陡峭的裸岩山地生态构建的一个理想的天然生态树种，也是积水山地一个重要的涵水树种，水土保持和水源涵养作用显著。鹅耳枥有一定耐阴性，在林分中可作为伴生树种，对改善林地土壤结构和营养循环，具有很好的促进作用。

鹅耳枥叶形秀丽，分枝多，枝繁叶茂，枝条柔软，耐修剪，可以通过整形修剪培育各种造型，果穗奇特，颇为美观，是道路、绿地和庭院绿化的良好树种，在园林中可作为主景树或造景植物。欧洲鹅耳枥在园林方面的应用历史非常悠久，早期的英国和美国花园中常修建成绿篱，现代应用形式早已多种多样，我国在这方面的利用基本上是空白。其根系容易裸露且古朴美观，曲虬多姿，是制作盆景的良好材料。宜制作直干式、斜干式、曲干式、多干式、露根式和悬崖式盆景，尤其是制作枯干式盆景，具有古朴沧桑、蓬勃向上和残缺之美感，形象逼真，生动活泼[9]。

种子可榨油，具有较高的经济价值，如大穗鹅耳枥是一种速生树种树皮为栲胶原料。鹅耳枥还具有一定的药用价值，研究发现从欧洲鹅耳枥叶片中提取的脱镁叶绿酸a和类黄酮等物质具有潜在的抗癌活性，应用前景广阔[9]。

鹅耳枥也被称作"铁木"，木材坚韧，属于硬杂木类。由于径级较小，多用于制作农具、工具手柄、硬木杆、雕刻板、拼花地板、棋子等，也是培育香菌的良材。种子含油，可供食用，也可制作肥皂或润滑油。木材较硬，燃烧值高，过去一直用作薪柴。在农村集体经济年代，鹅耳枥与青檀一样，常作为杆材、柄把材出售，是地方集体经济创收的来源之一。纤维含量高，可用于造纸和人造板生产。

（5）更新繁殖

鹅耳枥自然更新有种子繁殖和萌蘖繁殖两种形式。鹅耳枥属植物种子在成熟后易变得干燥，外部会形成一层褐色的坚硬外壳，种子具有较深的休眠性，自然条件下会影响发芽率。在自然状态下，鹅耳枥林下种子更新存在一定困难，但也有实生苗存在，且阴坡好于阳坡。鹅耳枥萌蘖能力极强，往往成为主要更新方式，现有鹅耳枥林已萌生林为主。

鹅耳枥属植物种子属无胚乳的胚根裸露型种子，果实为扁状小坚果，着生于果苞基部，顶端具宿存花被，有数肋，果皮坚硬，不开裂，内含1粒种子。鹅耳枥属种子自然结实率差，饱满种子所占比例少。不同种类鹅耳枥种子的生物学特性差异较大。鹅耳枥花期4～5月，果期8～9月，种子千粒重8.5g左右，出籽率40%，饱满种子百分率90%，每千克纯净种子粒数12万粒[7]。

鹅耳枥属植物结实有着较为明显的大小年现象，间隔期为1～2年。自然条件下，鹅耳枥种子传播的媒介为风和动物，在夏末或秋初，传播至各处。种子的最佳采摘时间是在其未完全成熟前，且采摘后需层积贮藏3～4个月方可干燥。若种子已成熟，则需干燥表面，使其形成薄层后再进行贮藏。在3℃的条件下，含水率10%的鹅耳枥属种子可密封保存14个月左右。而欧洲鹅耳枥的种子在含水率为10%时，在−3℃下可密封保存至少5年[5]。

种子不宜干藏，应秋季播种或层积到翌年春播。层积的种子发芽率比较低，一般低于60%，偶尔也会低至1%～5%[7]。层积试验对不同种类的鹅耳枥效果不同，如果鹅耳枥用低温层积催芽效果不好，可尝试采用18～25℃的高温变温处理进行催芽。

高维孝等在杭州植物园进行了普陀鹅耳枥种子育苗并首获成功，发现沙藏春播的种子出苗率比冬播高。天台鹅耳枥冬播苗木发芽率和存活率均高于春播，插穗经ABT生根粉处理后成活率较高。千金榆种子经赤霉素处理后沙藏可显著提高种子发芽率，是直接播种的67倍[5]。

（6）资源保育

我国作为鹅耳枥属植物的分布中心，是鹅耳枥种质资源最丰富的国家，从南到北皆有分布，但鹅耳枥在我国处于无序利用状态。河北山区有较多鹅耳枥资源分布，过去主要作为薪柴、柄把、框笆材利用。河北人造板产业发达，在天然林保护工程实施以前，有的人造板企业大量收购鹅耳枥树条用于加工纤维板，在加工利用的同时，也造成了巨大的资源破坏。在景观利用方面，鹅耳枥属植物枝叶繁茂，园林观赏价值较高，欧洲鹅耳枥和日本鹅耳枥（*C. turczaninowii*）在园林等方面的应用早已普及，西方国家栽培欧洲鹅耳枥已有上百年的历史，选出了"圆柱状欧洲鹅耳枥""金字塔欧洲鹅耳枥""垂枝欧洲鹅耳枥"等观赏价值较高的类型[3]，在抗癌等医药应用方面的研究也比较深入，对该树种的认知和基因资源开发利用深度远超我国。正确处理资源保护和科学利用的关系，应努力做好如下工作。

6.1 封育保护

鹅耳枥是太行山区石质陡坡山地绿化的一个重要天然生态树种，在保土涵水方面作用显著，应严格保护措施，严禁采樵、割条、伐木、非法收购及加工、放牧等行为，促进林地休养生息。同时，要注意保护和培育实生个体和林下实生更新苗，增加乔林比例，逐步提高林分质量。对枥栎混交林，栎类等乔木树种是自然演替的目的树种，应注意保护，促进生态系统正向演替。

6.2 科学经营

对陡坡林地一般不做抚育性经营，以封育保护、自然修复为主。对立地条件较好，坡度较缓、萌生密度较大的林地，可进行中、强度抚育，疏除细弱枝、病虫枝、扭曲枝、倒伏枝，调节林地营养生长空间，提高单位面积蓄积量，增强林地碳汇能力。青龙祖山林场[14]利用中央财政投资森林抚育项目对鹅耳枥林进行抚育，抚育后第5年和第10年监测数据表明、林木胸径、林地蓄积及林下灌草多样性指数均有显著提高，且中强度抚育效果明显由于轻度抚育。

6.3 强化基础研究

关于鹅耳枥的研究在河北基本上是空白，对其认识和利用比较肤浅，应加强在生物生态学特性、林分构成、种群特性、天然更新、群落演替、引种驯化和利用途径等方面的综合研究，为科学经营和合理开发利用提供系统的科学依据。

6.4 人工引种驯化

尝试在园林开发上的应用，在产地收集种源，进行人工驯化栽培，筛选出优良品种，培育产地苗木；同时积极引进国内和国外的优良景观种类，进行引种栽培试验。

主要参考文献

[1]李文漪，等. 河北黄骅上新世孢粉组合及其古植物和古地理意义[J]. 植物学报，1981，23（6）：478–486+520–523.

[2]王荷生. 华北植物区系的演变和来源[J]. 地理学报，1999，54（3）：213–220.

[3]祝遵凌，等. 鹅耳枥属植物研究进展[J]. 林业科技开发，2013，3（22）：10–14.

[4]孙立元，任宪威. 河北树木志[M]. 北京：中国林业出版社，1997.

[5]刘宇阳，等. 鹅耳枥属植物生理生态学研究进展[J]. 中国野生植物资源，2021，4（40）：65–69.

[6]焦自龙. 鹅耳枥的前世今生[J]. 园林，2017，12：56–59.

[7]钱燕萍，等. 鹅耳枥属植物种子研究进展[J]. 北方园艺，2013，22：192–195.

[8]张亚恩. 濒临灭绝的普陀鹅耳枥[J]. 浙江林业，2010，2：35.

[9]周琦，等. 盐胁迫对鹅耳枥生长及生理生化特性的影响[J]. 南京林业大学学报（自然科学版），2015，6（39）：56–60.

[10]河北省绿化委员会. 河北古树名木[M]. 石家庄：河北科学技术出版社，2009.

[11]米湘成，等. 山西蟒河自然保护区鹅耳枥林的聚类和排序[J]. 山西大学学报（自然科学版），1994，3：330–335.

[12]马玉民. 辽西地区天然鹅耳枥群落调查、结构特征与生态保护措施[J]. 防护林科技，2019，7．

[13]闫美芳. 太行山南段小叶鹅耳杨林物种多样性与种间关系的研究[D]. 太原：山西大学，2006.

[14]刘新颖，等. 不同抚育强度对鹅耳枥林林木和林下植被生长的影响[J]. 河北林业科技，2023，2：38–41.

12. 黄檗（黄菠萝）

木兰林场引种的黄檗

黄檗种子

兴隆六里坪天然散生黄檗

宽城冰沟林场大汉沟林区零星分布的天然黄檗

黄檗树干和树皮

赞皇嶂石岩纸糊套景区天然黄檗小群落（4株），黄檗（胸径25cm，树高20m）

兴隆雾灵山黄檗古树

黄檗为芸香科（R. utaceae）黄檗属（Phellodendron）落叶乔木，属古近纪和新近纪古热带植物区系的孑遗植物[1]。由于人为破坏严重，20世纪八九十年代野生黄檗资源急剧减少，1987年《中国珍稀濒危保护植物名录》（第一册）将黄檗定为渐危种，1987年国家医药管理局颁发的《国家重点保护野生药材物种名录》中把黄檗列为重点保护野生药材国家二级保护物种，1989年出版的《中国珍稀濒危植物》和1990年出版的《中国植物红皮书》都把黄檗列为保护树种，1999年国家林业局、农业部颁布的《国家重点保护野生植物名录》（第一批）中将黄檗列为国家二级保护树种。2010年《河北省重点保护野生植物名录》将黄檗列入河北第一批公布的重点野生保护植物。

黄檗是名贵中药黄柏的药源植物，资源数量越来越少。

（1）形态特征

黄檗，又名黄柏、黄波萝，乔木，高达15m。树皮浅灰色或灰褐色，深沟裂，木栓层厚，富弹性，内皮味极苦，鲜黄色；树冠宽卵形。小枝黄棕色或灰黄色，无毛，柄下芽黄褐色，被短柔毛。复叶有小叶5～13；小叶片卵状披针形或长卵形，长5～11cm，宽2～4cm，先端渐尖，基部近圆形或宽楔形，边缘有波状细齿，疏生缘毛，齿凹处有黄色油腺，表面暗绿色，渐无毛，背面灰绿色，沿脉多少被毛；小叶柄短。聚伞状圆锥花序，花序轴及花梗有毛；花萼5深裂、裂片卵状三角形，长1～2mm，花瓣5，淡绿色，矩圆形，内弯，长3～3.5mm，雄花有雄蕊5，与花瓣互生，花药背着，退化雌蕊花柱不明显；雌花具5退化雄蕊，雌蕊子房近卵形，有短柄，花柱粗短，柱头5裂。果球形，径约1cm，熟后黑色，有特殊香气，内含2～5种子。种子半卵形，黑褐色。花期5～6月，果熟期9～10月[2]。

（2）分布

黄檗主要分布区位于寒温带，主产于我国东北地区，河北、北京、内蒙古、山西、河南、宁夏有少量分布，以东北生长最好。俄罗斯远东、萨哈林南部、朝鲜、日本也有分布。分布的最北界可达北纬52°，最南界在北纬39°。海拔上限北部垂直分布700m，南部可达1500m。

京津冀地区主要分布在燕山山区。主要分布的县（市、区）有丰宁、承德、隆化、平泉、兴隆、赤城、秦皇岛、遵化、迁西、易县、顺平；北京密云[2]、延庆、怀柔、平谷、昌平、百花山、上方山，天津蓟县等地。生河岸、湿谷地或杂木林中[2]。河北围场等地有少量人工栽培。

赤城东卯寨一带有较多散生黄檗，多分布在山谷或坡中下部。在兴隆的国有林场天然林区也分布有散生黄檗，偶见有小种群片林分布。

赞皇嶂石岩纸糊套景区漆树林内分布有少量黄檗大树，胸径25cm，树高18m，可能是栽培树木，生长良好。表明黄檗在此可以正常生长。

伴随着森林植被面积的减小，黄檗野生资源的分布范围也逐渐减小，有学者认为目前山西及燕山南部地区已无黄檗野生种群分布，而燕山地区现存的野生黄檗多分布于自然保护区内[3]。

（3）生物生态学特性

黄檗适湿润型季风气候，冬夏温差大，冬季长而寒冷，极端最低温约-40℃；夏季较热，年降水量400～800mm[4]。较耐寒，但幼树易受冻害，随着年龄的增长，抗寒能力和适应性逐渐增强。

阳性树种，喜光，幼树耐庇荫，深根性，主根发达，萌芽力强，抗风、耐火烧能力较强。适生于土层深厚、湿润、通气良好、含腐殖质丰富的中性或微酸性壤质土。在河谷两侧的冲积土上生长最好，在沼泽地、黏土上和瘠薄的土地上生长不良。不耐水，水分过多，根系生长不良，地上部分生长迟缓，甚至造成叶片枯萎凋落。

根据黄治昊等[5]对北京百花山、松山、雾灵山3个自然保护区含有黄檗的混交林样地调查结果分析，黄檗分布海拔为300～1500m，低海拔更适宜其生长；阴坡、阳坡均有分布，但主要生长在阴坡，水分等条件对黄檗分布的影响可能大于光照对黄檗的影响；30°以下坡度均有分布，且坡度越缓越适合其生长；混交林郁闭度为0.4～0.9，且郁闭度低的环境黄檗生长状况较好；黄檗在土壤pH值小、碱解氮含量低、土壤有机质高的样地生长状况较好。海拔、碱解氮和土壤有机质是影响黄檗生长与分布的主要环境因素。总体来说，黄檗对立地条件要求比较严格。

（4）群落结构

黄檗主要分布在针叶林区和温带针阔叶混交林区，多为伴生树种。在黑龙江林区常散生在河谷及山地中下部的阔叶林或红松针阔叶混交林中，常与水曲柳、胡桃楸等硬阔叶树种混交，下木层内包含原始红松阔叶林中常见的种，如茶条槭（*Acer buergerianum*）、青榨槭、东北山梅花（*Phiadelphus schrenkii*）等，草本层植物有毛缘薹草（*Carex pilosa*）、四花薹草（*C. quadriflora*）、小叶芹（*Aegopodium alpestre*）等[4]。

在河北，山地黄檗多为散生，常散布在杂木林中，主要伴生树种有胡桃楸、蒙古栎、元宝槭、大果榆、油松、山杨、黑桦、白桦、紫椴、五角枫、山杏、槲树、花曲柳（*Fraxinus rhynchophylla*）等，黄檗在林中不占优势。

（5）生态经济价值

黄檗是古老的孑遗植物，对研究古代植物区系，古地理及第四纪冰期气候有很高的科学价值。高等植物每种平均携带遗传基因40万个以上，一个物种就是一个基因库，其中很多对人类来说是育种的好材料，是人类必不可少的后备种质资源[4]。

黄檗是我国名贵中药黄柏的药源植物，与厚朴和杜仲共称为"三大木本植物药"，是北药中的著名种类。《神农本草经》："主五脏肠胃中结热，黄疸，肠痔，止泄利，女子漏下赤白，阴伤蚀疮。"现代医学研究表明，黄檗具有与黄连相似的抗病原微生物作用，对痢疾杆菌、伤寒杆菌、结核杆菌、金黄色葡萄球菌、溶血性链球菌等多种致病细菌均有抑制作用；对某些皮肤真菌、钩端螺旋体、乙肝表面抗原也有抑制作用；所含药根碱具有与小檗碱相似的正性肌力和抗心律失常作用；黄檗提取物有降压、抗溃疡、镇静、肌松、降血糖等作用。黄檗无论是作为传统中药还是用于现代制药，都有极大的市场需求和广阔前景。

木材为著名的珍稀材，与胡桃楸、水曲柳并称为东北"三大硬阔"木材。黄色至黄褐色，纹理美观，有光泽，坚韧而富弹性，不易翘裂。易加工，为优质军工、家具、装饰用材；树皮木栓层可作绝缘材料和软木塞、救生用具等。内皮可提取黄色染料。

黄檗树冠宽阔，花果成簇，红艳夺目，秋季叶变黄色，在园林绿化中常作为庭荫树或成片栽植。另外，黄檗对以二氧化硫、铅为主的复合污染物具有很强的抗性，可作为抗污染树种和环境监测树种。

（6）更新繁殖

黄檗的自然繁殖有种子繁殖萌芽更新两种方式。野生种群自我更新存在障碍，只能在空旷地更新，而林冠下更新不良，需要靠鸟类等将果实传播至远离母树的其他地方，在适宜气候和土壤环境中方可进行繁衍。即使在无强烈人为扰动的情况下，在黄檗原生栖息地中其幼苗也很难形成，种群更新能力不足制约了物种受威胁状况的改善。

黄檗一般在采伐迹地或火烧地更新良好，偶尔可见小片的幼龄纯林。但因其喜光，不耐荫蔽，随着群落年龄的增加（一般经过20~30年），黄檗的优势地位下降，并被速生树种或中庸树种压抑，无法获得充足光照，较小黄檗植株逐渐退出，最终沦为伴生树种呈单株散生状态。在此期间，黄檗的枯死率为60%~70%[4]。故在天然林中黄檗多以伴生种出现，虽为常见树种，但为资源有限树种，种群密度较小符合其自然生长规律。

黄檗为雌雄异株，因在混交林中分布零散，授粉也受到一定的限制。有关资料[4]显示，黄檗单株的平均授粉率为52%~97%，花粉的发芽率仅为17%~41%，着果率通常仅有41.1%。黄檗果实有丰欠度年变化，而种子传播主要是靠动物（以食果鸟类为主）搬运。一般认为果实和种子的丰欠对逃避捕食有利，偶然的丰年会有剩余果实进入种子库，从而有利于幼苗更新，但连续的欠年会严重影响幼苗更新。

张志鹏等[3]认为，自我更新障碍是导致黄檗种群呈衰退趋势的重要原因，黄檗母株对幼苗的形成具有抑制作用，其果皮和落叶中存在抑制种子萌发的化感物质，生境土壤中的抑制物可达到有效抑制种子萌发的浓度；同时，黄檗种子萌发需要较长时间的低温来解除休眠，以及较大的日温差，由于林下和草丛土层难以受到阳光直射，无法达到种子萌发所需要的温度。野生黄檗种群散生于森林植物群落中，其自然生境不利于种群的自我更新，如果不进行人为调控，幼苗形成和种群个体数量的增加是十分困难的。

根据王泳腾等[6]对河北雾灵山、茅荆坝、北京百花山等8个自然保护区野生黄檗的研究，显示种间生存压力在黄檗群落的动态变化和演替发展中占主要作用，它疏作用远大于自疏作用。生态习性、生态幅和生态位等各种因素对植物之间的竞争能力都可以造成不同程度上的影响，生态位越接近的物种，占据的生态宽度相似，对资源的竞争也就越剧烈，黄檗伴生种种类多，与其生态位重叠的概率大，黄檗种群在紫椴林、胡桃楸林和黄檗油松混交林中受到的生存压力较大，生长发育和自然更新难度大。

黄檗的人工繁殖育苗方式多采用种子繁殖和插条繁殖。

种子繁殖：黄檗浆果成熟的标志是浆果颜色深紫黑色。种子需要低温处理，一般采用雪藏处理或层积处理，未层积处理的种子萌发率不到层积处理的一半。春播时间在3月，播种量一般5kg/667m²为宜，苗高不低于40cm时即可移栽。

插条繁殖：在春季黄檗发芽前采集插条，之后放入窖内进行储存。对黄檗实生苗进行嫩枝扦插时，用IBA溶液500mg/L进行处理，可提高生根率达到70%。

（7）资源保护与恢复[7]

黄檗在河北属于极危种。其致危因素一是竭泽而渔的"立木剥皮"和伐木利用方式，导致野生资源破坏殆尽；二是其特殊的生物生态学特性等内部因素，限制了自身的繁衍。保护和利用黄檗这一极具价值的资源植物，要正确处理好保护和利用的关系，明确树立"保护第一、科学开发，合理利用"的原则。

①实施就地保护，在野生黄檗的主要分布区内，依托各种类型自然保护区（包括风景名胜区、森林公园），在黄檗分布较为集中的地区建立保护小区，加强对野生黄檗资源的就地保护，对结果母树挂牌建档，并指定专人保护，严厉打击盗伐、剥皮、倒卖等违法行为。

②进一步探究黄檗的生物学生态学特性，对其种子库、幼苗生长动态变化、剥皮再生机理等进行深入研究，把握黄檗濒危的内在机制，并找到更加有效的挽救办法和利用途径，做到精准施策。

③黄檗对光照要求较高，对一些竞争力较强的树种，如蒙古栎、胡桃楸、油松、大果榆等进行修枝或者择伐，改善林内光照条件；此外，天然林下黄檗幼苗数量少，生长困难，可适当清除幼苗周围的杂草、灌木等，为幼苗生长提供必要的空间和资源，提高幼苗的存活率，使更小的植株能够进入林冠层，增加中、成年个体的比例。

④在自然分布范围内，选择土层深厚疏松、光照条件好的缓坡、坡脚、开阔沟谷川地带，发展一部分工人纯林，造林密度2500株/hm^2。有条件的国有林场、自然保护区等，可适度规模经营，建立黄檗林药生产示范基地。在扩大种群数量的同时，引导珍贵树种基因资源的科学开发利用，缓解市场对黄檗药材巨大需求的矛盾。

主要参考文献

[1] 王振杰，等. 河北山地高等植物区系与珍稀濒危植物资源［M］. 北京：科学出版社，2010.
[2] 孙立元，任宪威. 河北树木志［M］. 北京：中国林业出版社，1997.
[3] 张志鹏，等. 中国黄檗野生种群生存现状及化学表征研究［J］. 植物科学学报，2016，34（3）：381–390.
[4] 秦彦杰，等. 中国黄檗资源现状及可持续利用对策［J］. 中草药，2006，7（37）：1104–1107.
[5] 黄治昊. 北京地区黄檗分布与环境因子的关系［J］. 植物科学学报，2017，35（1）：56–63.
[6] 王泳腾. 危植物黄檗的生存压力研究［J］. 北京林业大学学报，2021，1（43）：49–57.
[7] 王泳腾，等. 燕山山脉黄檗种群结构与动态特征［J］. 生态学报，2021，7（41）：2826–2834.

13. 漆

涉县青峰村天然漆树幼苗

赞皇嶂石岩纸糊套景区天然漆树林（面积100亩左右，平均树高20m，平均胸径15cm）

赞皇嶂石岩纸糊套景区天然漆树林（平均胸径15～40cm）

井陉仙台山漆树沟天然漆树林

井陉仙台山漆树沟枯死的天然古漆树

井陉仙台山漆树沟经过割漆的漆树树干

漆又称大木漆（野漆）、小木漆（家漆），为漆树科（Anacardiaceae）漆树属（Toxicodendron）落叶乔木。漆树属中国有15种，主要分布在长江以南地区，河北有漆树和野漆树（T. succedaneum）两种，是由亚热带迁移来的物种成分，栽培历史悠久，达2000年以上。漆树已列入《世界自然保护联盟濒危物种红色名录》IUCN（2018年3.1版）——无危（LC），也是河北公布的第一批重点野生保护植物。

漆树是我国重要的工业原料树种，古老的经济植物。

（1）分布

漆树原产于中国，主要分布在亚热带及暖温带湿润地区，朝鲜，越南，缅甸也有分布，自1974年以后，但生漆产量和质量都不如中国。纵观我国漆树的水平分布范围，由于受水热条件的制约，大体符合于《中国植被区划》中的暖温带落叶阔叶林到中亚热带常绿阔叶林地区。这个分布范围，约相当于北纬25°00′左右起，到北纬41°46′止，东经95°30′~125°20′，东西约1500km，南北约900km。其中，秦巴山地、大娄山、巫山及乌蒙山一带是我国漆树的分布中心，它位于四川盆地的东侧，形成一个半月形的整体，实际上包括了我国主产生漆的全部县（市、区）。地理范围相当于北纬26°34′~34°29′，东经103°53′~112°10′。在这个中心区域里，漆树资源丰富、生漆产量高，年产生漆1000担以上的有4个县（市、区），100担*以上的县（市、区），达50~60个。这里，既分布有大面积的漆树天然林，也分布有成片的漆树人工林，向有"漆源之乡"之称，素以"国漆"驰名中外，质量佳，色泽好，在国际贸易中，一贯享有很高的声誉。陕西安康平利县有6670hm²漆树，年产生漆250t，产量居全国之首。2004年12月，平利县被评为"中国漆树之乡"。福建是我国著名的漆器产区[1-2]。

河北是漆树分布最北的省（自治区、直辖市）之一。漆树在河北仅在西部太行山区分布，水平分布南自武安，北至涞水的弓形山地。包括邯郸的武安、涉县、磁县、信都区、内丘、赞皇、平山、井陉、涞水、涞源、易县等十几个县（市、区）。垂直分布多生长在海拔600~1400m的中低山的山腰、山麓、沟谷及山地废弃的梯田内。冀南地区分布下限在600m左右，北部地区分布下限在400m左右，垂直分布和水平分布是密切相关的。

根据河北2016年森林资源二类清查数据，全省现有漆树片林21.4hm²，蓄积1499.2m³。其中，幼龄林18.6hm²，占总面积的86.0%，成熟林3.01hm²，占14.0%。这一面积比实际面积偏小，可能没包括漆树混交林。根据我们对重点分布区漆树的调查，初步估算全省现有漆树林（含混交林）面积约100hm²，资源总量已经很少。

位于太行山南端的武安县，是河北漆树分布最多的县之一，主要分布在摩天岭两侧的管陶川河门道三川，海拔700~1400m，基岩多为砂岩、页岩、片麻岩。在南山沟一带的西峧乡南庄沟河东坡沟也有较多分布，海拔650m，基岩石灰岩[2]。据《武安县志》记载：武安西部山区，列江、梁沟一带，盛产生漆。该市国家森林公园七步沟、后柏山、梁沟、荒庄、垴沟等地都有大片天然漆树群落分布，总面积52hm²，其中七步沟面积最大，达到30hm²。七步沟原名漆铺沟，老百姓开漆铺为生而得名，当地群众说："漆树就是好，全身都是宝"。全国第四次中药资源普查时，调查组在武安市梁家沟村中发现

注：*1担=50公斤

一株特大漆树，树高20.5m，树围3.01m，树龄150~200年，年产漆最高为18kg，是全国目前发现的最大漆树[3]。

邢台地区漆树主要分布在白岸、杨庄、路罗等地，海拔1000m左右，降水量600mm以上。位于邢台县（现信都区）紫金山上，有漆树古树群5000株，树龄100年以上，平均树高14m，胸围110cm。

赞皇县是太行山中段漆树分布最多的县，主要分布在该县西部嶂石岩、楼底、虎寨口等乡，海拔1000m左右，在海拔1500m处也有分布。赞皇野泉湖村生长着大片的野生漆树林，这里的气候十分适应漆树生长，树木生长健壮，一般10~13m，最高的20m，最粗的需3人合抱，林下新生的幼树也很多。这里的漆树分枝多水平伸展，节间距离较大，当年小枝比较光滑，树冠呈塔尖型，主干分支点2~3m，漆液的质量好。漆籽呈暗红色，结实量大[4]。在嶂石岩纸糊套景区，沟谷内生长着一片漆树林，面积约10hm²，平均胸径20cm，平均树高18m，沟内散生有少量百年以上的母树，最大胸径达60cm。该林地树木分布均匀，干型通直，林分郁闭度0.7，是河北目前最好的漆树林之一，当地政府已立牌保护。

井陉仙台山国家公园内有漆树谷，山谷里有较多漆树分布，大的树龄在200年以上，漆树谷现已开发为风景区。

在平山下槐、孟家庄、军粮洞等地，有漆树沟、漆树凹、漆树谷等众多与漆树有关的小地名，说明漆树曾经在平山西部山区有广泛分布。

涞水是太行山北端漆树分布最多的地，主要分布在该县西北部偏道子、虎过庄、都衙、紫石口一带，海拔400~700m，降水量500~700mm的沟谷半阴坡山地梯田堰根，现已不再割漆。

据《河北省林业史料》（1996年）记载，涿鹿漆树沟有1株古漆树，高15m，胸径52cm，树龄400年左右，表明漆树在北部的涿鹿县仍有零星分布。

（2）生物生态学特性

漆树喜光，为阳性树种，不耐庇荫。喜温暖气候及深厚、湿润、肥沃的石灰质土壤，山地褐土、山地、黄壤、山地棕壤都可以生长，土壤pH值以呈中性或弱酸性为宜，在中性钙质石灰土中漆树生长较快。在黏土及瘠薄土壤上生长不良或不能成活，不耐水渍，积水易导致烂根现象，强风能影响空气湿度，使漆树减产。漆树虽然喜光，但忌风，树皮较厚，有一定耐寒能力但不耐严寒。

由于河北太行山一带较干旱，受水湿和土壤条件的影响，与陕西秦岭等地不同的是，河北的漆树多生长在阴坡、半阴坡土质疏松肥厚、排水良好、相对湿度较高、蒸发量少、避风的地段。

漆树生长发育的最适宜条件是年平均气温13℃左右，最冷月平均气温2.5~5℃，极端最低气温-10℃，年降水量700~1200mm，相对湿度在75%以上。适应性较强，具有一定的耐低温和耐干旱能力，在年平均气温8~12℃、年积温3300~5000℃、最低气温-20℃以上、年日照1500~2500h的自然条件下，漆树均可生长。年均降水量500mm左右、相对湿度70%以上是漆树生长发育的必要条件。通常，当年降水量小于550mm时，漆树便无法正常生长；在年平均气温超过20℃或年平均气温低于7℃的地区，也很少有漆树分布[5]。

在漆树分布范围之内，以温暖季节（4~10月）的气象资料计算，漆树分布区的水、热条件是：4~10月各月平均气温要稳定通过9~10℃，降水量在30mm以上。漆树适生区的水、热条件为：4~10月各月平均气温要稳定达到14℃，降水量为40mm以上[1]。

生长速度较快，5~8年生，胸径达15cm，树脂道形成，即可割漆，在经营较好的情况下，可一直持续割漆到40年龄。在立地条件较好的地段，15年生胸径可达40cm。寿命较长，50~80年，甚至上百年。信都区白岸乡黄家台村，有一株古漆树树龄500年以上，树高10m，胸围400m。

主根不明显，但水平根系较发达，因而人工造林时密度一般较小。根具有很强的萌芽能力和发根能力，用根段扦插繁殖是一种高效的育苗形式。

（3）群落结构

由于长期以来不合理的破坏利用，河北漆树多为零星生长，混生于杂木林中，仅在太行山局部偏远的切割中山沟谷山区，残存有少量片林，且多为混交林，林内常见的伴生树种有胡桃楸、栎类、鹅耳枥、臭椿、栾等。凡有漆树的沟内，山腰以上一般是茂密的鹅耳枥与栎类自然混交的次生林，漆树林分布在山腰以下，水土保持效果良好。

武安县列江大青庄沟漆树林可明显分为林木、下木、活地被物三层结构，林木层以漆树为主，伴生树为胡桃楸，边缘有少量的鹅耳枥，林木组成为7漆3核1鹅，郁闭度0.5~0.7。下木层盖度较小，20%~30%，有三裂绣线菊、土庄绣线菊、荆条、接骨木、六道木、山楂（*Crataegus pinnatifida*）、小花溲疏等。从现地调查判断，漆树林的下木本来是比较丰富的，下木盖度较小的主要原因是曾经连续砍柴破坏所致。活地被物层比较丰富，盖度40%~70%，有裂叶荆芥（*Schizonepeta tenuifolia*）、委陵菜、天南星、宽叶薹草、黄背草、假苇拂子茅（*Calamagrostis pseudophragmites*）、香附子（*Cyperus rotundus*）、华北鳞毛蕨（*Dryopteris goerngiana*）、东亚唐松草（*Thalictrum minus* var *hypoleucum*）、龙牙草、砂蓝刺头（*Echinops gmelini*）、北马兜铃（*Aristolochia contorta*）、地榆、细叶水团花等[6]。

邢台沙河市老爷山林场有一片漆树林面积约1hm^2，海拔900m，生长在主体坡向为东的沟内，沟内两边小阴坡分布较多，阳坡较少，水湿条件对漆树的分布影响较大。为多代异龄林，最大胸径超过40cm，高12m，树龄上百年。平均胸径18cm，平均高9m，林分郁闭度0.7。根据当地老人的记忆，该片漆树林在20世纪60年代已经开始割漆，在林内现有的大树上留下的"V"形刀口非常明显，近年来已不再割漆。该片林地漆树为优势种，树种组成为7漆3核1杂，内有零星的野山楂（*Crataegus cuneata*）、臭椿、栾、黑枣伴生。林下灌木层主要由三裂绣线菊、荆条、胡枝子、溲疏、忍冬、雀儿舌头等；草本由细叶薹草、委陵菜、地榆等。灌草植被盖度约40%。林下有一定数量的根蘖苗和实生苗，实生苗多生长在林间空地或林缘。在林缘有层间植物葛（*Pueraria montana* var. *lobato*）缠绕生长。

赞皇嶂石岩纸糊套景区漆树林为混交林，混交树种有黄檗、胡桃楸等，漆树：黄檗：胡桃楸比例8:1:1，另外林内还有少量小叶杨（*Populus slmonii*）、卫矛（*Euonymus alatus*）等伴生树种。林分平均树高18m，漆树平均胸径18cm，黄檗平均胸径22cm。林下已修筑为梯梗。漆树主要分布在沟谷内，沿两侧山坡越往上分布越少。山坡上林下植被仍然保持天然类型，主要绣线菊、胡枝子、荆条、溲疏、山桃、五角枫、裂叶榆、连翘、苋草、蹄盖蕨（*Athrium*）等。盖度约40%，林下植被较好。在林缘、林窗有较多漆树更新苗和幼树，表明漆树有较强的天然下种更新能力。

仙台山漆树沟内原有较多的漆树林，现存漆树大的胸径达80cm，年龄200年以上。受年龄和割漆影响，部分大树已经逐渐衰老枯死，林内其他树种如大果榆、臭檀吴萸、省沽油（*Staphylea bumalda*）、栎类、青楷槭（*A. tegmentosum*）、栾、山杏、黄栌等树种组分开始增多，已经演变为杂木林，漆树已不再为绝对优势树种，目前这片林地已得到保护。

（4）生态经济价值

漆树根系发达，固土能力强，林下植被丰富，水土保持效果及生物多样性好。漆树多生长在混交林中，林下腐殖质层厚，有利于培肥土壤。圆锥花序花黄绿色，秋天叶色变红，艳丽夺目，果实黄色，是良好的秋林山景。但漆液有刺激性，有的人会产生过敏反应，故园林绿化一般不采用漆树。

漆树是我国古老的经济树种，也是我国重要的工业原料树种。其漆为传统的天然树脂涂料，漆液能成膜、能粘连、具有保护性、装饰性、能髹饰的特性，具有耐酸、耐醇和耐高温、绝缘性好、防腐、防锈、不易氧化的性能，广泛用于建筑、家具、机械、石油、化工、电线、纺织、工艺品等。我国福州、扬州所产的漆器，享有很高的国际声誉。从漆树上割取的漆液称生漆（天然漆），俗称"土漆"、又称"大漆""国漆"。是我国特产的优质天然涂料。在工业上有"天然涂料之王"的美誉，以湖北的志垾漆、竹溪漆，陕西的安康漆，重庆的城口漆，贵州的毕节漆为五大名漆，驰名中外，是世界文明史、科学技术史、工艺美术史上的瑰宝[5,7]。

一棵漆树整个生命周期只能割出10kg生漆，3000棵采集1kg生漆，故有"百里千刀一斤漆"之说，因此，现在市面上的大漆价格极为昂贵。漆的生长过程决定着漆液的采割时间和方法，漆树在长到树脂道发育完善，漆液才开始合成。因此，漆树在长到7～12年，树高9～12m，胸径6～9cm时才可以割漆，但是幼树仍以营养生长为主，不能过度割漆。待树木长到8～15年，胸径15～25cm时，是漆树生命力最旺盛时期，漆液产量高、质量好。树龄25年以后，树势转衰，产漆量随之减少，在赞皇野泉湖，每年6～9月割漆，适宜排漆的气温14～30℃。空气湿度50%～90%。这里的漆树多包给四川人割漆，漆农早上四五点就上山，用特制刀具在树上割出"V"字形刀口，下端缠上一端磨尖的蚌壳收集漆液，大约三四个小时，漆液流满后在逐个收集刀竹筒里。"V"字形刀口，每隔20cm一个，最下端距地面20cm。一般每两年割一次。割漆有着严格的制度和方法，稍有不慎就会严重影响树木健康，甚至导致漆树死亡[4]。

种子油可食用，也可制作蜡烛、油墨、肥皂等。果皮可取蜡，做蜡烛、蜡纸。叶和树皮可提取栲胶，嫩叶可作为蔬菜食用；叶子还可生产农药和用作猪饲料。

漆树生长较快，木材坚实，为果材兼用树种。木材通直、花纹美观、切面光滑，材质坚软适中，容易加工，干燥后无收缩变形，木材边缘呈灰白色，木材中心呈黄绿色，色调较鲜艳，年轮层次明显，纹理悦目美观，适宜作为桩木、坑木、电杆、家具、建筑用材等[5]。

（5）植物文化

漆树的"漆"字，上木，中人，下水，意为割木流液为水。东汉许慎《说文解字》释"桼"字曰："桼，木汁也，可以髹物，从木，象形，桼如水滴而下也[7]。"

我国先民对漆的认识和利用的历史，非常悠久。《国风·秦风》："阪有漆，隰有栗。"古时秦国坡地上常见漆树。《山海经·西经》记载："英鞮之山，上多漆木。"可见史前秦岭一带分布很多野生漆树。春秋时已经开始人工栽培，出现成片的漆园，庄子年轻时在宋国蒙地曾当过管理漆园的小吏。《周礼·地官司徒·载师》有："唯其漆林之征，二十有五。"说明人类为了拓展漆源，已经开始大规模栽培经营漆林，并征以高额赋税。到西汉，漆树经营规模进一步扩大，《史记·货殖列传》有"陈夏千亩漆……此其人皆与千户侯等。"拥有一定规模的漆树，已是社会财富和地位的象征。"

我国是世界上用漆最早的国家。从新石器时代，我们的先民们就认识了漆的性能并用以制器。自上古时期，漆器就是贵重而神圣之物。考古界在浙江河姆渡文化遗址中出土的"朱漆木胎圈足碗"，化学成分为天然生漆，距今有六七千年。《尚书·禹贡》中记载"兖州、豫州贡漆"，说明夏代已经有漆器经营，并将生漆作为贡品。兖州相当于今天的山东西北部及河北的南部，赞皇所处的地带应该属当时的兖州。这样看来，赞皇的野生漆树林在古代就一直在开发和利用当中，当时的人们也一定十分了解这种天然涂料，在采割养护和提炼技术上也一定是十分娴熟的[4]。

漆文化的物化技术源于生漆调和颜料髹涂器物，生漆所具有的粘合力、装饰性及保护性等物性与原始生活资料整合、再融入漆器的公用性，注入人类的审美体验和情感，孕育产生了漆器，构成了华夏独特的漆文明，独具东方神韵。漆最早用于书写，《史记》说："漆之为用也，始于书竹简，而舜作食器，黑漆之，禹作祭器，黑漆其外，朱画其内。"舜时代已开始用漆器祭祀，至夏代不但祭祀用漆器，日常用品也用漆器。商周漆器使用更为普遍。春秋战国时期，漆器愈加轻巧精致。秦汉时代漆艺达到鼎盛。唐代漆器工艺超越前代，镂刻錾凿，精妙绝伦。宋漆工艺以质朴的造型取胜，最能体现其特点的是素髹漆器。明清时期漆器工艺进入全盛时期，尤其在康熙、雍正、乾隆时期，在历代工艺基础上有所发展。除官管漆坊外，民间制漆中心形成，如苏州雕漆、扬州漆镶嵌、福州脱胎漆等，髹饰工艺达到一个高峰。新中国成立后漆器被列为国家礼品，福州脱胎漆器与北京的景泰蓝、江西的景德镇瓷器并称为中国工艺三宝，享誉国内外。世界各方人士曾用珍贵的"黑宝石""东方珍品""髹饰之光""人间国宝"形容我国漆器的精美，郭沫若称赞其为"天下惊无双，人间疑独绝"[7-8]。

（6）更新繁殖

漆树的自然繁殖主要有天然下种更新和根蘖繁殖更新两种。

漆树的种子繁殖靠母树下种或由飞鸟采食排泄传播，漆树林中的实生苗多出现在林缘、林窗、隙地，在郁闭度0.7以上的林内，林下少见有实生苗。同时，漆树具有很强的萌生能力，也为漆树形成群落提供了条件。天然漆树林由于林下不断有实生苗或萌生幼苗出现，群落结构常呈异层复龄林。萌生苗一般是由根蘖苗发育的树木，寿命不如实生苗，但比树桩萌生苗长成的树木个体寿命长。树桩萌生苗早期生长快。

武安列江大队杏树沟内7hm²漆林内有3000多株野生幼树，七步沟大队南寨沟内8hm²漆林内有4000多株野生幼树，这两道沟平均每公顷都有450多株幼树，加以封禁抚育，即可成林。大青庄沟口西北撂荒地上，靠天然落籽形成野生漆树片林[6]。

据有关调查，赞皇县西部山区，现有漆树胸径10cm以上的有7000多株，胸径10cm以下天然更新的幼树达13000多株。

太行山区分布有一定数量的漆树母树，对漆树的繁衍起到了重要作用。漆树良好的自然更新能力，使其具备得以续存的物质基础。

漆树人工育苗：种子9~10月成熟，以霜降前树木落叶时采种为宜。应选择树龄20年左右的健壮母树采种，且最好分产地品种采集、处理、贮存。由于漆籽种皮骨质，坚硬结实，且外表含有脂肪和蜡质，水分和空气不易进入，阻碍了胚的生长和发育，当年播种后一般不出苗，甚至二三年也出不齐全。人工繁殖需要除蜡，漆籽育苗必须先经过处理，一般可采取"沸水退蜡、碱水退脂、冷水浸种、淋水催芽快速育苗法"或"沙藏法""浓硫酸浸种法""人尿浸种法""堆肥催芽法"育苗[2, 5, 6]。

（7）资源保育

漆树是河北珍稀野生经济树种，自然资源稀少，加上历史上的过度割漆，长期的人为破坏，成片的漆树林已经极少，现有漆树分布零散，亟待加强保护和进一步发展。

7.1　保护好现有资源

严格落实珍稀植物保护政策和天然林保护政策，禁止乱砍滥伐，在集中分布地区设立保护站点、碑牌，实行专门保护。对零散分布的较大的漆树孤立木应挂牌保护，并建立电子档案。严格控制割漆。割漆是技术性很强的工作，有的漆农急功近利，片面追求当年高产，割漆过狠，刀口过宽长，割漆后对漆树缺乏抚育管理，树势日趋衰弱。鉴于现有天然漆树资源稀少，应全面停止割漆，实行休养生息。漆树人工林也应严格控制割漆年龄、割漆次数、割漆方法，保证树木个体生长不受大的影响。割龄不低于10年，树高10m以上，胸径15cm以上，割漆次数2~3年一次，长势衰弱的树木个体严禁割漆，太行山北部地区不适宜割漆。

7.2　适度经营抚育

在严格保护的基础上，进行必要的林地抚育，通过除草、扩穴、施肥，提高保水、培肥能力，做好病虫害防治、林地卫生清理等工作，培育健康森林。对林中大片空地，应注意保护和培育天然下种更新的幼苗，也可利用漆树大苗，进行补植补造，形成完整片林。

7.3　人工促进林下更新

对混交林，在郁闭度较大，林冠下更新困难时，可对林中杂木进行修枝或适度疏伐，割除部分灌木，为林下更新幼苗或幼树提供营养生长空间，逐渐扩大漆树在杂木林中的比例。

7.4　扩大人工造林

根据漆树生长的特点，在自然条件适宜的区域，以本地漆树为主，发挥资源优势，在太行山800m以上，选择立地条件较好的中厚土层的半阴坡腰、沟谷，按900株/hm²的密度，有计划的营造一批人工林，建立生漆原料林基地，扩大资源数量面积，推动规模化经营。河北的野生漆树，虽然产漆量不高，但树木适应性较强，耐寒耐旱，割漆年限较长，生漆质量好，漆树结实多，种籽饱满，出蜡率较高。应收集资源，选择优良种群和单株，经过引种驯化，培育优质高产品种，提高单位面积的产漆量和木材蓄积量。鉴于河北野生漆树混交林病虫害较少的特点，人工漆林，应注意营造混交林，混交树种可选择胡桃楸、栓皮栎、青檀、油松、黄檗等。

第二章 天然阔叶林树种

主要参考文献

[1] 肖育檀. 中国漆树生态地理分布的初步研究[J]. 陕西林业科技, 1980, 2: 32-41.
[2] 谭嗣宏. 漆树的分布和经营方向[J]. 河北林业科技, 1987, 2: 21-23.
[3] 王海波. 武安国家森林公园内发现目前全国最大漆树[EB/OL]. (2014-11-07) [2024-05-28]. https://hebei.hebnews.cn/2013-10/29/content_3569076.htm.
[4] 谢晓天. 浅析考察河北省赞皇县野生漆树林的反思[J]. 装饰, 2005 (2): 103.
[5] 马亚东. 漆树繁育技术及栽培价值[J]. 乡村科技, 2021, 14: 97-98+101.
[6] 河北森林编辑委员会. 河北森林[M]. 北京: 中国林业出版社, 1988.
[7] 苏祖荣. 漆树：唯愿天下尽光泽[N]. 中国绿色时报, 2002-5-23.
[8] 张飞龙. 中国漆文化起源问题研究[J]. 中国生漆, 2005 (1): 1-6.

14. 青檀

青檀叶片

苍岩山青檀次生林

苍岩山青檀古树

青檀为榆科（Ulmaceae）青檀属（*Pteroceltis*）植物，是第三纪孑遗种，中国特有的单种属。在《世界自然保护联盟濒危物种红色名录》中属于无危（LC），国家三级重点保护植物，河北第一批公布的重点野生保护植物，省内濒危种，在河北为小种群树种[1-2]。

青檀春暖后表皮呈青绿色，故名青檀。

（1）形态特征

又名翼朴、檀树、摇钱树、黄檀等，乔木，高达20m，胸径达170cm。树干凹凸不圆，树皮暗灰色，薄片状剥落，露出灰绿色或黄色内皮。小枝棕灰色或灰褐色，初有毛，后脱落。叶片卵形或椭圆状卵形，长3～13cm，先端渐尖或长尖，基部宽楔形或圆形，稍偏斜，表面无毛，背面脉腋有簇毛；叶柄长6～15mm，无毛。果核近球形，坚果连翅宽1～1.5cm，无毛；果柄长1～2cm。花期4月，果期7～8月[3]。

（2）分布 [4-6]

青檀主产中国东部，广泛分布于我国温带和亚热带地区，分布于山西、陕西、河北、山东、河南、安徽、江苏、江西、湖北、湖南、四川、贵州、广东、广西等地，以北纬25°~35°的亚热带地区为多。垂直分布海拔100~1500m。

河北主要分布在太行山和燕山地区。青龙、遵化、涞水、涞源、易县狼牙山、满城、云蒙山、井陉苍岩山、平山、武安青岩寨自然保护区等地及北京上方山、妙峰山等山区都有自然分布。青檀在河北多为零星分布，大片林地很少见。

涞水的野三坡、都衙、紫石口、虎过庄等十几个乡镇都有分布。据涞水县林业局王泽等1980年的报道："目前各社队多将幼树加工成各种把柄或小工具原料，运销省内外。其收入占集体经济收入的10%~36%。"说明当时涞水的仍有较多的青檀分布，并在当地社队收入中占有相当比重。

据《河北省林业史料记载》（1996年），在河北涞源与山西灵丘交界的大山上有天然檀林分布，其中也有千年古生檀树。

《河北森林》中记载，赤城黑龙山林场老栅子林区有整坡的青檀分布，也间有榆树等其他阔叶树种混生。

根据《燕赵都市报》报道，全国第四次中药资源普查小组在邯郸磁县陶泉乡龙洞沟海拔670.4m处和涉县合漳乡海拔755.1m处，两个地方都发现了青檀。

河北省林业和草原局天然林保护中心2021年6月18日在磁县吴庄林场调查时发现有小片青檀，海拔583m，树龄约30年。

（3）生态学特性 [1, 7]

中等喜光，稍耐阴，耐干旱瘠薄，耐寒-35℃无冻梢。萌蘖性强，无论老树或幼树，地上部砍伐后，伐口下可萌发大量萌条，从几根至几十根不等。根系发达，具有强大的主根和侧根，多呈水平伸展，侧根延伸达10m以外，上面又生的各级侧根，成束成层的顺岩缝生长，布满了周围所有岩缝，即使悬崖峭壁亦能苍劲独秀，蔚然成林。适应性强，喜钙，耐盐碱，是石灰岩山地的指示植物，也能在砂岩、花岗岩地区生长。不耐水湿，生长速度中等，比榆树要快。枝条柔软，分枝性强，一个枝条在一年内发生三级分枝，枝条细长下垂，易造成干不直，如修枝不好，易造成伤疤或在树干上形成疙瘩。

寿命长，可达千年以上。井陉县苍岩山景区有古青檀，树龄1300年，树高10m，胸围251cm，冠幅8m×10m。根系裸露于地表，延伸数米，苍劲古朴。满城抱阳村抱阳山古青檀，树龄1000年左右，树高8.3m，胸围126cm，冠幅10.6m×10.5m，被评为"河北省最美古树"。抱阳山开发始陈于隋开皇年间，盛于唐开元年间，重建于宋景德年间，曾建有"包教院""继志庵""朝阳俺"等，上有"百步廊""一亩石""滴水塘""上天梯"等著名景点。此千年古檀生长在抱阳山南山门外非常贫瘠缺水的岩隙之中，如此粗大非常少见，沧桑感十足，承载着厚重的历史文化。平山北冶乡井树沟村口路边古青檀，树龄800年左右，树高18m，胸围330cm，冠幅15m×20m，树势旺盛，无空洞，部分根裸露，叶光洁碧绿，是长势最为倔着的古青檀之一。

（4）群落特点

青檀在河北多生于海拔800m以下低山区的山麓、林缘、沟谷、河滩、溪旁及峭壁石缝处，呈小片纯林或与其他树种混生。群落内常有伐根萌芽或根蘖形成的集群，林相不齐，多为异龄林。由于人为破坏，有的呈灌木状。

青檀林内常见有胡桃楸、鹅耳枥、漆、黑弹树、黑枣混生，林下灌草植被有土庄绣线菊、荆条、小花溲疏、黄栌、胡枝子、黄刺玫（Rosa xanthina）、苔草、委陵菜、华北鳞毛蕨等，林下植被盖度50%左右。

（5）生态经济价值

青檀是珍贵的乡土树种，是古近代和新近纪古热带植物区系的孑遗植物，对研究古代植物区系，古地理及第四纪冰期气候有科学价值，对认识现代河北植物区系组成特点具有重要意义。青檀为单科单属种，对研究榆科系统发育上有重要意义。

青檀根系发达，水源涵养能力强，可作为石灰岩山地的优良造林树种。对有害气体有较强抗性，可作为厂区绿化树种。

青檀树形美观，树冠球形，树干凹凸不圆，树皮片状剥落，给人以潇洒、朗逸之感。秋叶金黄，季相分明，极具观赏价值。可孤植、片植于庭院、山岭、溪边，也可作为行道树成行栽植，是不可多得的园林景观树种。寿命长，耐修剪，造型奇特，蟠龙曲虬，是优良的盆景观赏树种。

木材坚，纹理直，结构细，耐磨损，供家具、工具、车轴、绘图板等细木工用材，也是室内装饰的珍贵材种。

我国特有的纤维树种，茎皮纤维优良，自古以来，一直是我国宣纸制造的主要原料。

（6）植物文化

东汉安帝建光元年（121）东汉造纸家蔡伦死后，他的弟子孔丹在皖南以造纸为业，很想造出一种世上最好的纸，为师傅画像修谱，以表怀念之情。但年复一年难以如愿。一天，孔丹偶见一棵古老的青檀树倒在溪边。由于终年日晒水洗，树皮已腐烂变白，露出一缕缕修长洁净的纤维，孔丹取之造纸，经过反复试验，终于造出一种质地绝妙的纸来，这便是后来有名的宣纸。宣纸中有一种名叫"四尺丹"的，就是为了纪念孔丹，一直流传至今。

用青檀树皮制作的宣纸，白如雪，柔似锦，拉力大，润墨性强，最宜于题诗作画。此外，还有抗老化，不变色，少虫蛀，经久不变等性能，有"纸寿千年"之称。是书写外交照会，保存高级档案、史料的绝好用纸。我国留存的珍贵史料和名家书画真迹多为宣纸做成。

（7）更新繁殖[7-9]

青檀自然更新繁殖有种子繁殖和萌生繁殖两种形式。青檀种实量较大，但种子本身含有发芽抑制物和存在生理后熟现象，因而引起种子休眠，自然条件下发芽率较低，在林缘或林中空地，可萌发成苗。青檀萌生能力很强，常见伐根萌生集群。

人工繁殖主要有种子繁殖、压条繁殖、扦插繁殖等方式。

种子繁殖：青檀果熟在处暑到白露期间成熟，后易脱落飞散，果实由绿变黄就要采收，果实采收后去翅阴干。低温沙藏可有效打破青檀种子的休眠现象，且贮藏90天发芽率最优。用赤霉素浓度为300mg/L处理青檀种子，发芽率和发芽势均较高。播种前温水浸泡催芽2~3天，春播育苗，每亩播种量2kg左右。播种的方法以条播为宜。

压条繁殖：将细长枝条压弯，中间埋在土里促进生根，两年后将其截断。

嫩枝扦插：经过NAA1g/L处理的青檀嫩枝扦插成活率，在草炭土：珍珠岩按1∶1的混合基质进行扦插生根率可达92.1%。

人工育苗当年生苗高50～100cm，苗木根系发达。根据原涞水县林业局在苗圃地调查数据，当年生苗株高可达143cm，地径1.6cm的一年生苗木，根深57cm，苗木根系发达，具有一、二、三级根系和众多根毛，这种强大的根系，是其所以能耐干旱、耐瘠薄的主要依靠。

青檀对造林地的要求不高，"四旁"地、谷地、坡地、岩石裸露地均可栽植；若营建速生丰产林，应选择土壤深厚，立地条件好的土地。山地造林宜选择1～2年生苗，苗高1m以上；丰产林宜选择2～3年生，苗高2m以上优良苗木，1500～2250株/hm^2。春季发芽前和秋季落叶后均可造林。

（8）资源保育

青檀经济价值高，过度采伐是其种群减少的主要因素，加上自身繁育缓慢，有些原来的分布区已很难找到，生存空间越来越狭窄，分布区域逐渐缩小，林相残破，省内分布个体数量已经很少，影响了青檀的自然更替和种群繁衍，青檀种质资源的保护和恢复已经刻不容缓。

8.1 加强保护

对小片纯林，可实行围栏封育，严禁人为破坏和林下放牧。对各地散布的古树要挂牌登记，并做好古树复壮工作，实行重点保护。

8.2 人工辅助促进更新

在对现有的青檀林严格保护的基础上，在分布区内进行适当人工干预保护，砍伐部分杂木，杂灌，开辟林窗，增强林下透光率，为青檀幼树生长创造条件，使其成为群落优势树种，促进自然更新。

8.3 迁地保育

迁地保育是拯救濒危物种有效途径之一，从青檀集中分布的区域进行引种驯化，在迁地保育圃内缓苗后进行种苗繁殖。迁地保育能进一步掌握青檀的生长发育和繁殖规律，为青檀的保护和永续利用奠定基础。

8.4 扩大人工造林

青檀具有抗逆性强对立地条件要求不严和用途广的特点，是一种荒山荒地，特别是石灰岩山地造林的先锋绿化树种。将该树种列入产地石灰岩地区常规造林树种，搞好苗木培育和人工造林，扩大分布面积和种群数量。有条件的地方可实施集约经营，采取矮林作业方式建立宣纸原料林基地。青檀种植5年左右即可利用，具有周期短和一次栽植多年受益的优点。

8.5 加强自然繁衍机制研究

针对自然条件下青檀种子量大，但实生苗较少的现象，加强对种子发芽机制和幼苗自然生长动态变化的研究，找出种群更新的主要限制因子，开展对青檀群落的演替机制研究，寻找维持群落稳定性和林地多样性的途径。

主要参考文献

[1] 王振杰, 等. 河北山地高等植物区系与珍稀濒危植物资源[M]. 北京：科学出版社, 2010.
[2] 河北省人民政府办公厅. 河北省重点保护野生植物名录[EB/OL]. (2010-08-13)[2024-05-22]. http://www.hebei.gov.cn/columns/b28eb7a4-8c02-4331-b305-6a566dc35785/202309/11/8a6a50f2-bb2c-4a63-bf16-14836f01bebc.html.
[3] 孙立元, 任宪威. 河北树木志[M]. 北京：中国林业出版社, 1997.
[4] 王泽, 等. 青檀造林实验初报[J]. 河北林业科技, 1980: 17-19.
[5] 河北森林编辑委员会. 河北森林[M]. 北京：中国林业出版社, 1988.
[6] 李湛祺, 等. 河北太行山区发现珍稀濒危植物青檀[N]. 燕赵都市报, 2014-05-29.
[7] 河北省绿化委员会. 河北古树名木[M]. 石家庄：河北科学技术出版社, 2009.
[8] 张晓婕, 等. 中国青檀种质资源研究现状[J]. 山地农业生物学报, 2020, 39(3): 46-51.
[9] 董谦, 等. 中国青檀种质资源研究现状[J]. 河北林业科技, 2021: 51-54.

15. 流苏树

灵寿南营乡车谷坨流苏古树（树龄1100年，冠幅17m，树高15m左右）

流苏树（Chionanthus retusus）为木樨科（Oleaceae）流苏树属（Chionanthus），又名茶叶树、萝卜丝花、四月雪、牛筋子、乌金子等，是河北乡土树种。由于该树种在河北自然分布很少，加上经济价值较高，人为破坏严重，资源数量已经非常稀少，是国家二级保护植物，也是河北公布的第一批重点保护野生植物，省内易危种。

（1）形态特征

落叶灌木或乔木，高可达20m。树皮暗灰色。小枝圆柱形，淡灰色，无毛或幼时具短柔毛，皮孔明显；小枝皮常卷裂。具顶芽，芽鳞暗紫色，侧芽2，叠生，稀单生。单叶对生，叶片革质，矩圆形、椭圆形、卵形或倒卵状椭圆形，长3～10cm先端钝或尖，基部宽楔形或近圆形，全缘或有细锯齿，表面绿色，光滑，背面淡绿色，被黄色柔毛。聚伞状圆锥花序，长5～12cm，着生于枝顶；花白色，单性，雌雄异株，或两性；萼4裂；花冠4深裂，裂片条状倒披针形；雄花具雄蕊2；雌花子房2室，每室2胚珠。核果椭圆形，暗蓝色，熟后变黑。花期5～6月，果熟期9～10月[1]。

（2）分布

产中国、朝鲜和日本。我国山东、河南以及华东、华中、华南、西南和西北均有分布。

河北主要分布在燕山南麓及太行山区。蔚县小五台山、遵化、迁安、丰润、青龙、易县（云蒙山及狼牙山）、武安、涉县、灵寿等地有分布[1]。自然生长多在海拔600～1200m的山坡、沟谷、疏林、林缘或灌木丛中，多以散生为主，片林非常稀少。国内有人工栽培。近几年河北也有人工育苗和栽培。

根据贾明财等[2]的调查，在北京怀柔区的8个乡镇的许多沟峪均有流苏树分布，多生长在干旱瘠薄的阳坡，且能正常开花结果，目前在怀柔区发现有百年生以上古树3株，分别生长在琉璃庙镇白河北村的东山梁，汤河口镇后安岭村的北山梁，宝山镇超梁子村的山嘴沟内。

根据我们的调查及《河北古树名木》[3]的记载，抚宁县石门寨镇东塔村、青龙县草碾乡千里洞村、青龙县龙王庙乡郝杖子村袁家沟、丰润区火石营镇大大岭沟村孙家卧铺、涉县偏城子镇小峧村、信都区龙泉寺乡小西天林场及白岸乡南就水村均有古树分布。这些古树多生长在山区的坡脚或山坡中部。

灵寿县南营乡车谷坨村小庙处生长着一株古流苏树，当地称古茶树，树高25m，胸围3.4m，冠幅17m，树龄1100多年，至今仍苍翠葱茏，曾被评为"河北省十佳古树"。单株成景，每年"五一"以后开花，花期至五月中旬，花开时节，满树白花洁白如雪，风吹摇曳，树影婆娑，花香四溢，令人如痴如醉。

全国第四次中药资源普查中，河北涉县偏城镇太行红叶大峡谷首次发现大面积的野生流苏树群落，此次发现对当地生态环境研究具有重要意义。据调查，该群落分布范围横向跨度达1000m，纵向跨度达500m，有植株上百棵，实属少见，其中最大一棵树高15m，直径30cm[4]。

易县桑园村及木拉峪村海拔560m处有小片流苏树分布，胸径大的16cm，平均10cm。

（3）生物生态学特性

喜光，不耐荫蔽，多生长在向阳山坡。忌积水，耐旱、耐寒，能耐-20℃低温，耐瘠薄，对土壤要求不严，但在肥沃、通透性好的沙壤土中生长最好。有一定的耐盐碱能力，在pH8.7，含盐量0.2%的轻度盐碱土中能正常生长，未见任何不良反应[5]。

幼苗生长速度较慢，一般年生长量不足30cm，随着年龄的增长，生长速度加快，10年后可开花结果。

寿命长。邢台小西天林场半山腰有一棵流苏古树树龄1000余年，高18m，胸围390cm，冠幅16m×14m，千年古树仍生长旺盛[4]。

流苏树雌雄异株，有学者认为其雌雄可以从树叶的形状来进行区分，雄株树叶边缘有锯齿状，用手触摸树叶边缘会有明显硌手的感觉，而雌树叶边缘没有锯齿，用手触摸给人的感觉是比较圆滑的。

（4）群落结构

成片的天然流苏树很少，关于流苏群落的研究资料不多。根据贾明财等[2]对北京怀柔流苏树资源的调查，该区的流苏树群落，主要伴生树种有榆树、大果榆、黑弹树等；灌木有山杏、山桃、鼠李、荆条等；林下草被主要是羊胡子草、白莲蒿等[2]。流苏群落优势树种不明显，群落过渡性明显，稳定性差。

（5）利用价值

流苏树适应性强，树形婀娜多姿，枝叶繁茂，初夏满树白花，如覆霜盖雪，且花瓣纤细，清雅宜人，气味芳香，让人沉醉，是典型的花香型园林绿化树种，不论点缀、孤植、列植均具很好的观赏效果，既可在草坪数株丛植，也宜于庭院、林缘、建筑物周围散植。在怀柔区雁栖示范区、滨湖公园、乡土植物科普园以及农家庭院都有栽植，表现很好，深受人们喜爱[2]。

枝干虬曲多姿，花朵婆娑繁茂，是制作植物盆景的上佳材料。同时，可作砧木嫁接桂花，使得桂花的抗寒能力显著增强，制成的盆景桩头气势浩大，盘根错节，繁花满枝，达到了两种植物优势基因的融合[6]。

药用价值高，花和叶中含有木素、香豆素、黄酮类、多糖、裂环烯醚萜等多种功能性成分。这些功能性成分具有抗氧化、降血压血脂、抗炎保肝等多种功效，故流苏树可作为天然的抗氧化原料来开发利用。

花和嫩叶能够制茶，故流苏树又称茶叶树。采集流苏树当年生嫩茎叶及未开花序，然后杀青，经九蒸九凉所得。此茶汤色金黄清澈，香气馥郁芬芳，醇和鲜爽，别具风味。易县至紫荆关一线道边茶摊常书楹联"扬子江心水，云蒙山上茶"，云蒙山茶即流苏树（当地称叶树）树叶所制白花茶，其历史久远，为当地群众礼仪待客用茶，有消暑、健身的功效，地方文献多有记载[7]。

木材坚重细致，可制作器具。

（6）致危因素

在物种系统发育过程中，由于树种本身遗传特性及其与生境长期自然选择的结果，形成适生生境狭窄、自然繁殖能力下降等特性，这成为许多珍稀树种的共性，也是珍稀树种种群衰退的一大原因。流苏树在我国虽然分布较广，但其生长缓慢、雌雄异株、结实困难。果实成熟落地后，于秋季虽可发根，但胚芽须至翌年春天才能萌发，胚芽和胚根呈现不同步休眠现象，称为上胚轴休眠或胚芽休眠，这与珙桐（*Davidia involucrata*）、牡丹（*Paeonia suffruticosa*）、小花七叶树（*Aesculus parviflora*）以及毛茛科一些植物非常类似，自然状态下发芽率较低。成年植株扦插或嫁接等进行繁殖成功率也较低，被列为难再生的植物之一[8]。

人为破坏也是导致流苏树种资源枯竭的重要因素。与女贞、白蜡树等砧木相比，桂花以流苏为砧木嫁接亲和力好、冠形紧凑、抗旱抗寒、适应性强，寿命长达几百年以上，大的野生流苏树桩嫁接桂花,摇身一变身价倍增。在巨额市场利益驱使下,许多野生流苏大树被挖掘贩卖,或做桂花盆景砧木或直接用于城市园林绿化。有的为得到价值不菲的流苏种子或树叶,将野生大树"砍头"破坏,杀鸡取卵,掠夺式的利用方式导致流苏野生种群自然分布范围与日俱减,种质资源遭受严重破坏[8]。

(7) 更新繁殖

自然条件下,流苏树种子具有双重休眠的特性,种子繁殖困难,野外很少看到实生苗,但它具有一定萌生能力,自然繁殖主要靠萌蘖繁殖。

人工育苗可采用播种、扦插和嫁接3种方法。目前人工繁育技术还不是很成熟。

播种育苗:种子9~10月成熟,果实采下后浸水1天,脱去果肉,水选出饱满种子,阴干2~3天后,与3倍干净湿河沙均匀混合,放在20~25℃的条件下50~60天,期间必须保持沙子适当湿润,每隔3~5天翻动1次,当种子有30%露白时移到5~10℃条件下,至3月下旬播种[2]。

扦插育苗:北方地区常于6~7月采半硬枝条扦插,上搭塑料小棚,保湿防晒,月余可生根。幼苗生长缓慢,通常移栽3年后才能培育成大苗[9]。

嫁接育苗:砧木使用1~2年生流苏树实生苗,接穗采用流苏树雄株的一年生枝条,嫁接时间在植株落叶后至发芽前,采用劈接法。嫁接苗第二年可开花,有利于培育低矮紧凑树型。也有以白蜡树、女贞作砧木的,春季嫁接成活容易。

流苏树人工栽培,选择三年生苗,可在春、秋季进行。移栽大苗需带土球,中小苗需多带宿土。最好用草包好根部,裸根移栽会影响成活。移栽地应选土层深厚、不积水的向阳或半阴处。流苏树生长缓慢,修剪应适度,尤其下部侧枝不可过度修剪。偶有白粉病、叶斑病和介壳虫为害时,可用波尔多液及乐果乳液等进行防治[9]。

(8) 资源保育

流苏树生长缓慢,自然繁殖困难,天然更新不良,加上人为破坏,现存天然资源越来越少,分布范围越来越窄,加强保护势在必行。

①加大宣传教育力度,依法严惩毁树、采挖大树、"砍头"摘叶取种等掠夺式利用行为,杜绝人为破坏。对现有大树实施挂牌和围栏保护,建立电子档案。

②加强种质资源的保护工作,通过建立自然保护区、植物园、种子库、DNA库、活体栽培等途径,搞好植物种质资源的保护、收集、贮存,实现流苏的就地保护和迁地保护。

③进一步摸清濒危机制,加强对其开花结实、幼苗更新等繁育过程研究,弄清其生长发育的制约因子,为其"脱濒"及物种回归提供理论依据。

④有计划地开展引种、驯化及资源培育等工作,进一步掌握播种、扦插、嫁接、组培技术,突破育苗难关,建立种苗资源圃地,为人工栽培和定向利用提供基础。

⑤搞好开发利用,流苏树是一种利用价值极高的宝贵树种资源,发展前景广阔,但目前对其认知和利用都还远远不够。建议:①在适生区内,可在公园、城市绿地、住宅小区、道路中央隔离带等环境下大量配置应用,营造特殊的景观效果;②选择窗口地带、森林公园,在山地阳坡土层较厚、坡度较缓的中下坡位,开展人工造林,营建具有一定规模的片林,培育以景观、取叶取种为主要目的的兼用林基地。

主要参考文献

[1] 孙立元，任宪威．河北树木志［M］．北京：中国林业出版社，1997．
[2] 贾明财，等．北京怀柔流苏树资源调查及繁育［J］．中国花卉园艺，2017（24）：36．
[3] 河北省绿化委员会办公室．河北古树名木［M］．石家庄：河北科技出版社，2009．
[4] 赵鸿宇，等．河北涉县发现大面积野生流苏树群落［EB/OL］．（2018-5-17）［2023-9-27］．https://baijiahao.baidu.com/s?id=1600696865388369266&wfr=spider&for=pc．
[5] 陶莉．山西省流苏树野生植物资源分布与保护［J］．山西林业科技，2021，3（50）：63-64．
[6] 任红剑，等．流苏树桩景的制作与创新［J］．林业科技通讯，2021，7：81-84．
[7] 梁学忠，等．河北保健代茶植物资源开发利用［J］．林业科技开发，1993，1：47-48．
[8] 樊莉丽，等．珍稀树种流苏研究进展与保护利用策略［J］．江苏农业科学，2016，6（44）：20-24．
[9] 王同翠．流苏树栽培方法［J］．农村新技术，2005（10）：13．

16. 水曲柳

平泉老窝铺村北一片水曲柳林，1992年左右人工栽植，面积5亩左右，胸径15~30cm，树高10~15m，水曲柳占比70%左右，林下有自然更新的水曲柳幼苗。其他有榆树、刺槐

水曲柳俗名水楸，别名东北梣，为木樨科（Oleaceae）白蜡属（*Fraxinus*）树木，第三纪孑遗种，国家二级保护植物，珍稀用材树种，与胡桃楸、黄檗共称为中国东北的"三大硬阔树种"。

（1）形态特征

落叶高大乔木，高达30m，胸径达2m。树干通直，树皮灰褐色，浅纵裂。小枝红褐色，无毛；皮孔白色，稍突起而明显；冬芽黑褐色。奇数羽状复叶，长25～30cm或更长，叶轴有沟槽，两侧具狭翅，在小叶着生处稍膨大，被锈色绒毛。圆锥花序侧生于去年小枝，长5～14cm，花序轴有狭翅；花单性异株，无花被；雄花由2枚雄蕊组成；雌花花柱短，柱头2裂，具不发育雄蕊2；翅果矩圆状披针形，中部宽，扁平扭曲，先端钝圆、微凹或钝尖翅延至果基部。花期4～5月，果熟期9～10月[1]。

（2）分布

分布范围广，但不连续。主要分布在我国的东北部和西北部，包括黑龙江、吉林、辽宁、河北、山西、甘肃、河南局部地区。俄罗斯东部、日本北部、朝鲜等地也有分布。其中，中国东北是主分布区。

常生于海拔200～1800m的山地林间，平缓山坡中下部及沟谷溪边，常与松、栎混交。东北三省，山东、内蒙古、山西均有栽培。

河北零星分布在围场塞罕坝、丰宁、蔚县、小五台山、赤城黑龙山国家公园、青龙、迁西等地[1]，未见有成片的单优群落。大海陀自然保护区人工栽培种有小片水曲柳，40年生平均胸径16cm，大的有20cm，长势尚可。木兰林场在阔叶林采伐迹地上营造了15hm²水曲柳—黄檗的混交林，年龄20年，水曲柳胸径8～12cm，近几年林场扩大了人工造林面积。平泉县老窝铺村北一片水曲柳林，1992年人工栽植，面积4000m²左右，胸径15～30cm，树高10～15m，水曲柳占比70%，其他混交树种有榆树、刺槐。林下有自然更新的水曲柳幼苗。

（3）生物生态学特性

阳性树种，稍喜光，幼时较耐阴，能耐严寒，在岭大兴安-40℃的严寒条件下可正常生长发育，适生于湿润、肥沃深厚、排水良好的土壤，在干旱贫瘠的土壤上，往往形成"小老树"。耐盐碱，在pH8.4，含盐量0.1%～0.15%的盐碱地上能正常生长，不耐水涝，季节性积水或排水不良会造成生长不良或死亡。寿命较长，可达250年。主根短，侧根发达，伐根具有较强的萌芽能力。

水曲柳适宜在半阴半阳坡及阴坡的凹形坡生长，土壤深厚肥沃、排水良好的地段生长较好。从坡位来考虑，不存在逆温的地区在中下坡生长较好，有逆温现象时，宜在中上坡，但中龄林在下坡可以免受霜害。考虑到霜冻对幼苗、幼树的危害，应避免在常有逆温现象出现或裸露的皆伐迹地上造林，一般在郁闭度为0.2～0.4的林下造林能减轻霜冻的危害[2]。

生长速度中等。根据朱丹[3]对甘肃小陇山水曲柳的调查，其直径年平均生长量为0.48cm，高生长量为年平均0.44m。

根据丁宝永[4]对东北林业大学水曲柳天然次生阔叶混交林的研究，在43年的生长过程中，胸径生长高峰出现在24～28年中，而后逐渐下降，最大值为0.78cm/年；树高生长高峰出现在4～24年中，平均生长量达0.40～0.56cm/年；材积生长高峰出现的时间比直径和树高晚，在28年生时开始加快，至

43年生时仍属上升期。在较好的立地条件下，天然林30～50年平均胸径达20cm以上，最大可达40cm，平均生长量0.6～0.8cm/年。

一年当中，速生期均在5月中旬至6月下旬，寒冷地区后延，速生期生长量占全年生长量的70%～80%[5]。

（4）群落结构

水曲柳是东北山区天然次生林优良混交组分，阔叶红松林及白桦次生林是水曲柳的主要分布生境。水曲柳是阔叶红松林的主要伴生树种，经过历史上反复多次破坏，在次生裸地上演替成为天然次生水曲柳林，形成以山杨、白桦、蒙古栎、黄檗、胡桃楸、椴树等为主要树种的混交林。属于潮湿系列的群落类型，适宜在潮湿立地上生长[4]。

河北天然水曲柳多散生在落叶阔叶杂木林中，主要伴生树种有栎类、桦树、胡桃楸、五角枫、油松等，水曲柳在林中不占优势。

根据张孟仁等[6]的研究，在胡桃楸天然混交林中，胡桃楸与水曲柳的生态位重叠值最高为0.9291，说明胡桃楸与水曲柳占有较为相同的生态位，对相同资源处于共享状态且存在种间竞争现象的可能。群落物种的生态位重叠值大小与物种生态位相似性比例大小表现较为一致，一定程度上说明生态位相似性越高，物种生态位重叠值越大。

（5）生态经济价值[7]

水曲柳为第三纪残留种，对研究第三纪植物区系和第四纪冰川期气候具有科学意义。

水曲柳树形圆阔、高大挺拔，适应性强，具有耐严寒抗干旱，抗烟尘和病虫害能力，根系发达，抗风力强，是产区优良的防护林树种和观赏树种。同时，可与许多针阔叶树种组成混交林，形成复合结构的森林生态系统，提高林地生产力水平。

珍贵用材树种，东北"三大硬阔"之一，在国际上享有极高美誉，其木材价格高于针叶树种4～5倍。干形端直，木材坚韧致密，略具油脂，耐腐蚀，富弹性，纹理直，刨面光滑，油漆性能好，具有良好的装饰性能，广泛应用于建筑、家具、飞机、造船、仪器、运动器材、胶合板面板等。

种子含油率24.3%，可制作肥皂；树皮含鞣质3.09%。

树皮可入药，是传统的治疗结核、外伤的药物，其所含的香豆素成分还可以作为驱虫剂。水曲柳乙醇提取物有明显的镇痛、抗炎作用，还具有免疫、抗菌、抗氧化、保肝、利尿、促进皮肤再生等功能。

（6）更新繁殖

水曲柳天然更新在次生林自然恢复过程中可大量发生，在东北林区的多数林分内更新比其他树种优势明显，种子萌发更新良好，尤其在人工落叶松、红松林下更新表现极佳，是一个很有前途的树种。

水曲柳在自身林下更新表现不良，尽管在水曲柳母树附近散落了大量种子，但在其附近却更新不好，在远离母树的位置更新良好。可能是由于在水曲柳未分解的凋落叶中含有某种抑制水曲柳种子发芽的他感物质，这些他感物质随着降水等淋洗作用释出，抑制了林地上的水曲柳种子发芽，并进一步影响到水曲柳的更新。凋落物的自毒作用，可能是导致水曲柳自身林下更新不良的主要原因[8]。

水曲柳雌雄异株，果实为翅果，种子主要靠风力传播。林下光照不足往往会造成水曲柳更新苗大量死亡。种群衰退通常有两个原因：一是种群补充缺乏，二是种群死亡率高。植物种群的减少，一方面是由于幼苗的供给不足，另一方面是已成活个体的死亡[9]。根据易雪梅[9]等对长白山水曲柳种群的调查，阔叶红松林与白桦次生林是水曲柳的主要分布生境，在两种生境中，均有大量幼苗出现，但在25hm²样地内仅有681棵胸径1cm以上的幼树个体，大部分幼苗在更新层已经死亡。由于光照、营养等因素限制造成的高死亡率，致使水曲柳幼株补充不足，群落幼龄个体较少，种群维持主要靠中龄个体，整个种群呈衰退趋势，种群的持续发展需要相当数量的幼龄个体补充。

根据韩有志等[10]林下播种水曲柳试验，林下光照较强的样地，更新幼苗发生数量明显增高，存活幼苗数也显著提高。光照较强的亮斑块环境更有利于更新，而在光照较弱的暗斑块环境中更新较差，也印证了光照对水曲柳幼苗生长的重要性。

草本盖度与水曲柳更新数量呈明显的负相关，杂草的竞争会对水曲柳幼苗的生长发育产生明显的抑制作用，在针叶林下草被盖度小，水曲柳更新最好[9]。

水曲柳雌雄异株，在河北由于资源分布零散，常常授粉不良，种子萌发率低，天然下种更新困难。除种子繁殖外，其萌芽能力较强，可通过伐桩萌芽实现自我更新，萌生植株寿命相对较短。

人工繁殖水曲柳可用播种、扦插、萌芽等方法繁殖，播种育苗最常用。

水曲柳种子休眠期长，播种前需进行催芽处理，可0.3%的高锰酸钾溶液浸种3分钟，洗净后温水浸泡一天捞出，湿沙埋藏催芽。幼苗不耐水渍，育苗时应注意排水。幼苗常见立枯病，可用0.8%的波尔多液防治。

（7）资源保育

水曲柳已被列为国家重点保护树种，但仍然受到采伐带来的威胁。人类的过度开发利用以及水曲柳自身的更新限制，造成了水曲柳种群及个体数量的进一步缩小。目前，林分中水曲柳大径材的数量已经很难看到很少，如不及时给予重视并加强保护，宝贵的水曲柳基因资源将迅速消失。天然水曲柳在河北分布本来就少，应严格保护。

①河北现有水曲柳资源主要分布在自然保护区内，可依托自然保护区，在重点分布区域内，设置珍贵树种保育小区，重点监测，重点管理，保护好现有母树资源。尽早展开系统的基因资源收集、保存和开发利用，建立种质资源圃。

②针对水曲柳所在森林生态系统各演替阶段的特点，鉴于水曲柳种群幼株严重缺少的现状，采取人工辅助措施，如适度干预，适当伐除威胁木或对干扰木进行修枝，除去林下部分灌草，调节水曲柳营养空间，促进母树树生长、结果和林地幼苗更新。

③在北部山区，可选择地势较缓、土层深厚、排水良好的山坡下部缓坡地带，发展一部分人工林。水曲柳主干明显，但侧枝发达，人工造林时可适当增加造林密度和适度修枝，造林株行距2m×1.5m。水曲柳不宜营造纯林，宜与针叶树混交，这样既可解决水曲柳干形不直的问题，又可克服水曲柳的其他诸多弊端。围场、丰宁坝上地区可尝试与落叶松、樟子松等针叶树搭配，营造混交林。

主要参考文献

[1] 孙立元，任宪威. 河北树木志 [M]. 北京：中国林业出版社，1997.
[2] 葛文志. 水曲柳林分适宜立地条件研究进展 [J]. 防护林科技，2015，4：56-57+67.
[3] 朱丹. 小陇山林区水曲柳年生长量调查分析 [J]. 甘肃科技，2018，6（34）：139-140+130.
[4] 丁宝永，等. 天然水曲柳林生长发育规律及抚育间伐的研究 [J]. 东北林业大学学报，1991（19）：147-152.
[5] 陈晓波. 水曲柳个体生长节律及优良单株选择试验 [J]. 防护林科技，2019，2：50-53.
[6] 张孟仁，等. 甘山胡桃楸群落乔木层物种生态位研究 [J]. 河南林业科技，2021，41（2）：5-9+35.
[7] 林士杰，等. 中国水曲柳基因资源的保护与利用 [J]. 中国农学通报，2009（12）：159-160
[8] 柏广新. 水曲柳天然更新及其影响因子 [J]. 东北林业大学学报，2013，1（41）：7-9+13.
[9] 易雪梅，等. 长白山水曲柳种群动态 [J]. 生态学报，2015，1（35）：91-97.
[10] 韩有志，等. 林分光照空间异质性对水曲柳更新的影响 [J]. 植物生态学报，2004，28（4）：468-475.

17. 文冠果

平泉台头山村榆树沟村后山有文冠果古树，树龄353年，树高12m左右，树冠13×13m²，树周围有20多株落种萌生的文冠果幼树。平泉还有其他天然文冠果古树

文冠果（*Xanthoceras sorbifolium*）别名文官果、崖木瓜、文光果、文冠木等，为无患子科（Sapindaceae）、文冠果属（*Xanthoceras*）。文冠果是第三纪被子植物繁茂时期遗留下来的古老物种，迄今有6500万年的历史。其所属的无患子科共千种以上，绝大部分分布于热带，说明本科具有热带亲缘，只有极少数种延伸到温带，该种是研究华北植物区系起源的重要材料。文冠果属只有文冠果一种，为单属单种植物，是河北公布的第一批重点保护野生植物，省内濒危种。

文冠果因其果皮在开裂时，外形酷似旧时文官的帽子，故得此名。

文冠果是重要的木本油料树种。

（1）形态特征

小乔木，高8m，胸径达90cm。树皮灰褐色，条裂。小枝浅紫色，幼时有毛，后脱落。奇数羽状复叶，互生，膜质或纸质，长15～30cm；小叶9～19枚，小叶片长椭圆至披针形，长2～6cm，先端尖，基部楔形，边缘锐细锯齿，表面无毛，背面疏生星状毛。顶生总状花序多为可孕花，侧生总状花序多为不孕花；花冠白色，基部具黄色或红色斑点，径约1.7cm。蒴果大型，径3～6cm，熟时3裂，果皮木质；种子近球形，熟时黑褐色，径约1cm。花期4～5月，果期7～8月[1]。

（2）分布

文冠果原产于中国黄土高原地区，北纬32°～46°，东经100°～127°，主要分布中国北部和东北部，西至宁夏、甘肃，东北至辽宁，北至内蒙古，南至河南。生于海拔700～1500m山坡或沟岸，各地也常栽培，以内蒙古、山东、山西、河北、新疆、陕西、河南、甘肃、辽宁、吉林、北京栽培较多[2-3]。

河北主要分布在张家口、小五台山、丰宁、隆化、平泉、唐山、秦皇岛等地。张家口的赤城、涿鹿、阳原、怀来、蔚县及承德地区的兴隆、围场、丰宁、来源等县曾经有栽培。

天然文冠果片林在河北已很少见，隆化苏木营小庙附近保存有小片文冠果林；尚义县南壕堑乡见有少量散生的大树。根据《河北古树名木》记载，涿鹿县栾庄乡唐家洼村、阳原县揣骨疃镇小井沟村、怀安县怀安镇至善街村、蔚县陈家洼南许营村北、平泉抬头山乡柳条沟、滦南县青坨营镇前姜六庄村、昌黎县朱各庄乡孙庄村、故城县西半屯向东半屯村、丰润县曹庄子中学操场、南皮县王寺镇南村、广宗县塘町乡南郭寺村等地均有文冠果古木存在，这些众多的现存的古树，表明文冠果是河北的乡土树种，也反映了文冠果的历史分布情况[4]。

根据2016年河北森林资源二类清查资料，全省文冠果总面积876hm²，其中，未成林818hm²，占总面积的93.3%，主要为幼树。在总面积中，雄安新区的雄县692hm²、邱县88hm²、蔚县80hm²、深泽县9hm²、围场3hm²、衡水滨湖新区3hm²，这些文冠果林主要是人工营造，天然的文冠果资源已经非常稀少，仅残存在北部山区个别地段。邱县是全国文冠果基地造林面积最大的县，截至2021年底，该县以"公司+农户+基地"的模式，人工营造文冠果1330hm²，并连续举办了六届"文冠果花节"。

（3）生物生态学特性

文冠果喜阳，耐半阴，抗旱能力极强，在年降水量仅150mm的地区也有散生树木。抗寒能力强，-41.4℃安全越冬；耐盐碱在pH7.5～8的微碱性土壤中生长最好，在pH8.5～9的地区也能种植。在对土壤适应性很强，耐瘠薄、在石质山地、黄土丘陵、石灰性冲积土、固定或半固定的沙区均能生长，甚至在落岩的岩石缝中也能生长发育、开花结果。但文冠果不耐涝、怕风，在排水不好的低洼地区、重盐碱地和未固定沙地不宜栽植[2-3, 5]。

文冠果分布地区的主要气候条件是：1月平均气温-0.2~16.7℃，7月平均气温22.4~27.6℃，年平均气温4.1~14.2℃，绝对最低气温-17.9~33.9℃。但在最低气温为-41.4℃的哈尔滨也可安全越冬。年降水量140.7~984.3mm。全年日照时数2341.2~3168.1h[2-3]。

据报道，内蒙古锡林郭勒盟林业科学研究所在绝对最高气温为38.9℃，地表绝对最高温达62.7℃，绝对最低气温达-42.4℃，土壤pH8.5~9的地区，引种文冠果亦已成功。可见文冠果适应性广泛[6]。

文冠果又称长寿果。河北蔚县许家营村有一棵1000多年树龄的木瓜树（即文冠果树）。据河北《蔚县县志》记载：该树是唐代巾帼英雄樊梨花带兵在此歇马时栽下的，至今根深叶茂。平泉台头山有文冠果古树树龄350多年，树高12m，远观像一只佛手矗立在山的顶端，5只手指清晰可见，每年的5月初，前来看花祈福的游客众多。根据《河北古树名木》记载，涿鹿县栾庄乡唐家洼村、滦南县青坨营镇前姜六村、昌黎县朱各庄乡孙庄村、广宗县塘町乡南郭寺村、丰润县曹庄子中学操场等地均有文冠果古木存在，这些现存的古树，也反映了文冠果的分布情况[4, 7]。

（4）生态经济价值[2, 5, 7-8]

文冠果属于深根性树种，根蘖能力强，根系发达，既扎得深，又分布广；根的皮层占91%，就像根的外面包着很厚的一层海绵一样，能充分吸收和贮存水分，抗旱、耐瘠薄能力强，具有很强的生态适应性，是防风固沙、小流域治理、荒漠化治理的优良树种，是"三北"地区防沙治沙的主要树种之一。

树姿秀丽，文冠果花杂性，两性花的花序顶生，花瓣5，白色，基部红色或黄色，有清晰的脉纹，花序大，花朵稠密，花香多姿，花色艳丽，花期长，可持续20多天，甚为美观。果似金橘，具有极高的观赏价值，适宜于行道、公路、风景区栽植，景观效果好，是难得的观花小乔木。文冠果叶片对铅和锡富有吸集功能，能净化环境，可以作为大气污染的指示植物。另文冠果花期长，流蜜量大，是重要的蜜源植物。

文冠果被老百姓称为"一年种千年收"的铁杆庄稼，也是中国确定的十大木本食用油料树种之一。果实为蒴果长3.5~6cm，室裂为3果瓣，果皮厚木质化，种子长达1.8cm，黑色而有光泽，状如成熟的莲子。种仁含油率50%~70%，油黄色而透明，亚油酸含量高，油质好，历史上人们采集文冠果种子榨油点佛灯，并逐渐转为食用。

文冠果油可有效预防高血压、高血脂、血管硬化。茎或枝叶也可入药，具有祛风除湿，消肿止痛之功效。主治风湿热痹，筋骨疼痛。有关研究表明，文冠果具有增强记忆、改善心血管、抗癌、抗病毒、抗艾滋病活性等功效。

文冠果籽油碳链长度主要集中在C17~C19，与普通柴油主要成分的碳链长度极为接近，用它制备的生物柴油18C的烃类成分含量高达93.4%，而且无S、N等污染环境因子，符合理想生物柴油指标。文冠果的柴油提取已获成功，陕西、河南、甘肃、北京等国内地区已在积极筹建文冠果油加工厂，日本、韩国、加拿大等国也纷纷建立文冠果园林基地及加工厂。

此外，文冠果油还可作高级润滑油、增塑剂、油漆、肥皂等工业原料；油饼可提取蛋白质和氨基酸，也可作精饲料；果皮能提取糠醛；叶子可蒸炒加工成茶叶。

木材坚硬，褐色，纹理美，食用与家具、器具。

邱县在文冠果深加工方面，相继研发了文冠果茶、文冠果油、文冠果胶囊、文冠果微囊孢粉等系列产品，成功申报了"邱县文冠果茶"地理标志商标、"邱县文冠果"区域公用品牌、国家AAA级旅游景区，被评为全国文冠果名县。

在原国家林业局2006—2015年的能源林建设规划当中文冠果已成为"三北"地区的首选树种。

（5）植物文化[7]

又名文官果。明代万历年间京官蒋一葵撰《长安客话》载"文官果肉旋如螺，实初成甘香，久则微苦。昔唐德宗（780—805年在位）幸奉天，民献是果，遂官其人，故名。"这就是"文官果"之名最初的来历。

文冠果又称文冠花。宋朝时概因当时的文官，首穿白袍，次着绿袍，再穿红袍，最大的官才穿紫袍。而文冠花的颜色变化，也正如当时文官的袍一样，官越大袍的颜色也逐渐变深，先白次绿次红次紫，故名文冠花。因此就有了"文冠当庭，金榜题名"的美好寓意。

宋·慕容彦逢《贡院即事》记载："文冠花畔揖群英，紫案香焚晓雾横，十四年间五知举，粉牌时拂旧题名。"前两句描绘了各位学子聚集文冠果树下祈祷许愿、启发灵感，后两句展示出殿试高中之后，学子到树下还愿的场景。

其木色深红，纹理清晰，质地坚硬，民间也称"降龙木"。民间相传，文冠果是神树，是北方寺庙的专有树种，素有"南有菩提树，北有文冠果"之称。传说只有高僧大德之人才能引种成功，因此千年文冠果极为罕见，一般都在古寺庙及遗址里。文冠果油被称为神油，被用来敬佛和点长明灯，能让高僧活佛健康长寿。文冠果蒙名僧灯（森登）毛道，藏名旃丹、旃檀，佛门弟子尊称为菩提或阿修罗菩提。森登是蒙、藏医传统的药用品种，据文献记载有3种取材，其中，檀香样（檀红）森登为文冠果的茎枝。

文冠果自古以来就是吉祥树，备受文人士大夫的欢迎。因为文冠果寓意"文官镇院"的缘故，全国各地的文冠果树多为宫殿庙宇、达官显贵所栽，像北京的孔庙、故宫、天坛、圆明园、八大处等都栽植有文冠果。

（6）繁殖与栽培[2, 5, 9-11]

文冠果萌生能力强，种子发芽率较高，因而，在自然条件下，可借助萌蘖繁殖和种子繁殖实现自我更新繁衍。平泉台头山文冠果古树，周围有20多株天然落种萌发的实生苗，说明种子更新良好。但由于河北自然分布的个体数量太少，加上其果实较大，种子容易流失，靠自然繁育难以形成种群。

人工繁殖主要用播种、嫁接、根插或分株繁殖。

嫁接：主要有切接、插皮接、芽接等。一般芽接用得较多，尤其是带木质部大片芽接效果较好，砧木选用1~2年生的苗木，接穗选用丰产株上生长健壮的枝条，嫁接部位在砧木距地面约15cm处，有利于接口愈合。

根插繁殖：利用春季起苗时的残根，剪成10~15cm长的根段，插于苗床，覆土灌水。

分株繁殖：利用根蘖苗，进行分株繁殖。

人工造林：文冠果移栽曾经存在成活难的问题。由于该树种为深根性树种，造林时常选用小苗，因为大苗造林在起苗时根部受伤大，根系不完整，造林成活率低。在育苗时应降低育苗密度，每公顷保持在75000株以内，严格控制浇水，并采取断根培育的方法，促进侧根发育和根系完整，培育壮苗。另外，文冠果根为肉质根，在移栽时易伤、易折、易失水、易腐烂，根系愈伤能力差，损伤后易造成烂根，造林不易成活。因此，起苗后应及时用多菌灵或百菌清800～1000倍液浸泡、泥浆沾根和塑料薄膜包裹的能够方法，能够使移栽时间延长到20天，移栽成活率达到95%[6]。

造林密度多采用2m×2m，2505株/hm^2、2m×3m，1665株/hm^2、2m×4m，1260株/hm^{2}等模式。造林后第二年便可挂果。

（7）资源保育

文冠果是河北的珍稀树种，具有很高的生态经济价值和学术价值。

7.1 加强保护

天然文冠果数量稀少，对现存的少量片林以及散布在各地的古树应严格保护，收集各地的基因资源，建立种植资源库。

7.2 集约化栽培

文冠果作为食用油料植物和生物质能源植物，具有广阔的发展前景，在适宜地区，可规模化造林，培育新兴产业。

7.3 扩大景观应用

文冠果花大美丽，景观效果极佳，可在园林绿化中推广应用。

7.4 培育优良品种

文冠果栽培品种类型较多，果实产量差别很大，在新品种培育和引种时，要注意选育树势健壮、树型开张，抗逆性强，果实产量高、皮薄籽多，出油率高，适合本地发展的品质。

主要参考文献

[1] 孙立元，任宪威. 河北树木志［M］. 北京：中国林业出版社，1997.

[2] 林佘霖，等. 新编中草药全图鉴［M］. 福建科技出版社，2020.

[3] 中国科学院中国植物志编辑委员会. 中国植物志［M］. 第22卷，科学出版社，1981.

[4] 河北省绿化委员会办公室. 河北古树名木［M］. 石家庄：河北科技出版社，2009.

[5] 李金霞，等. 文冠果资源栽培利用研究［J］. 河北林业科技，2012（6）：80-81.

[6] 河北森林编辑委员会. 河北森林［M］. 北京：中国林业出版社，1988.

[7] 马成福. 仰望千年文冠果，发展百代好产业［EB/OL］.（2021-1-1）［2023-10-9］. https://www.sohu.com/a/693983456_121405132.

[8] 侯元凯，等. 生物柴油树种栽培与利用［M］. 北京：中国农业出版社，2007.

[9] 吴凡. 西北文冠果基地破解了移栽成活难和"千花一果"难题［N］. 农业科技报，2021-7-20.

[10] 王雪美，等. 文冠果造林技术［J］. 北京农业，2013（18）：74.

[11] 张娜，等. 文冠果组织培养技术关键环节研究进展与展望［J］. 中国农学通报，2009，25（8）：113-117.

18. 臭椿

臭椿翅果

西山天然臭椿幼林

井陉良吴家窑乡胡家峪村天然臭椿林

臭椿是苦木科（Simaroubaceae）臭椿属（*Ailanthus*）植物，约10种[1]，分布于亚洲至大洋洲北部；中国有5种，包括臭椿，常绿臭椿（*Ailanthus fordii*）、毛臭椿（*Ailanthus giraldii*）、岭南臭椿（*Ailanthus triphysa*）、刺臭椿（*Ailanthus vilmoriniana*）。河北有臭椿、刺臭椿两个种。

臭椿的叶子揉捏会散发出特殊的臭味[2]，故名臭椿，也是与香椿（*Toona sinensis*）区别的标志性特征。

臭椿是河北平原地区散生的一个主要树种。

（1）分布

臭椿分布于中国北部、东部及西南部，东南至台湾省。中国除黑龙江、吉林、新疆、青海、宁夏、海南外，各地均有分布，水平分布纬度在22°~43°。向北直到辽宁南部，共跨22个省（自治区、直辖市），以黄河流域为分布中心。世界各地广为栽培。

河北天然椿树主要分布在太行山石质山区，散生为主，少见集中连片分布。分布高度多在海拔500m以下石质山区。垂直分布可达1800m。在河北平原地区广泛分布，是河北平原五大乡土树种（杨柳榆槐椿）之一。在武安西北部山区的白草坪村椿树沟、平山前大地林场、阜平槐底村黄土阶地、易县菜园村河谷卵石岗地、易县石岗村山地北坡、灵寿西部丘陵多石质坡地等，都有天然椿树片林分布。

20世纪50~70年代，社队期间，部分山区县采取直播或植苗的方法，营造了一部分椿树人工林，如武安、平山、涞水、易县、唐县、兴隆等地，都营造有椿树人工林，但面积都不大。

据河北二类森林资源调查，全省共有臭椿800hm^2，主要分布在中、南部太行山区，包括石家庄300hm^2、邯郸300hm^2、邢台200hm^2，北部分布较少，如张家口36hm^2、承德40hm^2。

（2）生物生态学特性[2]

阳性树种喜光，不耐阴。适应性强，耐干旱盐碱瘠薄，除黏土外，各种土壤和中性、酸性及钙质土都能生长，适生于深厚、肥沃、湿润的砂质土壤，但在重黏土和积水区生长不良。耐寒，耐旱，不耐水湿，长期积水会烂根死亡。耐微碱，pH的适宜范围为5.5~8.2。在石灰岩地区生长良好，可作石灰岩地区的主要造林树种，对中性或石灰性土层深厚的壤土或沙壤土适宜，对氯气抗性中等，对氟化氢及二氧化硫抗性强。

在年平均气温7~19℃、年降水量400~2000mm内生长正常；年平均气温12~15℃、年降水量550~1200mm内最适生长。能耐极端低温-35℃及47℃高温，抗高温和耐寒能力较强。

深根性，根系较长，萌芽力强，可以生长在陡坡、贫瘠、质地差的立地条件下，在一些生态恢复项目中，臭椿作为乔木类的强抗逆树种被大量采用。

生长速度较快。平山前大地林场16年生臭椿天然林，平均高9.7m，胸径14.0cm。平山南滚龙沟村在海拔930m的北坡厚土上营造的21年生纯林，平均高9.1m，胸径17.0cm。涞水县紫石口村在山坡坡脚厚土层营造的人工臭椿林，8年生平均树高5.8m，胸径7.9m。

（3）群落结构

天然椿树多以散生、纯林和混交的形式存在。

臭椿为非森林树种，群居性不强，在散生的条件下生长良好。不像落叶松、栎类、桦树等森林树种，需要在群落环境下才能更好生长。椿树的翅果在风力作用可远距离传播，在适宜条件下即萌发成苗，故椿树散布广泛。因而，在平原地区广大村镇"四旁"地、丘陵地区的废弃梯田、田埂、地塄坡面、沟谷接地、矿区等常见有椿树散生。

在太行山和燕山的低山丘陵区（海拔800m以下），在撂荒地、废弃梯田、多石质丘陵区、矿区，可见小片分布的天然椿树纯林。由于臭椿喜光，林内植株分化明显，林分结构不稳定，不是一个基本成林树种，所以臭椿天然林少见连续的大片纯林分布。在小片纯林内，常散生有其他树种，主要有榆树、构树（*Broussonetia papyrifera*）、蒙桑等树种，成单层林；林下灌木有荆条、酸枣等，活地被物有白羊草、黄背草、蒿类、委陵菜、苔草、狗尾草、中华卷柏等，灌草植被盖度40%~60%。在海拔800~1500m，臭椿的伴生树对种有栎类、山杨等树种，都为单层林；下木有绣线菊、胡枝子、榛等，活地被物有蒿类、薹草、地榆、唐松草等。臭椿天然林郁闭度一般为0.3~0.8。

在山地坡脚的杂木林中，有较多臭椿分布，幼树居多，是杂木林的组分之一。与其混交的树种有榆（*Ulmus pumila*）、栾、黑枣、黄连木、蒙桑、黄栌、野皂荚、荆条、酸枣、胡枝子等乔灌树种，由于坡脚土层较厚，立地条件较好，常形成密实的杂树丛，盖度可达90%以上，臭椿是优势树种之一。

（4）生态经济价值

4.1 生态价值

臭椿生长迅速、适应性强、容易繁殖，病虫害少、耐干旱、瘠薄、萌蘖力强，根系发达，属深根性树种，是水土保持的良好树种，是我国北部地区黄土丘陵、石质山区主要造林先锋树种。耐盐碱，也是盐碱地绿化的好树种[3]。

具有较强的抗烟能力，对二氧化硫、氯气、氟化氢、二氧化氮的抗性极强，是工矿区绿化的良好树种[4]。

它是优良的环保树种。有资料显示，臭椿对$PM_{2.5}$~PM_{10}滞留效果明显，在单位叶面积尺度上达到$1.58g/m^2$，在单株尺度上，臭椿滞尘量达到159.2g，滞尘能力比较强。夏季，臭椿的日平均降温效果比较明显，达到1.25℃，高于洋白蜡1.1℃、银杏1.03℃和栾树1.03℃。臭椿的日固碳量为$628.88g/m^3$，日释放氧量$20.12g/m^3$，高于银杏的$3.05g/m^3$。

4.2 观赏价值

臭椿树姿端庄，树干通直高大，春季嫩叶紫红色，秋季红果满树，是良好的观赏树和行道树[4]。可孤植、丛植或与其他树种混栽，适宜于工厂、矿区等绿化。枝叶繁茂，春季嫩叶紫红色，秋季满树红色翅果，颇为美观，在印度、英国、法国、德国、意大利、美国等常作为行道树[5]，颇受赞赏而被称为"天堂树"。

在园林应用中，用臭椿做嫁接红叶椿的砧木。

4.3 经济价值

臭椿木纤维含量较高，占总干重的40%，是造纸的良好材料。材质坚韧、纹理直，具光泽，能耐水，易加工，供桥梁、家具用材；是建筑和家具制作的优良用材。

椿叶可以饲养樗蚕，丝可织椿绸。茎皮纤维可制人造棉和绳索。

种子含油达到了30%～35%，可用来榨油，为半干性油，可以提炼工业用油等，是一种天然的工业原料油，残渣可作肥料。

根含苦楝素、脂肪油及鞣质，茎皮含树胶。

4.4 药用价值

臭椿树皮、根皮、果实均可入药，具有清热燥湿、收涩止带、止泻、止血之功效。中药文献记载，臭椿有"小毒"，只供煎汤外洗使用。臭椿叶不能食用，嫩芽与香椿相似，不能混淆。

臭椿干燥的干皮、根皮、果实可入药，《本草纲目》说臭椿根治疗慢性消化不良效果特别好，叶做中药可除去口鼻蛆虫，肠道寄生虫等。目前有研究认为，臭椿中药中含有臭椿酮，臭椿酮是新近发现的具有广谱生物学活性的小分子化合物，具有抗感染、抗炎、抗过敏等功能。臭椿酮在体内、体外均表现出抗癌活性。可抑制非小细胞肺癌细胞的增殖、侵袭和成瘤能力。

臭椿属中的苦味成分具有广泛的生物活性，如抗菌抗病毒、抗肿瘤作用、抗疟疾、还可作为杀虫剂和除草剂[6-7]。

（5）植物文化[8]

在中国古代，臭椿一直名声都不算太好，在常见的高大乔木里，就它的名字里带上了一个"臭"字。"樗"，意思是不成材的臭椿。

《诗经·小雅·我行其野》："我行其野，蔽芾其樗。婚姻之故，言就尔居。"描写了田野臭椿生长的枝叶茂盛，同时也描写了行路的人，因婚姻不幸在踽踽独行。臭椿的茂盛与婚姻的不幸一起描写，描写了环境美好与心情的阴郁，有强烈的情、境对比效果。但自古以来的文人有不同的解读，大意是说臭椿和不幸的婚姻放在一起，臭椿象征不幸，曲解了臭椿，把臭椿"黑化"了。

《诗经·七月》："七月食瓜，八月断壶，九月叔苴。采荼薪樗。时我农夫。"意思是说，农夫7月吃瓜，8月采葫芦，9月收藏麻籽，准备好柴草，描写农夫的生活。薪樗，就是砍伐臭椿当柴烧。这一首诗又被解读为臭椿不堪大用，只能当柴烧。这其实是人们基于当时的认识，对臭椿的极大误解，也是对诗经的曲解。喜鹊被认为是吉祥鸟，它很喜欢在臭椿树上做窝，臭椿应该是吉祥树才对。

抹黑臭椿的还有《庄子·逍遥游》："惠子谓庄子曰：'吾有大树，人谓之樗。其大本拥肿而不中绳墨，其小枝卷曲而不中规矩。立之途，匠者不顾……大而无用，众所同去也。'庄子曰：'今子有大树，患其无用，何不树之于无何有之乡，广莫之野，彷徨乎无为其侧，逍遥乎寝卧其下。不夭斤斧，物无害者，无所可用，安所困苦哉！'"

《庄子·山木》记载："庄子行于山中，见大木，枝叶茂盛，伐木者止其旁而不取也，问其故，曰'不可用'，庄子曰：'此木以不材得终其天年'"。虽然这里没有说大木是不是臭椿，但意思是说，无用的大木不被人们砍伐利用而以享天年，那些有用的树，因有用被砍伐而夭折。这里同样是描绘庄子的无为而为的道家思想。

树王传说：刘秀是后来的光武帝，当王莽追杀他的时候，刘秀又累又饿，所以他躲在桑树林里休息吃桑，躲过了一场灾难。他指着桑树林说，将来，你会成为树中之王！谁知后来管理不善，不知桑树，误以为臭椿树是树王，所以臭椿树成了"树王"。

（6）更新繁殖[2]

①天然更新臭椿生命力顽强，能产生大量的种子，种子带翅，能够飞散到较远的地方，自播能力强，实生苗多。萌蘖力强，母树周围总能长出很多小苗，无须栽培自成苗，表现出较强的自我更新繁衍能力。

②人工育苗可采用臭椿用种子繁殖或根蘖苗分株繁殖。臭椿种子属中粒种子，种子千粒重28～32g，种子采集加工时去杂不必去翅，发芽率80%左右，种子干藏贮存，发芽力可保持1年。播种育苗，简单温水浸种结合混砂催芽就能出苗整齐，达到很好的效果。人工育苗：早春采用条播。先去掉种翅，用始温40℃的水浸种24h，捞出后放置在温暖向阳处混沙催芽，温度20～25℃，夜间用草帘保温，约10天种子有1/3裂嘴即可播种。行距25～30cm，覆土1～1.5cm，略镇压，每亩播种量5kg左右。4～5天幼苗开始出土，每米长留苗8～10株，每亩苗1.2万～1.6万株，当年生苗高60～100cm。最好移植一次，截断主根，促进侧须根生长。

③栽培管理臭椿的栽植冬春两季均可，春季栽苗易早栽，在苗干上部壮芽膨大呈球状时栽植成活率最高，栽植时要做到穴大、深栽、踩实、少露头。干旱或多风地带易采用截干造林。臭椿多"四旁"栽植，一般采用壮苗或3～5年幼树栽植，栽后及时浇水，确保成活。

臭椿挥发出的特殊臭味具有很强的杀菌除虫功效，并可与其他物质混合成杀虫剂，所以臭椿对病虫害抵抗能力较强，病虫害危害较轻。常见病虫害有立枯病，瘿螨，盲蝽这3种，注意及时防治。

（7）资源保育

臭椿作为河北乡土树种，近年来各级林业部门对臭椿的培育利用重视不够，保护修复措施滞后，目前除了在平原地区作为城市绿化树种开展了一些培育外，在山区的水土保持作用远远没有得到重视，特别在生态脆弱的山区没有发现采用臭椿造林形成的成片分布的臭椿林。鉴于臭椿有较高的生态、经济、药用和文化价值，在今后天然林保护修复中应采取一下措施加快臭椿天然林的拓展恢复。

①通过臭椿资源清查，摸清河北臭椿天然林资源，特别是集中连片分布的臭椿天然林，臭椿古树、摸清臭椿分布范围，分布上限，科学开展臭椿天然林保护修复。

②要加大臭椿造林绿化力度，充分利用臭椿耐干旱、瘠薄、深根、病虫害少的特点优势，积极推广臭椿林建设，建立臭椿景观林、臭椿用材林、臭椿防护林。利用臭椿播种易成活的特点，在具备母树和种源等有条件的地区，大力发展臭椿飞播、撒播造林和封山育林，降低生态脆弱区造林成本，提高林地防护效益。

③深入研究开发臭椿的经济、药用价值，通过组建臭椿公关团队，研究挖掘臭椿的开发利用价值，提升社会关注度。

主要参考文献

［1］中国科学院中国植物志编辑委员会. 中国植物志［M］. 北京：科学出版社，1997.
［2］申洁梅，等. 臭椿研究综述［J］. 河南林业科技，2008，4（28）：27-29.
［3］朱秀谦，等. 河南臭椿属观赏类型的研究［J］. 河南林业科技，2000（3）：10-12+15.
［4］河北森林编辑委员会. 河北森林［M］. 北京：中国林业出版社，1988.
［5］王宴荷. 臭椿常见病虫害及防治技术［J］. 农业科技与信息，2017（7）：81-82.
［6］杨成见，等. 臭椿属植物化学成分及药理活性研究进展［J］. 齐鲁药事，2009（3）：167-169.
［7］伊惠贤. 苦香木属 *Simaba cuspidata* Spruce 和臭椿属 *Ailanthus grandis* Prain 的抗肿瘤苦木素［J］. 国外医学（植物药分册），1981，4：19-23.
［8］郝晨曦. 臭椿：为庸材"黑历史"正名［N］. 中国绿色时报，2019-8-6.

19. 构树

构树枝叶形态

构树花期较长（5~10月）

鹿泉西山构树群落

构属（Broussonetia）隶属于桑科（Moraceae）桑亚科（Moroideae）构树族（Broussonetieae），本属全世界共有5种，分布于亚洲东部及太平洋岛屿。我国有3种，即构、小构树（B. kazinoki）、藤构（B. kaempferisieb var. australis）[1]。

构树是河北的一个最草根的乡土树种和先锋树种，纤维植物，最早的造纸材料之一，是中国"神舟六号"飞船搭载的5种太空种苗研究材料之一。

（1）分布

构树分布很广，我国温带、热带，南北各地均有分布，南至云南、广西，北至大连、内蒙古都有生长。东南亚、日本、朝鲜也有分布。野生或栽培。生于海拔1600m以下的平原和丘陵地带，在黄土沟壑、田野路旁、林缘或林中、河沟边、村旁废弃地及城郊也多有分布。

河北从邯郸到张承地区有分布，承德、青龙、易县以南地区分布较多，生长良好。根据河北森林资源二类调查数据，全省现有构树片林107hm^2，蓄积304m^3，其中幼龄林39hm^2，中龄林68hm^2，无成熟的片林分布，现有构树片林主要是自然生长，面积较小，但散生数量大。构树片林主要分布在邯郸、邢台、石家庄等太行山山前地区。其中，邯郸的复兴区41hm^2、邯山区11hm^2、鹿泉区7hm^2。在石家庄动物园、文安县苗圃、灵寿五岳寨等地见有连续分布的片林，在保定的涿州市曾有过田间人工培育杂交构树苗木，在石家庄新华区、裕华区等地有少量人工栽培，在石家庄四中路见有行道树栽培。

（2）生物生态学特性

构树为强阳性树种，但具有一定耐阴性。适应性和抗逆性强，耐寒耐旱，病虫害少的特点，耐贫瘠，较耐水湿，喜酸性土壤，但有一定耐盐碱能力，在pH8.7、含盐量0.2%的轻盐碱土中能正常生长，在天津滨海新区中、重盐碱地上造林成活率均达90%以上。在多石质山地、沙地、黄土沟壑表现出较强适应性，单株散生或片林均能很好生长。对气候生态适应性强，既能适应南方湿热气候，也能适应北方寒燥气候。

根系浅，侧根发达，根系分生，再生能力强，地下走根萌芽力和伐桩萌蘖力极强，耐修剪，抗污染。

生长快，11年生时构树单株平均胸径总生长量已达17.3cm、胸径连年生长量大，达1.5cm，树高总生长量13.4m、材积总生长量0.1572m³，胸径速生期在5～7年[2]。

有学者认为，构树可作为一种新型木本模式植物。构树具有世代周期短，种实量大，株型多样，基因组紧凑，易转化，表型性状和遗传多样性丰富等多种特点，可以作为研究木质素和纤维素合成、类黄酮和氮代谢、异形叶性形成、植物性别分化机制以及植物抗性和环境适应性进化等植物学研究领域重大关键问题的模式材料[3]。

（3）群落结构

自然条件下，构树常见生长于村旁、废弃宅地、沟壑、缓坡和丘陵地区，以散生、片状或团状纯林、混交等形式存在。

构树果实成熟时鲜红夺目，含糖量高，鸟类喜食，种子通过鸟类过腹传播，因而，在城乡空旷地、花坛、草地、田间、沟壑等地，常能见到散生构树，属于平原地区主要树种"杨柳榆槐椿桐杂"中的"杂树"之一，是村落庭院的一个"伴生"树种。

由于构树根蘖能力很强，在人为破坏较小环境下，常呈团状或片状分布并向周边扩展，群落面积不大，是河北平原地区可见形成天然群落的少数树种之一。在构树林地中，由于林内个体属于多代萌生，林分结构常呈异层复龄单一纯林。同时，由于林内个体密度大，林间杂乱，林分郁闭度高，林内其他植物稀少，无灌木层或灌木层植被稀少。草被以田间杂草为主，主要有苋草、马唐（*Digitaria sanguinalis*）、牛筋草（*Eleusine indica*）、狗尾草、丛生隐子草、艾、黄背草等。石家庄市动物园位于沟壑地带的构树片林就是这种类型。

在山坡坡脚的杂木林中，可见构树与其他树种混生共建群落，常见的伴生树种有臭椿、栾树、黑枣、榆树、蒙桑、山皂荚（*Gleditsia japonica*）、黄栌、荆条等，构树在群落中不占优势。这种群落，河北多见于太行山区的丘陵地带。

在山地中上坡的天然林中，少见有构树参与林分构建。

（4）生态经济价值

构树既是一个良好的生态树种，也是一种纤维植物、饲料植物、药用植物，具有较强的生态适应性和较高的经济价值，适宜河北大部分地区人工栽培，具有广阔的发展前景。

构树早期生长快，根系浅，侧根发达，易串根，耐修剪，萌芽力和分蘖力强，平茬后由伐桩和根部抽生大量枝条，能快速成林。越砍越旺，适宜快速绿化。构树部分根还可以形成根瘤菌，在土壤中形成发达的网络结构，固土固沙效果很好，水土保持效果好，是沟壑地带、丘陵地区、石漠山地的一个很好的水土保持树种。

抗污染能力强，耐烟尘污染，对二氧化硫、氟化氢、氯气具有较强抗性，由于叶子表面粗糙，对尘埃吸附性好，可作为矿区、厂区绿化、工矿废弃地生态修复治理树种。据调查[4]，在南京的一些工厂里，因有毒气体常使一些树木如法国梧桐、杨树、水杉、雪松等的叶子出现伤斑并变黄或脱落，成片受害，而构树仍可茁壮生长。

枝叶繁茂，春末夏初橘红色果实，果实由多数小果集合而成，熟时红色，鲜艳夺目，树干灰白或白褐，如醉彩色，观赏价值较好，多应用于行道树、公园绿化等。

构树韧皮部含有大量优质纤维，纤维含量近60%，半纤维13.49%，纤维平均长度16mm；平均强度115.15nm；平均伸长6%。与亚麻、大麻比较接近，但细度很细，与细绒棉接近，强力低于苎麻、亚麻纤维，伸长却比苎麻、亚麻大，手感柔软[5]。构树纤维可纺性好，但因回潮率较高，不适合单纺，与人造丝相混合，可用于制作高档刺绣工艺品、沙发布、窗帘、台布、等，具有较高开发利用价值。

构树纤维只溶于浓度较高的强酸中，而不溶于盐酸、氢氧化钠、二甲苯、二甲基甲酰胺试剂，具有较好的化学稳定性，耐腐蚀性好。构树纤维品质优良、色泽洁白，具有天然丝质外观，手感柔软，具丝和棉的感觉，是做宣纸、丝纺、钞票用纸的好材料。构树皮作为造纸原料由来已久，据记载：东汉和帝时蔡伦采构树皮、故帛、渔网、麻增，煮烂造纸，天下乃通用之[4]。至今，云贵地区仍有用构树皮制作手工纸的传统。纳西族东巴纸以及傣族构树皮手工造纸，2006年入选第一批国家级非物质文化遗产名录，所用的原料都是构树皮。日本是宣纸主要生产国，常年从我国进口构树皮。

构树是罕见的高蛋白植物，据测定，构叶干物质粗蛋白含量达24%，远高于苜蓿的14%，氨基酸是大米的4.5倍，玉米的2.5倍，黄豆的1.8倍，含有18种氨基酸，维生素和微量元素高于大多数水果蔬菜，粗脂肪含量6%，仅次于大豆，含有较多的Zn、Mn、Fe、Cu、P等微量矿质元素。干物质、蛋白质及矿物质均优于榆树和柳树，用构树叶来喂养的猪，瘦肉率高，肉质纯正，味道鲜美，15～20棵构树可饲养一头猪，是一种优质的饲料原料。湖北、广西、贵州等多地均有专门饲料林种植[6-7]。

构树的雄花序俗称"构棒槌"，含较多的蛋白质、氨基酸，有较大的营养价值，拌面可蒸食，有"空中野菜"之称。构树果实熟时红色，其表面的小果可食用，味甜，含有丰富的营养。

种子油可制肥皂、油漆和润滑油等。树皮、木材、叶均含鞣质，可提制栲胶。

构树木材黄白色，质轻而软，可作箱板及供炭薪用。构树木材供器具、家具制作，但木制较软，在河北属软阔杂类木材。近些年来，构树在木浆造纸、高档纤维板制作中开始应用。作为薪炭材，构树燃烧值高于刺槐，是良好的燃料植物、能源植物。

构树还具有广泛的医药用途，构树叶、果实、根、乳汁均可入药。目前已从构树中分离得到大量黄酮类、萜类、挥发性油、脂肪酸、氨基酸及其他类化合物，药理研究表明，当中的多个成分具有抗血小板聚集、抑制芳香化酶、抗氧化、抗菌、抗炎、抑制蛋白酪氨酸磷酸酶1B、细胞毒等活性[4]。叶捣汁服可治鼻衄、治痢疾，叶水浸物可用于农作物防治蚜虫；叶的胶质可擦治癣疮。叶及树皮中的乳汁，可治蛇、虫、蜂、蝎、犬咬伤。树皮治水肿，利小便。果实为常用中药楮实子，用作强壮剂，有消水肿、壮筋骨、明目、健胃、美容功效。构树果中药称楮实子，为常见的传统中药，历版中国药典均有收载，具有补肾清肝、明目利尿、强壮筋骨的功效。近年研究还表明，其果实有改善记忆，治疗老年痴呆症作用[3, 8-9]。

（5）植物文化

早在先秦时期，人们已对构树有所认识，那时的构树称作"谷"或"榖"，汉代的《说文解字》中有"榖，楮也"的说法。《诗经·小雅》的鹤鸣篇有"乐彼之园，爰有树檀，其下维谷"的诗句，其大意为园中何地有青檀大树，下面便会有稍矮的构树，《诗经·小雅》的黄鸟篇也有"黄鸟黄鸟，无集于榖，无啄我粟"。可见在1000多年前，构便是一种野生的杂木[10]。

河北新乐伏羲台有"人祖树"。相传"文人始祖"伏羲氏偶然吃到构树的叶子,感到肚里舒适清爽,此树便被奉为"神树",因而构树又被当地称为"人祖树"。据说伏羲台"人祖树"有56种不同的叶形,寓意华夏56个民族同根同生患难与共[11]。

构树生于草莽,品格坚韧厚朴,乐于奉献。6000年前,岭南人就开始使用构树制布做衣,"谷皮布"用以蔽体御寒、惠及民生。2000年前的东汉,蔡伦发现了构树皮造纸的优点,改良了造纸术。据考证,世界上最早的纸币"交子"就是由构树皮造的"皮纸"印制而成。五代南唐"文房三宝"之一"澄心堂纸"也与构树有着关联。苏轼《宥老楮》云其百般用途:"肤为蔡侯纸,子入桐君录。黄缯练成素,黟面颊作玉。灌洒烝生菌,腐余光吐烛。",表明构树在制衣、造纸、饮食、酿造、饮食、医药等多方面的贡献[11]。

(6) 更新繁殖

构树自然更新靠种子繁殖和萌芽更新。根蘖能力极强,繁殖速度快,成林快,一个大树可发展成一片森林,而且多为异龄林。聚花果7~9月成熟,熟时鲜艳夺目,口感爽甜,种子繁殖主要靠鸟类传播,故自然状态下种子萌发的构树幼苗散布很广。

构树作为饲料树种2015年被国务院扶贫办列为十大精准扶贫工程,构树人工育苗技术逐渐受到重视。构树人工育苗繁殖方式有种子繁殖、扦插繁殖、组培繁殖等。种子繁殖苗木抗逆能力强、生长发育健壮等特点,缺点是易变异,不能保持母本的优良特性;扦插繁殖的特点是方法简单等,缺点是扦插苗根系分布不均匀,且不发达;组织培养繁殖的特点是繁殖率高、遗传性好,缺点是成本高,多次继代易退化等[12]。

构树的种子成熟期主要在8月,此时采收的构树种子发芽率最高,发芽势最好,构树种子含水量较低,采集后若不能及时播种,应干燥保存。构树种子较小,种皮较硬,种子吸水能力差,自然条件下萌发需40天左右,不利于出苗,播种前应将种子用清水侵泡半天,捞出晾干,与湿沙混合催芽。构树种子是光中性种子,构树种子在暗条件下可以正常萌发,但萌发后会出现茎徒长现象[13]。

温度对构树种子发芽非常关键,适合构树种子的催芽温度是30℃,构树种子催芽的上限致死温度是40℃[14]。

构树种子经低浓度NaCl溶液处理后可以提高萌芽率,浓度过高则会抑制构树种子萌发[13]。GA3对构树种子萌发作用明显,使用1600mg/L GA3浸种24h,构树种子萌发率达72.4%[15]。

构树扦插繁殖,以半木质化穗条为好,直径0.5~1.0cm中等粗度的插穗容易生根,插穗过粗或过细均会导致不定根数减少。木质化程度太高,则分生能力差,不利于生根;插穗过细,储养蓄能少,也不利于插穗生根和幼苗生长。构树为雌雄异株,育苗是可根据需要,有目的选择此雄株插穗。

(7) 资源保育

①构树作为防护树种、纤维植物、饲料植物、能源植物,具有一定开发价值。人工造林,可选择优良类型或适宜的杂交品质,在黄土丘陵及沿海地带、沙区,根据需要,营造水土保持林、防风固沙林、饲料林、能源林、人造板或造纸短周期工业原料林、景观林等,成片造林或单株栽培均可。片林22500~144000株/hm^2,定植后只需浇透一次水,一般不需再浇水、施肥,适合粗放管理。定植3年后可截干一次促进萌生。构树的产业化开发利用尚处于初期阶段,应加强在饲料林、工业原料林丰产技

②构树幼树具有一定耐阴能力，在郁闭度0.4以下的林下可以生长，可作为混交造林树种选择。耐盐碱能力强，可用于沿海低地造林绿化和废弃矿区生态恢复重建，甚至可用于垃圾填埋场的绿化。

③作为行道树，构树的果实熟落时会形成一定的地面污染，但构树雌雄异株，可选择雄株发展。公园片林可选择雌株，果实成熟时红色，观赏价值较高。构树有很多自然类型如红皮构、花皮构、绿皮构等，还有金凤、金凰、金蝴蝶等金叶品种，在园林栽培种可选择应用[10]。

④构树串根能力和萌生能力强，在平原农区容易成为农田侵入植物，难以去除，有"恶树"之称，故不宜在田间留存与发展。由于飞鸟传播种子，加之构树在任何缝隙生长，根系发达，生长迅速，可能对古迹如古代建筑房屋、古城墙等造成一定破坏，尽量注意及时去除。在古城周边尽量不栽构树，或栽植无性繁殖的雄株。

主要参考文献

［1］中国科学院中国植物志编辑委员会. 中国植物志［M］. 北京：科学出版社，1998.
［2］黎磊，等. 构树生长特性研究［J］. 贵州科学，2010，28（1）.
［3］彭献军，等. 构树：一种新型木本模式植物［J］. 植物学报，2018，53（3）：372-378.
［4］张秋玉，等. 构树资源研究利用现状及其展望［J］. 广西农业科学，2009，2（40）：217-220.
［5］胡俊达. 构树开发利用价和河北省发展前景［J］. 河北林业科技，2008（5）：100-101.
［6］聂勋载. 再谈一种新型的速生丰产的优质造纸原料——构树［J］. 湖北造纸，2004（1）.
［7］李华西. 构树及其开发利用［J］. 河北林业，2007（1）：36-37.
［8］郑汉臣，等. 构树属植物的分布及其生物学特性［J］. 中国野生植物资源，2002，6：11-13.
［9］戴新民，等. 楮实对小鼠学习和记忆的促进作用［J］. 中药药理与临床，1997，13（5）：27-29.
［10］翟小巧，等. 构树综合价值研究［M］. 西安：黄河水利出版社，2018.
［11］余蕾，等. 构树：浪迹天涯凡而不俗［N］. 中国绿色时报，2019-9-17.
［12］陈谭星，等. 构树育苗影响因素研究进展［J］. 广东农业科学，2021，48（3）：72-77.
［13］吴良. 环境因素对野生构树繁殖与分布的影响研究［D］. 长沙：中南林业科技大学，2019.
［14］闫东方，等. 不同酸碱腐蚀处理方式及温度和光照强度对构树种子萌发的影响［J］. 南方农业学报，2019，50（5）：1057-1063.
［15］王爱霞. NaCl胁迫对不同种源构树种子萌发及幼苗生长的影响［J］. 江苏农业科学，2016，8（44）：257-261.

第三章 天然灌木树种

1. 黄栌

井陉仙台山黄栌

井陉仙台山天然黄栌林

平山猪圈沟天然黄栌林

平山紫云山黄栌

第三章 天然灌木树种

平山紫云山天然黄栌林

黄栌花序

漆树科（Anacardiaceae）黄栌属（*Cotinus*）植物全球有5种，中国有3种[1]。《河北树木志》[2]记载河北有2个变种，分别是红叶黄栌（*C. coggygria* Scop. var. *cinerea*）和黄栌，其中红叶黄栌在河北分布较广。

黄栌因其木材鲜黄而得名。

黄栌为季相观叶树种，是重要的山野风景及大型园林构成树种。

（1）分布

主要分布于南欧、东亚和北美温带东区[1]。华北、华中、西南、西北有分布。

河北坝下以南各山区和北京各山区均有分布，太行山、燕山较多。

黄栌是华北地区著名的红叶树种，北京香山红叶、坡峰岭红叶谷、济南红叶谷、山亭抱犊固都是黄栌秋景。河北涉县庄子岭、武安白云山、磁县炉峰山、邢台云梦山、沙河市白庄、浆水镇九龙峡、赞皇嶂石岩、井陉仙台山、锦山、平山天桂山、北冶狮子坪、驼梁、灵寿五岳寨、顺平白银坨、保定狼牙山、唐县后七峪、涞水野三坡、涞源白石山、青龙祖山、承德兴隆六里坪、张家口安家沟等众多自然风景区，都有大面积黄栌生长。其中，仙台山有华北最大的红叶区之称。唐县后七峪森林公园至今保存着千年黄栌群落，实属罕见。

（2）生物生态学特性

喜阳树种，亦耐半阴，耐干旱及寒冷。适应性强，对土壤要求不严，在瘠薄和盐碱不甚严重的地方均能生长，裸岩干燥阳坡亦能生长。但不耐水湿及黏重土壤，以深厚、肥沃且排水良好的砂质土壤最为适宜。根系发达，侧须根多而密布。萌蘖力强，生长快，2～3年生高可达2m。

在太行山区，常见黄栌生长在山体最上层崖壁以下的山坡、山坳、山脊等，海拔200～1000m，山体最上层则分布较少。在坡沟、半阴坡、小阴坡，长势要好于山脊或干旱阳坡。在裸露的岩石缝隙也能生长，生命力强。

秋季昼夜温差大于10℃时叶色变红，昼夜温差小于5℃时叶色微变黄或仅见紫褐色，也是黄栌林相色彩丰富多变的主要原因[3]。气象学上有"雪打山顶霜打洼"之说，由于冷空气下沉，山坳里的温度昼夜降幅更大，经霜黄栌叶色更加深红。低海拔或平原上栽培难于达到此温差，所以经常见不到叶片变红。

黄栌叶片在秋天会变色，是因为黄栌叶片里除含有叶绿素外，还含有较多叶黄素和花青素，秋季随着气温逐渐下降，叶绿素遭到破坏，叶黄素和花青素相对增多，叶片就变成黄色或红色。

寿命较长，在《河北古树名木》[4]中记载3棵树龄百年以上黄栌古树：涉县合漳乡后岐村窟窿山，树龄600年左右，树高8m，胸围530cm，冠幅11.8m×10.5m；涉县辽城乡黄垴村，树龄400年左右，树高9.5m，胸围420cm，冠幅11.7m×10m；北戴河北京干部休养所2号楼南侧，树龄102年，树高7.5m，胸围207cm，冠幅11m×18m。

（3）群落结构

黄栌是在山地乔木林遭到破坏后早期发展起来的先锋树种。自然分布生态位较宽，群落类型较多，随着地理、地形、坡向、坡位的变化，群丛类型随之变化。主要群丛有黄栌纯林、黄栌+侧柏（油松）

混交林、黄栌杂木林、黄栌混生灌丛、单生灌丛等。受人为干扰或自然影响，这些不同的黄栌群丛往往会出现在同一条沟或一面坡，表明现有黄栌资源正在受到碎片化切割，也体现出黄栌的生态自适应性。

黄栌纯林多呈片状分布，主要分布在土层较厚、水湿条件较好的坡谷或坡顶，是发育最好的群落，表现在植物种类较多、垂直结构明显、郁闭度较大。林下伴生的灌木主要有荆条、绣线菊、扁担杆、蚂蚱腿子等，草本有披针薹草、求米草（*Oplismenus undulatifolius*）、地榆、西伯利亚远志、丛生隐子草等[5]。在立地条件较好地段，林下常见有黄栌幼苗生长，表明群落更新良好。

黄栌常与天然或人工栽植的侧柏、油松形成针阔叶混交林，黄栌、侧柏混交林中，乔木层黄栌与侧柏或油松构成共建种。由于侧柏、油松树干较高，胸径、冠幅较大，因此，在群落的构成中起主要作用。根据惠兴学等[6]的研究结果，在黄栌+油松混交林中，林下凋落物数量、土壤含水量及油松长势都明显优于油松纯林，表明黄栌和油松是一对较好的混交树种组合。

在黄栌杂木林中，参与共建的乔木树种种类较多，常见树种有构、栾、栎类、臭椿、鹅耳枥、蒙桑、黑弹树，黄栌数量有限，不能单独成为建群种。林下虽然有黄栌幼苗，但数量较少，不足以向黄栌林演替。相反，在有的杂木林中，林下构树、栎类、栾树、鹅耳枥幼树较多时，会对黄栌产生威胁，甚至决定着群落的演替方向[5]。

在井陉辛庄林场漆树沟北坡，生长着一片成龄黄栌林，树高达6m，林地郁闭度达0.9，高度郁闭，林木已近衰老，树干发黑，林中散布有一定数量的漆树、小叶鹅耳枥、臭檀吴萸、蒙古栎、大果榆、省沽油等多个树种，这些伴生树种高度已超过黄栌林，树冠迅速扩大，林分由原来的黄栌纯林正向杂木林演替，黄栌林的生长与更新受到一定抑制。

在黄栌混生灌丛中，往往没有明显的优势树种，常见的灌木树种有荆条、酸枣、胡枝子、筅子梢、绣线菊、小叶鼠李等，偶有栾树、椴木、栎类、蒙桑、花曲柳等散布其中。由于人为破坏，这些乔木树种也多呈灌木状生长。由于树木种类较多，在秋天林层季相色彩十分丰富。

在裸露的岩石壁中，常见有黄栌单独生长，由于其萌蘖能力很强，常形成密实的单生灌丛，甚至能形成团状的片林，表现出很强的环境适应性。

（4）生态经济价值

黄栌是天然乔木林遭到破坏以后形成的最后森林生态屏障，在河北山地居群数量大，耐性好，根系发达，萌蘖性强，居群更新能力强，是重要的生态护坡树种，在河北山地森林生态系统构建中具有重要地位。尤其是太行山区，在森林资源相对贫乏的情况下，黄栌资源的生态地位凸显。

黄栌在园林绿化中属于秋色叶树，是最重要的季相性特征自然林木景观。其树姿优美，茎、叶、花都有较高的观赏价值，特别是深秋，叶片经霜变，色彩鲜艳，美丽壮观；其果形别致，成熟果实色鲜红、艳丽夺目。黄栌花后久留不落的不孕花的花梗呈粉红色羽毛状，簇生于枝梢，留存很久，远远望去，宛如万缕罗纱缭绕树间，被文人墨客比作"叠翠烟罗寻旧梦"和"雾中之花"，故黄栌又有"烟树"之称。黄栌在园林造景中最适合在城市大型公园、山地风景区内单种成林，也可与其他红叶或黄叶、绿叶树种混交成林，群体景观效果极佳[7]。

老桩黄栌树形低矮，树冠优美，根桩苍劲嶙峋而又朴实自然，是制作盆景的上佳材料。

其木材黄色，可做家具或用于雕刻，还可提取黄色染料。

（5）更新繁殖

在自然环境下，野生黄栌通常以种子繁殖或根蘖繁殖。由于结实率较高，种子萌发力强，生长迅速，当年成熟的种子落到母树周围后，经过短暂休眠，在次年春经过春化作用就开始萌发，一个生长季即可发育长成实生苗[7]。黄栌在遭到破坏后能从基部抽生大量枝条，使生命得以续存。

人工繁殖包括种子繁殖、扦插繁殖、分株繁殖等形式，栽培变种多用嫁接繁殖。

黄栌种子6~7月成熟后，即可采收。需要注意的是在利用野生种子进行人工育种过程中，由于野生黄栌种子的萌发需要春化作用，如果对不经过自然休眠的种子进行人工繁育，则要采用低温沙藏法处理种子才能成功完成种子的萌发繁育。一般经沙藏40~60天播种，幼苗抗寒力差，入冬前需覆盖树叶和草秸防寒。也可在采种后沙藏越冬，翌年春季播种[8-9]。

太行山区石质山地营造黄栌水土保持林和景观林，最好采用营养杯造林，春季、雨季、秋季均可种植，黄栌不耐涝，注意选择排水良好的地段造林，栽植株行距1m×2m，栽植密度222株/667m²，栽后及时松土除草。整地造林和抚育时，注意保存原有的乔灌树种，培育混交林。

（6）资源保育

由于黄栌枝干含水量低，易于燃烧，山区居民常称其为"黄栌柴"。作为薪柴，过去曾遭到大肆砍伐，致使黄栌林相残破，地块切割，种群更新参差不齐，甚至造成大片退化灌丛，失去观赏价值，生态服务功能减低。

太行山区存在盗挖和非法收购买卖黄栌大树、采挖老桩制作根艺盆景的现象，给黄栌资源和生态环境带来较大破坏，强化资源保护非常必要。

①进一步提高对灌木林价值的认识，把天然灌木林作为一种天然林资源来保护、培育与开发利用，并纳入森林生态效益补助范围，给予政策支持，最大限度地发挥其生态服务价值和社会价值。宜昌将三峡河谷地带的毛黄栌进行有效保护和恢复，将原有的灌丛地变成了积水山地水源涵养林和库区景观林，秋季似火的红叶遍布整个三峡两岸，极为壮观，成为三峡地区秋季一道亮丽的景观。

②通过设置自然保护区、风景区、森林公园等形式，对资源集中的区域给予重点保护。属天然林保护工程区域范围内的，全面纳入天保工程森林管护范围，尤其是对坡度较陡的黄栌灌木林严格实行封禁，严禁采樵、放牧和盗挖大树的违法行为。

③把黄栌纳入山地造林常规树种，在黄栌集中分布区，利用空地，营造黄栌与油松、侧柏、刺槐、黄连木等的混交林，与原有黄栌林地共同组合成山地森林景观，加快资源修复。涉县推广的"667"造林模式，其中，"7"就是一丛7株、3株连翘、3株黄栌、1株侧柏，体现了生态经济组合、景观组合、空间组合的和谐共生理念和林业多目标经营新思路。

主要参考文献

［1］中国科学院中国植物志编辑委员会. 中国植物志［M］. 北京：科学出版社，1980.
［2］孙立元，任宪威. 河北树木志［M］. 北京：中国林业出版社，1997.
［3］桂炳中，等. 霜叶红于二月花——黄栌，花木盆景［J］. 花卉园艺，2012，1：18-19.
［4］河北省绿化委员会办公室. 河北古树名木［M］. 石家庄：河北科技出版社，2009.
［5］杜万光，等. 香山公园黄栌林区群落调查分析［J］. 绿色科技，2011，2：109-112.
［6］惠兴学，等. 油松黄栌混交林的研究［J］. 林业科技，1994，19（1）：8-9.
［7］安瑞，等. 石灰岩山地黄栌营造及生态景观配置技术［J］. 中国园艺文摘，2013，29（7）：224-225.
［8］董东平. 大鸿寨山野生黄栌生态学特性及应用［J］. 湖北农业科学，2012，14（51）.
［9］国家中医药管理局中华草本编辑委员会. 中华草本［M］. 上海：上海科学技术出版社，1999.

2. 野皂荚

鹿泉区西山天然野皂荚林

涉县韩王山野皂荚

豆科（Leguminosae）皂荚属（*Gleditsia*）中国有6种2变种，河北有皂荚（*Gleditsia sinensis*）、日本皂荚（*G. japonica*）、野皂荚3种，其中，自然分布最多的为野皂荚。野皂荚又名胡里豆、小皂荚、扁皮豆等，为多刺植物，是我国华北地区特有种[1]。

（1）分布

野皂荚分布于河北、山东、河南、山西、陕西等地。生长于海拔130~1300m的黄土丘陵、多石山坡、石灰岩山地，在环境干旱、土壤瘠薄的石灰岩山地是较为稳定的群落，是石灰岩山地具有代表性的指示植物类型之一。

河北产平山、井陉、鹿泉、邢台、武安、涉县、磁县、永年、小五台山、遵化、丰润、丰南、迁安、青龙、抚宁等地，太行山中、南段为集中分布区[1]。在苍岩山、测鱼镇、南障城镇、天长镇、辛庄镇，延伸到山西阳泉，野皂荚上万亩集中连片分布，规模罕见。

据河北省林业调查规划设计院2016年全省森林资源二类调查统计，河北大约有野皂荚125892hm^2，分布范围大致以易水河为界，以南的太行山广大山区，主要分布在井陉、涉县、武安、磁县等地。其中，井陉面积最大44881hm^2，占全省的35.6%，其次涉县29937hm^2、武安15571hm^2、磁县10637hm^2。峰峰矿区、沙河、信都区、内丘、临城、满城、易县也有较大数量的分布。野皂荚在河北分布面积大、范围广，是河北的乡土树种，也是一个重要的天然林树种，在太行山区森林生态系统构建中具有重要地位。

（2）生物生态学特性

野皂荚为灌木或小乔木，高2~4m。强阳性树种，喜光，极耐干旱和贫瘠。叶面积及蒸腾量相对较小，在干旱时小叶能自动闭合，减少蒸腾。观测发现生于野皂荚林内的小叶梣、荆条、丛生隐子草等耐干旱植物叶片在特殊干旱季节常见萎蔫现象，有时甚至在次日清晨仍未复原，而野皂荚却无此现象[2]。对土壤要求不严，耐盐碱，适宜在石灰岩地区生长。阳坡、阴坡均有分布，受水湿条件影响，阴坡长势好于阳坡。

深根性树种，具有强大的主、侧根系统，主根可沿岩石缝深入地下5~6m，水平根系分布也很远，露出地面的根系上又生出新植株，从而形成纵横交错的地下根系，因而具有耐寒、耐旱、耐贫瘠、适应性强的特点。

萌生能力强，单株可萌生出十多个枝条，因而常呈丛状分布，表现出很强的生命力。

生长较慢，在太行山区10年萌生野皂荚树高3~5cm，胸2~5cm，郁闭度0.6~0.9。树高前5年生长较快，此后逐年下降。地径、胸径生长在5年以后逐渐加快，至10年连年生长量仍为上升趋势。

寿命长，可达数百年。

（3）群落结构

野皂荚群落是暖温带落叶阔叶林破坏后出现的次生灌丛。群落的最初起源应是鸟类或其他动物食用或携带种子，随粪便散布到适宜地点，萌发并自然生长，以后逐渐凭借根系萌蘖、种子自然繁衍等，扩大种群个体数量。在环境干旱、土壤瘠薄的石灰岩、砂岩山地可形成较为稳定的群落，分布地段常有较大面积的石灰岩裸露，土层厚度10~20cm[3]。

野皂荚群落生物多样性与立地条件及人为干扰强度密切相关。一般叶皂荚群落结构比较简单，主要由灌木层和草本层组成。群落总盖度为50%~90%。灌木层高0.5~3.0m，盖度40%~80%。灌木层的建群种为野皂荚，主要由灌木层和草本层组成。灌木层建群树种为野皂荚、荆条、酸枣、小叶鼠李、小叶梣、黄栌、黄刺玫、三裂绣线菊等，盖度40%~80%。草本层主要有冰草（*Agropyron cristatum*）、中亚薹草（*Carex stenephylloides*）、茵草、白莲蒿、茵陈蒿（*Artemisia capillaries*）、黄背草、白羊草，地被层主要是卷柏（*Selaginella tamariscina*），层间植物有黄花铁线莲（*Clematis intricata*）、杠柳（*Periploca sepium Bunde*）等[4]。

野皂荚群落是以旱生植被为主的灌树丛，在人为破坏严重地段，群落会逆向演替为灌草丛或草丛。在山凹或坡脚立地条件较好地段，野皂荚林常呈林小乔木状生长，内有一定数量的臭椿、榆树、栾、黑枣、黄连木等乔木树种，林分密度较大，覆盖度可达80%以上。

野皂荚灌丛是森林生态系统演替的前期过程，随着群落的不断生长发育，根瘤菌、枯枝落叶等对土壤成分的影响，根系生长对土壤基岩的分解，林地土壤和水分条件得到缓慢改善逐步形成适宜乔木树种生长的环境条件，在立地条件较好地段率先实现林地由灌木林向乔木林的转变。在以野皂荚为主乔木林下，其他灌木如荆条、酸枣等会受光照限制，种群数量不多，而一些林下草本，特别是一些耐旱的草本种群数量会有所增加，形成稳定的乔灌草生态系统[4]。相反，如果过度采伐，会导致野皂荚灌木林地向旱生草丛逆向演替，河北太行山区的野皂荚退化灌丛主要是采樵、放牧、矿区采条编笆等因素所致。灌丛地是森林生态系统的最后一道生态屏障，在干旱贫瘠的石质山地具有重要生态价值，也是生态恢复的基础。

（4）生态经济价值

野皂荚是河北的一个重要生态经济树种。

野皂荚根系发达，主、侧、须根分布面大，其适应性强、易繁殖、病虫害少、对土壤要求不严、耐干旱瘠薄。在太行山地区特殊的干旱阳坡，立地条件差，不利于大部分乔灌木大量生长的条件下，野皂荚可形成适于当地环境特点的稳定灌木群落，可减少地下水源的严重消耗，利于发展节水林业。野皂荚具有较高的水土保持效益，其丛生繁茂的树冠和枯枝落叶，可截留降雨，削减雨水的冲刷力，起到调节地表径流、控制水土流失的作用；根瘤还可改良土壤结构，增加其通透性。野皂荚发达的根系，可扎到5以下的土层，在0~25cm土层的侧根形成网络，能够有效地固定土壤，防止水土流失。是石太行山区多石质山地植被天然更新的先锋树种，也是太行山地区荒山造林绿化的一个重要灌木树种，对大面积干旱地区的自然生态修复及生物多样性保护恢复具有重要意义。

野皂荚不但具有较高的生态价值，同时也具有很高的经济价值。种子富含植物胶，含量超过40%，胚乳中多聚糖含量达到66%，是理想的植物胶原料。其种子多糖与瓜尔多糖化学结构基本相同，同属半乳甘露聚糖，其性能超过田菁胶，与瓜尔胶及葫芦胶相似，用其生产的植物胶可替代进口的瓜尔胶，广泛用于石油、食品、医药和纺织印染等行业。尤其是在钻井液中使用，其综合性能高于改性淀粉、羧甲基纤维素和黄原胶等[2, 5]。

皂荚米作为一种高档食物，市场潜力很大。皂荚米含有丰富的蛋白质、氨基酸和油脂，具有增强人体免疫力、抗衰老的作用。种子含油7.5%，与大豆油成分接近，总不饱和脂肪酸达85%，油脂品质好。其种子提胶或榨油后的副产品胡里豆粉是高蛋白饲料，同样具有很高的经济价值[2, 5]。

地处太行山东麓的井陉自古就有食用野皂荚的习惯。历史上，在井陉的阳泉桃河、绵蔓河及冶河河道两边分布着很多水磨，一直有以野皂荚种子或枝干为原料来磨制食品的传承。涉县将野生皂荚作为全县的特色产业进行开发，2000年全县野皂荚种子产量已经达到3000t。近年来，井陉、涉县、磁县、武安、峰峰矿区等将野皂荚嫁接皂荚，变灌木林为乔木林，提高了林分质量和经济价值。

优良的蜜源植物，花期先于荆条，是刺槐花谢后荆条开花前重要的补充蜜源，与刺槐、酸枣、荆条等组成很好的蜜源链，有助于荆条花前蜂产品的生产和蜂群的壮大、繁殖。

皂荚入药有开窍散风、祛痰、消肿杀虫、通便等作用，可用于治疗昏厥、口噤不开、癫痫等症。皂荚研末吹鼻，可通窍醒脑。皂荚刺具有行气理气、活血化瘀、消肿排脓的作用。最新研究表明，皂角刺具有抗癌、抗肿瘤、抗凝血、降血脂、抗氧化、延缓衰老等作用，药材市场价格猛增。

皂荚中含有皂荚苷，该物质是一种有机表面活性剂，具有较强的去污能力，为天然的清洁剂，过去农村多用来洗衣，现多用于制作天然洗发液。

野皂荚是较好的薪炭林树种，耐平茬，材质坚硬热值高。

（5）更新繁殖

野皂荚为雌雄异株，自花不育树种，雌花雄蕊退化，而雄株比例比雌株大。种子千粒重约138g，发芽率比较高，室内堆放5年，发芽率仍可达到55%[5]。

直播造林。穴播：9000～12000穴/hm²，穴的规格为25cm×25cm，每穴点播8～10粒种子，覆土厚2～3cm，一般10～15天即可出土。撒播是利用天然下种的原理，使其达到造林目的的一种造林手段。岩石裸露和人工不易进行穴播的地段可采用撒播，但撒播的不如穴播便于管理[6]。

植苗造林。野皂荚育苗应选用充分成熟饱满的种子，播种前种子用30～40℃温水浸种1～2天。圃地应选较肥沃的耕地，以确保当年育苗能够出圃造林。当年苗高可达30～50cm。春秋两季均可造林，以秋冬季造林为好。植苗造林可用于封山育林地内的缺株补植造林[5]。

根蘖分株造林。早春发芽前或秋季落叶后进行，土壤水分充足的地方可边分株边造林。栽植时剪去地上部分，只栽根部，栽植穴的大小要与根系的大小相适宜，培土要踩实，以便保墒保成活[6]。

平茬复壮：野皂荚萌芽力强，平茬后截口萌生很多萌芽条，每丛萌生枝条6～10根。耐平茬，平茬后当年萌条高可达1～2m。在条件允许情况下，可5年左右平茬一次。

（6）资源保育

太行山区的野皂荚枝条曾经长期作为薪材和木编材料，尤其是矿区，用量很大，但也造成很大资源破坏，出现大片退化野皂荚灌丛，灌木盖度40%以下，生态功能减低，应加强保护。以自然恢复为主，人工促进修复。

6.1 封育保护

封山育林是太行山地区大面积恢复自然生态系统最经济有效的手段，对现有野皂荚资源进行封育是一条实施容易、见效快的有效途径。在资源相对集中区域，实行封禁管护，划标立界，树立标牌，明确管护面积，禁止牛、羊上山，禁止以薪炭、割条为目的的乱砍滥伐，促进休养生息。

6.2 补植补造

在盖度40%以下、植株稀少且分布不均的林地，在林中空地采取植苗、直播等形式进行补植补造，扩大种群密度，促进种群数量快速恢复。也可引入侧柏、油松、刺槐等乔木树种，培育混交林，加快形成集中连片的森林生态系统，促进生态重建。

6.3 抚育管理

对生长过密的地段，进行适度抚育，去除生长不良的植株，疏除细弱枝、病虫枝、扭曲枝、倒伏枝，调节林地营养生长空间，保持6000～9000株（丛）/hm²。垒堰覆草，积土积水，改善其生长条件，促进植株健壮生长提高单位面积蓄积量，增强林地碳汇能力。现有林地，只要稍加管理，效益就可成倍增长[6]。

6.4 嫁接改造

有条件的乡村，可在专业部门指导下，在立地条件较好地段，选择生长健壮的植株，于春季4月就地嫁接优良皂荚品种，培育高效生态经济林，提高经营效益。近些年，河北部分县（市、区），从山东、河南、山西引进皂荚新品种，在局部区域进行改劣换优，取得了良好的经济效益。

主要参考文献

[1] 孙立元，任宪威. 河北树木志 [M]. 北京：中国林业出版社，1997.
[2] 刘洪伟. 凌源野皂荚生物、生态学特性调查与资源利用探讨 [J]. 防护林科技，2013，3：83-84+99.
[3] 李连海. 辽西地区天然野皂荚灌丛群落特性评价 [J]. 乡村科技，2020（15）：37-39.
[4] 连俊强，等. 太行山南端野皂荚群落物种多样性 [J]. 山地学报，2008，5（26）：620-626.
[5] 蒋建新，等. 野皂荚资源分布及开发利用 [J]. 中国野生植物资源，2003，22（5）：22-24.
[6] 史建霞. 涉县野皂荚的开发利用价值及栽培技术 [J]. 现代园艺，2015，9：65-66.

3. 山杏

赤城汤泉秋后的山杏

涞源张石高速沿线春季的天然山杏林

平泉天然山杏林

山杏，又名西伯利亚杏，俗名野杏，系蔷薇科（Rosaceae）杏属（Armeniaca）植物，是杏（*Prunus armeniaca*）的变种，落叶小乔木，高达8m，受人为多次破坏常呈灌木状生长。

山杏是河北的乡土树种，天然山杏林是山地原生植被遭到破坏以后发育起来的次生植被，是重要的水土保持林和经济林。

（1）分布

山杏主要分布在俄罗斯的西伯利亚、蒙古及中国。在我国多分布在北方温带大陆性干旱、半干旱黄土高原地区、荒漠沙漠地带，北纬40°以南的吉林、黑龙江、内蒙古、辽宁、甘肃、河北、陕西、山西、新疆等地，常分布在海拔200~1500m山地的阳坡、半阳坡[1]。

山杏是良好的水土保持和防沙治沙树种，我国三北地区山杏资源近133hm^2。

燕山地区、太行山区和坝上丘陵地区均有分布。其中，燕山山地为主分布区。《山海经》记载："灵山之下，其木多杏"。

根据河北省2016年森林资源二类清查数据，全省有山杏片林479788hm²，自然分布面积大，仅次于栎类，是河北主要天然林树种之一。

在总面积中：

承德市311694hm²，占全省的65%。主要分布在丰宁79648hm²、隆化73439hm²、围场49045hm²、平泉41931hm²、承德县25543hm²、滦平16754hm²、宽城14287hm²、双滦4190hm²、滦平国有林场管理处2805hm²、双桥1862hm²、承德高新区1428hm²。

张家口市136169hm²，占全省的28.4%。主要分布在：赤城73210hm²、崇礼18059hm²、阳原10541hm²、怀来8269hm²、尚义7965hm²、宣化区4931hm²、万全2348hm²、沽源2361hm²、涿鹿1917hm²、怀安1673hm²、下花园1555hm²、康保1376hm²、张北985hm²。

秦皇岛市22841hm²，主要分布在青龙22747hm²。

保定市2898hm²，主要分布在：易县1048hm²、涞水935hm²、涞源737hm²。

唐山市1750hm²，主要分布在迁西1282hm²。

石家庄301hm²，散布于平山、灵寿、井陉、赞皇等地。

邢台市175hm²，散布于信都区、临城、内丘。

邯郸市101hm²，散布于武安、涉县、峰峰矿区。

木兰林管局3424hm²、塞罕坝机械林场319hm²、小五台山自然保护区107hm²。

从调查统计数据可以看出：①山杏在河北广泛分布于山区和坝上丘陵地区，冀北山地和燕山地区最多，承德、张家口两地占全省的93.4%，是河北山杏资源的主分部区。②丰宁、隆化、赤城、围场、平泉、承德县、青龙、崇礼、滦平、阳原是分布核心区，面积都在万公顷以上。③坝上地区也有较多分布，多分布于坝头一带丘陵地区。④太行山区有一定量分布，南部较少，从北向南逐步减少。⑤在全省现有山杏林中，幼龄林440319hm²，占总面积的91.8%，中龄林37841hm²，占7.9%，成熟林4555hm²，仅占0.3%。主要为幼龄林。

（2）生物生态学特性

喜光，耐干旱，当土壤含水量低于6%时，叶面气孔完全关闭。深根性，根系发达，根系细胞具有较高的渗透压，具有强大的吸水能力，在降水少于200mm的荒漠草原也能生长[2]。

耐寒，能耐-40℃～-35℃的低温，是选育耐寒杏的原始材料。耐瘠薄、耐盐碱、耐风蚀沙埋、在岩石裸露的阳坡、半阳坡，在干旱瘠薄的黏土、沙土、砾石土以及40°～60°的陡坡地带均能生长并形成群落，当土壤含水率仅3%～5%时，山杏却叶色浓绿，生长正常，对土壤要求不严。无论是山区、丘陵、平原或土层瘠薄的石质山地、砂砾地带均能生长。在盐渍化土壤上生长不良[1,2]。

山杏需要年日照时数6000h以上，在花芽萌动和花期，花器抵抗低温的能力弱，在春季突遇降温或高海拔（1000m以上）地区，常出现冻花现象。林下自然整枝现象严重，结果部位常外移。

山杏林2～4年进入结果期，5～7年进入盛果期，20年左右进入衰老期。

在立地条件较好时，山杏表现出长寿命特性。根据调查，在井陉漆树沟，生长着一株山杏古树，胸径30cm，树高12m，树龄200年以上，仍然硕果累累。位于万全县旧堡乡柳沟村南的西山脚下，有古山杏群面积约2.7万m²，共500多株，树龄均在400年左右，其中，最大一棵树高7m，胸围157cm，冠幅13m×13m，长势较好，冠形饱满，枝繁叶茂，每株产山杏都在50kg左右[2]。唐县羊角乡黑角村南大支槽沟，一株古山杏树龄400年左右，树高15m，胸围188cm，冠幅7.5m×15m，树木枝繁叶茂，结果力旺盛[2]。

（3）群落结构

山杏灌树丛是山区落叶阔叶林遭到破坏以后快速发展起来的先锋树种。主要分布在干燥向阳的山地丘陵。在立地条件较好地段，山杏可长成乔木林地。在多石质陡峭山坡常呈灌丛状生长。在冀北、冀西北地区，过去由于长期的放牧、采樵、采叶等人为活动影响，形成大面积退化灌丛，保水固土能力差，生态功能低下。

天然山杏以纯林、混交、杂灌等形式存在。纯林多分布在燕山以北地区，常集中连片大面积分布；太行山区多以混交或伴生形式存在，单一片林分布较少。

在冀北山地的山杏林中，常见的伴生树种有栎类、暴马丁香、大果榆、花曲柳、荆条、榛、虎榛子、三裂绣线菊、胡枝子、山桃、雀儿舌头等，林下草被主要有以细叶薹草、白莲蒿、黄芩、竹叶柴胡、苍术、漏芦、山丹等，以旱生植被为主。灌木层植被盖度40%～80%，草被植被盖度20%～40%。山杏在河北分布广泛，不同地域、不同海拔的群落结构变化较大。

在灌丛群落中山杏并不能形成绝对优势，荆条、大果榆、丁香往往为优势种。

在与其他阔叶乔木树种的混交林中，山杏属于强阳性树种，只有在林缘和较大的林中空地才能生长。

（4）生态经济价值

山杏是集生态效益、经济效益、社会效益为一体的木本粮油生态经济树种。

优良的防护林树种。山杏具有耐旱、耐旱、耐贫瘠、生命力强、适应性广的特点，根蘖能力强、根系发达，可交织形成网状根脉，植株低矮，枝叶茂密，可有效截留雨水，减少径流冲刷，是优良的水土保持和固沙护坡树种。自然分布面积大，分布范围广，是河北重要的天然林资源树种，也是全省北部山区森林生态系统构建的主要树种之一，在京津风沙源治理和水源涵养中具有重大作用。

优良的景观树种。山杏单株单花并十分显眼，但是山杏群体景观效果好，大片的山杏林枝繁叶茂，生机勃勃。尤其是早春时节，山杏先花后叶，漫山遍坡的野杏花，白的粉的，一片一片，充满野性地自由竞放，尽情宣泄，花香四溢，成为河北北部山区万物生发前最美的山野风光。在新疆天山地区，降水量少，适宜生长的天然树种少，由于地广人稀，山杏在当地山区的阳坡、半阳坡有大面积的野生山杏灌木林分布，春季粉红色的野杏花遍布山野，成为荒漠地区一道极其靓丽的风景，《可可托海的牧羊人》里的杏花就是山杏花。杏花可与南方的梅花媲美，有"南梅北杏"之说。

优良的经济树种。山杏仁含蛋白质23%、脂肪50%～60%，糖类10%，出油率达30%～45%，优于大豆。杏仁油是工业润滑油之一，−20℃的低温下仍不凝结。山杏花是早期蜜源，杏仁蜜、杏仁油可用于制作高档化妆品。杏仁含磷、钾、钙、铁等多种矿质元素，还含有胡萝卜素、硫氨酸、尼克酸、抗坏血酸、核黄素等，是优良的滋补食品。山杏木炭可作绘画用炭黑。果壳可制作高级活性炭和耐热材料。苦杏仁味苦性温，具有止咳祛痰、理气平喘的功效，是一味重要的中药。苦杏仁甙具有防癌抗癌作用，在欧美国家一度形成一股山杏热，市场供不应求。我国是山杏的主要出口国，占国际市场的

70%以上。山杏叶是牛、羊、猪的优良饲料，正因如此，山杏资源一度遭到巨大破坏。山杏还是桃、李、杏嫁接的砧木。山杏果肉薄，不可食用[1-2, 4]。注意山杏仁含有大量氰化物，有剧毒，不能生食，须水浸煮或高温炒制才能使用。

木材深黄褐色，纹理直、结构细，密度0.64～0.66，材质较硬，属硬杂木，可制作小型家具、农具等。

20世纪80年代末，承德、张家口等，开始大力开发山杏绿色产业，杏仁露、杏壳活性炭已经发展成为地方重要的支柱产业，真正把绿水青山变为金山银山，实现绿色发展。承德露露1997年成为上市公司并不断发展壮大，根据公司公开的财务报告，2021年仅上半年营业收入就已达13.6亿元。承德华净活性炭有限公司建成了"山杏－杏壳－活性炭－炭电热肥联产"的循环经济链条，嵌入了生物质发电、城市热源供应、活性炭深度开发、有机农产品生产社会经济发展。承德亚欧果仁有限公司是精深发展的代表，从以自行车为主的提篮小卖，到"买三北、卖全国""买世界、卖世界"的购销体系建立，从几十人的手工生产到全机械化生产，如今亚欧果仁原料采供供销和中、末端产品生产已占到全球一半以上，杏仁苷精粉、杏仁苷精油膏等一系列高端产品售价达200万元/t以上。蔚县杏扁经销总公司现有杏仁粉、杏仁片、杏仁丁、杏仁熟食品、杏仁油、杏壳活性炭等系列生产线，是出口创汇型特色龙头企业，公司的"华蔚"商标被认定为河北著名商标[5]。

平泉北五十家子杏仁交易市场是全国乃至世界最大的专业交易市场。全球山杏年产量约为6万t。平泉作为全球山杏集散地，每年购销达5万t、加工4万t，"平泉杏仁"获国家地理标志商标、"中国山杏之乡""中国活性炭之乡"等称号[5]。

2009年首届中国山杏产业可持续发展高层论坛会在承德举行，会议提出"南有油茶，北有山杏""山杏产业可为国家粮油安全做出更大贡献"，给予山杏很高定位[6]。

（5）更新繁殖

山杏的自然更新主要靠根蘖繁殖和种子繁殖。山杏萌芽力强，在树体衰老或遭到破坏后常从树桩基部或根部萌生新苗，形成自然更新。山杏种子硬实率89.3%，种子千粒重约1200g，发芽率8.3%[1]。在山杏林中，常可见到实生苗，但数量不多，主要是由于山杏种实较大，且具有深休眠性，种子库容易流失。

人工育苗时，自然条件下种子出苗率低，存在出苗时间长，出苗不整齐的问题，种子需要沙藏和温水浸泡等方式进行催芽处理，春播前要提前沙藏3个月左右，在播种前半个月取出，堆放在背风向阳处催芽，夜间覆草帘保温，待种子70%破壳露白时即可播种育苗。

山杏植苗造林落叶以后发芽以前均可，造林密度110株/亩。播种造林密度可适当增大。

（6）资源保育

山杏作为野生资源，在20世纪80年代以前，一直处于放任状态，放牧、砍柴、采叶、挖树墩等毁林现象十分严重，山杏林多呈残次灌丛状，果实采摘存在严重"抢青"现象，造成严重的资源破坏和资源浪费。随着农村经济体制改革和林业产权制度的逐步落实，山杏林分包到户，林地得到有效管护。同时，随着"三北"、退耕、天保等一系列林业重点工程的相继实施，封山育林和人工促进天然更新成效显著，使得杏资源得到了有效保护、恢复和发展。山杏资源面积大，分布广，搞好对山杏资源经营管护，对山区森林生态系统构建意义重大。

6.1 加强资源管护

严禁林内放牧、采叶、挖树墩等人为活动。直播或植苗新造林地，要严禁牲畜进入。集体林地山杏采摘，不到成熟期，要严禁"抢青"和提前收购，保证杏仁产量和质量。

6.2 搞好政策扶持

山杏资源作为天然林，应纳入生态公益林范围，享受国家和省生态公益林补偿资金扶持。

6.3 补植补造

在盖度40%以下、植株稀少且分布不均的林地，在林中空地采取植苗、直播等形式进行补植补造，扩大种群密度，促进种群数量快速恢复。

6.4 适度抚育

围堰保水，覆草培肥，修剪复壮，及时除去老枝、病枝、枯枝，做好病虫防治，改善生长条件，促进植株健壮生长。对进入衰老期的山杏林可进行平茬复壮，平茬后新枝生长旺盛，要及时抹芽，选择2~4个发育良好的枝条进行培育。

6.5 做好产业化发展

积极培育新品种，选育适应性强，产量高的新品种用于人工繁育，提高产量和品质。搞好精深加工，进一步做好山杏资源的产业化开发，延伸产业链条，提升综合效益。

6.6 促进正向演替

山杏林是天然乔木林遭到破坏以后的逆向演替产物，对于坡度较大的石质山地山杏林，立地条件差，不宜做经济林经营，不做大范围整地和垦复，应注意保护林中的乔木树种成分，培育乔灌草一体的生态林，促进林地正向演替。

主要参考文献

[1]中国科学院中国植物志编辑委员会. 中国植物志[M]. 第38卷. 北京：科学出版社，1986.
[2]张慧琴. 山杏、酸枣生态学特性研究[D]. 北京：北京林业大学，2007.
[3]河北省绿化委员会办公室. 河北古树名木[M]. 石家庄：河北科技出版社，2009.
[4]河北森林编辑委员会. 河北森林[M]. 北京：中国林业出版社，1988.
[5]宋美倩. 山城遍地杏花开——河北平泉市山杏产业发展调研[N]. 经济日报，2021-4-28.
[6]刘泽英. 山杏产业可为国家粮油安全做出更大贡献[J]. 中国林业产业，2009，10：81.

4. 酸枣

鹿泉西山酸枣枝、叶、果

鹿泉西山天然酸枣群落

平山营里乡高山寨村酸枣群落

鹿泉西山多年生酸枣可生长成小乔木

鼠李科（Rhamnaceae）枣属（zizphus）植物我国有18种，河北有两种，即酸枣和枣（Ziziphus jujuba）。酸枣是古热带成分的残遗，是枣的原生种，通过基因组漫长的进化，出现了各种各样的大枣。枣是原产我国的特有树种，近代考古资料表明，枣的栽培开始于7000年以前，20世纪70年代在河南密县莪沟北岗新石器时代遗址发掘出碳化枣核和干枣，^{14}C测定表明已有7000多年的历史。

酸枣因果肉酸甜，故名酸枣。酸枣为野生经济植物，是河北的乡土树种。酸枣仁是重要的中药材，酸枣是华北地区重要的蜜源植物，是嫁接红枣的砧木[1]。

（1）分布

酸枣主要分布在华北地区，在东北、黄河流域和长江流域也有分布。分布区域涉及吉林、辽宁、河北、山东、山西、陕西、河南、甘肃、新疆、安徽、江苏、浙江、江西、福建、广东、广西、湖南、湖北、四川、云南、贵州等。本种原产我国，现在亚洲、欧洲和美洲也常有栽培[2]。

酸枣的主产区位于太行山一带[3]，在邯郸、石家庄市、保定市低山丘陵区都是酸枣主要分布区。酸枣是河北太行山区的著名特产，因其全身是宝，形圆而色泽红黄，故有"太行金珠"的美誉。河北南部的邢台素有"邢台酸枣甲天下"之美誉；特别是邢台、内丘、沙河、信都赞皇、平山、行唐、阜平等县，延太行山东麓的丘陵岗坡地带，培育了中国最大的酸枣产业基地，也是大枣的重要产地。2004年，石家庄市政府出台《关于大力开展酸枣嫁接大枣工作的实施意见》，在石家庄赞皇、平山等太行山区开展了大规模酸枣嫁接大枣活动，据不完全统计完成嫁接2亿株，成为太行山区农民的重要收入来源。2022年8月19日，河北省中药材学会酸枣分会（酸枣专委会）成立大会在邢台市农业科学院成功举办[4]。

酸枣分布规律从垂直分布看，海拔200m以下虽然长势良好，但因受人为活动的影响而明显减少。800m以上受气候因素影响，显著减少，但酸枣垂直分布可达1000m以上，如阜平黑崖山1420m处仍有酸枣分布。然而酸枣在海拔1000m以上，生长发育表现极差，植株矮小、丛生、发芽晚、生长量小，呈小老树状态，一般不结果。200～500m，是酸枣的集中分布带，占80%以上的面积和产量。

根据河北2015—2018年森林资源二类调查数据，全省现有天然酸枣片林6582hm²。其中，主要分布在邢台5252hm²，占全省的79.8%。石家庄、唐山、保定也有一定数量分布，其他地区分布较少。主要分布的县（市、区）有信都、内丘、临城、阜平、曲阳等。其中，信都2779hm²，占全省的42.5%；内丘1986hm²，30.2%。

从水平分布看，南部偏多，北部偏少，从南到北呈递减趋势。太行山区较多，燕山地区较少。

（2）生物生态学特性

常生于干燥的山坡、丘陵、岗地或平原，喜温暖干燥的环境，耐干旱、耐瘠薄、耐碱，适宜石灰岩发育的土壤，不耐水渍，低洼水涝地不宜栽培。

深根系，萌蘖力强。分枝力强，不论大树小树，一般当年开花结果，无明显的大小年。酸枣一般采用实生苗或者嫁接苗种植，实生苗种植约4～5年后，可进入盛果期，嫁接苗种植约3年后，可进入盛果期，鲜果产量可达550kg/亩。

经过对邢台、沙河、巨鹿、赞皇、易县、遵化等的酸枣资源调查，发现酸枣有不同的类型，常见有圆形、长圆形、秤砣形、牛新型、尖果形、扁果形等6种果形，不同果形果实产量、含糖量、出仁率有所差异。

（3）群落结构

酸枣是暖温带夏绿阔叶林遭到破坏后发育的次生灌丛，既是森林生态系统退化的产物，也是森林生态系统的最后屏障。酸枣喜光，多生在丘陵地区的干旱阳坡、黄土沟壑、梯田田埂。常以纯林、混生灌丛、林下散生等群丛形式存在。

酸枣纯林：酸枣根蘖能力及适应性很强，因而有较强的群落扩张能，干旱阳坡、黄土沟壑地带等干旱条件下，其他灌草植被较少，酸枣常成片分布或沿沟壑呈带状分布。在坡地梯田，常沿梯埂呈条带状分布。在酸枣群落中，林中常散生有少量的乔木树种，如臭椿、榆树、野皂荚、栾、黑枣、黄连木、蒙桑、黄栌等，这些乔木树种的数量决定着群落的演替方向，随着数量的增多，原来的酸枣群丛常会发育成低山丘陵区杂木林，酸枣则会成为伴生植被。

酸枣混生灌草群丛：在干旱阳坡，酸枣常与荆条、小叶鼠李、绣线菊、胡枝子、黄栌、山杏、白羊草、黄背草、蒿类（Artemisia）、丛生隐子草、狗尾草、荩草、翻白草（Potentilla discolor）、杠柳（Periploca sepium Bunde）等旱生或中生植被，共同构成旱生灌草丛。受人为活动影响，这种退化灌丛一般都比较低矮，高度往往只有1m左右，在灌木层酸枣与荆条为优势种，林下草被层禾本科（Poaceae）及菊科（Compositae）植物为优势种。

酸枣乔木林群丛：在太行山、燕山的侧柏、油松、刺槐、臭椿、野皂荚等乔木林或杂木林下，常有酸枣生长。酸枣为强阳性树种，上层木郁闭度越大，林下酸枣个体数量越少。在郁闭度0.6以上的林地，林下酸枣只有零星分布，而且多见于林缘或林间空地。

（4）生态经济价值[2-3, 5-8]

①生态价值 酸枣多生长在干旱阳坡，根系深，抗旱性强，有较强的萌生能力，具有十分重要的生态防护价值。特别由于酸枣树寿命长，在山区能够发挥重要的水土保持和水源涵养作用，在太行山区灌草生态系统中具有重要地位。

②药用价值 以种仁入药，种子以粒大饱满，肥厚油润，外皮紫红色，肉色黄白者为佳。酸枣仁主要含三萜皂苷类、黄酮类、三萜类、生物碱类，此外还含有脂肪油、蛋白质、甾醇及微量具刺激性的挥发油，具有养肝，宁心，安神，敛汗功效，可用于失眠等病症的治疗，经试验有抑制中枢神经系统呈现镇静、催眠作用。用酸枣仁煎剂和粉剂治疗失眠症，结果表明，有一定镇静安眠的短期疗效。在临床上，采用酸枣仁，对于轻度或是重度失眠均可取得较为显著的疗效。

③食用价值 酸枣的营养主要体现在它的成分中。它不仅像其他水果一样，含有钾、钠、铁、锌、磷、硒等多种微量元素；更重要的是，新鲜的酸枣中含有大量的维生素C，其含量是红枣的2～3倍、柑橘的20～30倍，在人体中的利用率可达到86.3%，是所有水果中的佼佼者。

英国学者在对虚弱症患者的观察中发现，凡是连续按时吃酸枣的，其康复速度比单纯服用多种维生素类的快6倍以上。因此，酸枣被证明具有防病抗衰老与养颜益寿的作用。常喝酸枣汁则可以益气健脾，能改善面色不荣、皮肤干枯、形体消瘦、面目浮肿等症状。此外，酸枣中含有大量维生素E，可以促进血液循环和组织生长，使皮肤与毛发具有光泽，让面部皱纹舒展。

④茶用价值 酸枣叶提取出的"酸叶酮"、芦丁是治疗冠心病的良药。而酸枣叶中含有丰富的蛋白质，钙、磷、铁等矿物质，同时有多种维生素，如维生素B_1维生素B_2维生素C等，酸枣嫩叶中含蛋白质12%～16%，脂肪1.5%～3.5%，碳水化合物62%～70%，维生素C_380～650mg/100g，还含有钙、磷、铁等矿物质，以及三萜烯酸、氯原酸、黄酮类化合物等丰富的药用成分。

此外，酸枣花量大，花期长，是重要的蜜源植物，在蜜源链中属于夏季蜜源。

（5）植物文化

据古文献记载，枣树的栽培历史至少有3000年，如《诗经》中有"八月剥枣，十月获稻"的诗句，《史记·货殖列传》有"安邑千树枣……其人与千户侯等"的记载。

《列仙传》中记载的神话故事说：（前551）周灵王太子晋喜欢吹笙，声音酷似凤凰鸣唱，游历于伊、洛之间，仙人浮丘生将他带往嵩山修炼。30余年之后，太子晋乘坐白鹤出现在缑氏山之巅，可望而不可及，太子晋挥手与世人作别，升天而去，只留下剑缑挂在酸枣树上。

武周圣历二年（699），武则天于东都洛阳赴登封封禅，留宿嵩山脚下升仙太子庙，当地百姓献酸枣叶茶，武则天饮后啧啧称奇，感兴而为周太子晋撰碑文，并亲为书丹，存碑额"升仙太子之碑"六字。

据宋代钱易《南部新书》所载："唐大中三年（849年），东都（洛阳）一僧，年一百二十岁。宜皇问，服何药而致此。僧对曰，臣少也贱，素不知药。性本好茶（酸枣叶茶），至处唯茶是求。或出，亦日进百余碗。如常日，亦不下四五十碗。"

关于酸枣仁的治病效果，民间流传着一些趣闻和传说。

唐代永淳年间，相国寺有位和尚名允惠，患了癫狂症，经常妄哭妄动，狂呼奔走。病程半年，虽服了许多名医的汤药，均不见好转。允惠的哥哥潘某，与名医孙思邈是至交，潘恳请孙思邈设法治疗。孙详询病情，细察苔脉，然后说道："令弟今夜睡着，明日醒来便愈。"潘某听罢，大喜过望。孙思邈吩咐："先取些成食给小师父吃，待其口渴时再来叫我。"到了傍晚时分，允惠口渴欲饮，家人赶紧报知孙思邈，孙取出一包药粉，调入约半斤白酒中，让允惠服下，并让潘某安排允惠住一间僻静的房间。不多时，允惠便昏昏入睡，孙再三嘱咐不要吵醒病人，待其自己醒来，直到次日半夜，允惠醒后，神志已完全清楚，癫狂痊愈，潘家重谢孙思邈，并问其治愈道理。孙回答："此病是用朱砂酸枣仁乳香散治之，即取辰砂一两，酸枣仁及乳香各半两，研末，调酒服下，以微醉为度，服毕令卧睡，病轻者，半日至一日便醒，病重者二三日方觉，须其自醒，病必能愈，若受惊而醒，则不可能再治了。昔日吴正肃，也曾患此疾，服此一剂，竟睡了五日才醒，醒来后病也好了。"这一巧治癫狂之法，取其酸枣仁有安神之功，配伍朱砂，故收到理想疗效。

（6）更新繁殖

酸枣结果能力强，种实量大。但因其价值较高，天然酸枣林每年都有大量果实被采摘。在冬季，宿存在枝头或落到地面的果实，会被缺少食物的鼠、猪、獾等野生动物捡食干净。这些都会造成酸枣种子的大量流失和种子库亏损，酸枣靠种子繁殖的种源不足。酸枣核致密坚硬，在自然条件下种子萌发困难，实生苗更新能力差。但是，酸枣根蘖能力很强，能不断分生出新的植株，尤其是断根之后，分生能力更强，自我繁殖速度快，使得酸枣天然群落能够续存和扩展。

酸枣人工育苗：可用种子繁殖。9月采收成熟果实，采摘后的酸枣不能直接堆放在阳光下暴晒，以防发热捂坏种子，也不能堆放在水泥地或者柏油路上晾晒，防止因温度过高使种子降低发芽率甚至丧失发芽能力，要及时将其摊放在泥土地上，摊放的厚度不要超过5cm，并用竹耙子间隔1h左右翻动1次，促其尽快脱水干制。鲜酸枣。春播的种子须进行沙藏处理，在解冻后进行。按行距33cm开沟，深7～10cm，每隔7～10cm播种1粒，覆土2～3cm，浇水保湿。秋播在10月中、下旬进行，要注意冬季防止鼠害。枣和酸枣苗木根系均很难萌生侧根，一般情况下需要在幼苗期切断主根才能促进侧根的发育进而形成。

人工栽培：育苗1～2年即可定植，按（2～3）m×1m开穴，穴深宽各30cm，每穴1株，培土一半时，边踩边提苗，再培土踩实、浇水。

直播建园也是一种快速建园的好方法。直播建园多采用宽行窄株穴播的栽培模式，行间距为3m，株间距为50～100cm，栽植密度一般为3333～6667株/hm²[1]。

（7）资源保育及产业开发

由于酸枣的耐干旱、耐瘠薄的特点，成为河北太行山区重要的先锋树种，在太行山区天然林草植被的保护恢复中发挥着举足轻重的作用。目前，经过十几年的封山育林，在河北中、南部太行山区石家庄、邯郸、邢台等地形成了具有一定规模的酸枣天然林群落。初步调查，全省酸枣灌木林规模接近百万亩。但由于疏于管理，林地生长杂乱，酸枣长势不良，丛枝病严重等问题，采摘利用无序，生态经济效益没有得到充分发挥。

7.1 加强对天然酸枣林的经营管理

强化林地抚育管理，促进林地质量精准提升。一是补植补造。对于自然分布面积较大，盖度40%以下、植株稀少、分布不均的林地，在林中空地采取植苗、直播等形式进行补植补造，扩大种群密度，形成集中连片林地。二是及时定株。对多年萌生、密度过大的林地，进行整形修剪，去除生长不良的植株，疏除细弱枝、病虫枝、扭曲枝、倒伏枝，调节林地营养生长空间，保持3000～6000株/hm²。要整株挖除感染丛枝病的植株，并撒生石灰消毒，挖除的病株，集中烧毁。种源采集不可从病虫株及周边植株上采集。三是培肥复壮。对林地进行适度抚育，垒堰覆草，积土积水，适当出去对酸枣生长影响较大的杂灌，改善酸枣生长条件，促进植株健壮生长。现有林地，只要稍加管理，果实产量和生态效益都可显著增长。四是禁止采青。酸枣成熟期在9月下旬到10月上旬，然而部分枣农受利益驱使，从7月就开始出现采青现象，造成酸枣仁品质低劣。应进一步明确责权利关系，加强监管，严禁抢青，减低损失。五是封育保护。对立地条件较差，坡度较陡，地理位置特殊，不适宜作经济林经营的酸枣天然林，要严格封禁，不做深度经营，自然修复为主，保护林地内的天然乔木林树种，促进正向演替。

7.2 建立种质基地

酸枣在长期的自我繁衍和人工栽培的过程中出现了很多变异类型和新品种，可依托植物园、科研院所、企业，收集各地酸枣的不同种源、不同品种，建立种质库、对比园、采穗圃，培育新品种，为酸枣产业化发展提供科技支撑。

7.3 促进产业化发展

沿太行山山前丘陵地带，在酸枣集中分布区培育产业带，利用天然酸枣林嫁接改造，培育大枣或中药材酸枣园；同时，按照标准化栽培要求，新造一批中药材酸枣林，扩大基地种植面积。完善产业链条，培育龙头企业，提高精神深加工能力，积极申请酸枣系列地理标志，把小酸枣做成大产业，实现绿色发展。

主要参考文献

[1] 梁春鸿. 中药材用酸枣直播建园技术 [J]. 果树实用技术与信息，2023（2）：28-30.
[2] 中国科学院中国植物志编辑委员会. 中国植物志 [M]. 北京：科学出版社，1982.
[3] 周怀钧，等. 河北太行山区的野生经济林—酸枣 [J]. 国土与自然资源研究，1992（1）：64-66.
[4] 邢台市农业科学研究院. 河北省中药材学会酸枣分会（酸枣专委会）成立 [J]. 现代农业科技，2022（1）：126.
[5] 孙立元，任宪威. 河北树木志 [M]. 北京：中国林业出版社，1997.
[6] 秦民坚，等. 中药材采收加工学 [M]. 北京：中国林业出版社，2008.
[7] 周成明，等. 80种常用中草药栽培提取营销 [M]. 第二版. 北京：中国农业出版社，2008.
[8] 王文清，等. 大健康背景下加快我国酸枣仁产业发展的策略 [J]. 中药材，2023，7（43）：1591-1594.

5. 榛子

毛榛叶果特征　　　　　丰宁两间房林场林地更新以后榛类灌木生长旺盛

赤城大海陀自然保护区林下毛榛

桦木科（Betulaceae）榛属（*Corylus*）植物全世界约20种，中国有7种3变种[1]。榛属植物最早出现在白垩纪，在北极、欧洲中部、西伯利亚及北美中部第三纪各期的地层中均有本属坚果及叶的化石发现。在我国东北抚顺古新世和始新世地层有本属植物化石发现[1]。

我国对榛子的采集利用历史悠久，在山西半坡遗址发现榛壳，据考察栽培和利用榛子已有五六千年的历史，《诗经》有"孤有苎，隰有榛"和"树之榛栗"的记述，宋《开宝草本》中有"榛子味甘……军行食之为粮"的记述。

榛子是天然乔木林遭到破坏以后发展起来的次生灌丛，是河北北部山区一个重要的水土保持树种和野生干果。

（1）种类

河北有榛和毛榛两个种。两者的主要区别如下。

榛：灌木，稀呈小乔木，高0.8～2m。果苞钟状，先端张开，果顶外露。树皮灰褐色，叶片先端近平截，多浅裂[2]。

毛榛：灌木，稀呈小乔木，高3～4m。果苞囊状，先端收缩成管状，全包坚果。树皮暗褐色，叶片先端骤尖或尾尖[2]。

（2）分布

榛广泛分布于亚洲、欧洲和美洲的温带地区。我国主要分布于东北三省、华北各地、西南横断山脉及西北的甘肃、陕西、内蒙古各地的山区。河北各山区均有分布，主要分布在冀北山地和燕山山地，围场、承德、兴隆等地有集中连片大面积分布，其中，仅围场一地就有2.1万hm²。青龙、蔚县、涞源、阜平、平山、灵寿、赞皇等地也有一定数量分布。生海拔1000m以上荒山坡地、采伐迹地、林下，常与毛榛混生，形成榛子灌丛，为组成河北森林的重要灌木树种之一。

毛榛分布与榛相似。河北围场、承德、兴隆、青隆、遵化、涿鹿、蔚县、阜平、平山、武安等地都有分布。生海拔400～1500m山地杂木林或灌丛。多散生于林中和林缘，偶尔也在森林破坏后的阴坡形成小面积的单优势群落。

欧美榛子在世界范围内广泛栽培，主要有大果榛、尖榛、欧洲榛、土耳其榛等。经济栽培较多的国家有土耳其、意大利、西班牙、伊朗、美国、希腊、俄罗斯等，其中，土耳其栽培面积占世界的66%、产量占世界的71%[2]。近些年，河北不少地方开始尝试引种栽培大榛子，根据2015—2018年全省森林资源调查数据，全省供引种栽培大榛子466hm²，峰峰矿区91hm²、万全区60hm²、阜城59hm²、围场46hm²、涿州40hm²、双滦区38hm²、丰南32hm²，隆化、宽城、滦平、平泉、丰宁、承德县、承德市高新区、景县、蔚县、高阳、广平、博野、宣化区、鹿泉、井陉、卢龙、雄安新区也有少量栽培。

河北榛子面积，在灌木林中仅次于山杏、荆条和酸枣。1949年初期，河北约有榛子片林10万多公顷，过去山区群众多将子作为柴烧，俗称"榛柴"。燕山北部承德地区的大面积榛子灌丛，多生长在阴坡厚土层，立地条件好者，大部分已改造为油松、落叶松林，全省现有榛子林约5万hm²。

（3）生物生态学特性

榛较为喜光，有一定耐阴能力，在年均温2～15℃均可生长。充足的阳光能促进其生长发育和开花结果，年光照时数低于2000h.时花芽分化不良。抗寒性强，可耐-45℃低温。夏季最高温不超过38℃，年≥5℃日数190天以上，年均温7～15℃地区适宜人工栽培。榛为开花较早的树木易受晚上危害，如开花期遇低温，会使花期延迟。零度以下低温会使雌花受冻。

喜湿润气候和阴坡肥沃土地，对土壤适应性较强，在轻沙壤、壤土、轻黏土及轻盐碱土上均能生长发育和结实。在降水量较高地区，在土层仅10～15cm的砂质土上仍可良好生长。最适宜森林褐土和棕壤土，在湿润、腐殖质丰富中性或微酸性、土层厚度50cm以上的棕色森林上生长更好。对土壤酸碱适应性强，在pH6～8范围均可正常生长。

有一定耐干旱贫瘠能力，但对降水量有一定要求，土壤保持一定的含水量才能保证其正常生长发育。在年降水量300～1100mm地区可以生长，最适宜年降水量600～1000mm。

浅根系树种，根系主要分布在地表30～40cm深的土壤中，种子繁殖的植株，根系完整，有主根、侧根、须根、根状茎。野生榛多为根蘖萌生植株，无明显主根，根茎和侧根发达，呈水平状延伸，其上着生须根，共同形成强大的吸收盘。

榛子结果易受度土壤肥力、降水、寒害、病虫害、授粉不良等因素的影响，瘪粒、空仁多，这就是所谓的"十榛九空"，在实际生产中，应尽量创造条件趋利避害。

与榛不同的是毛榛耐阴性和抗寒能力更强，对水肥条件要求更高。

（4）群落结构

榛子灌丛多是山地阴坡、半阴坡乔木植被遭到破坏以后迅速形成的先锋灌木植被，以榛为绝对优势种，由于土壤条件和水湿条件好，灌丛盖度大，其他伴生的灌草植被多为耐阴植物，林下植被种类与林地盖度密切相关。毛榛作为榛灌丛的伴生树种而存在，其他伴生灌木还有胡枝子、锦带花、小叶巧玲花（*Syringa microphylla*）、绣线菊等，草被常见乌苏里薹草（*Carex ussuriensis*）、糙苏、草地风毛菊（*Saussurea amare*）、柳叶蒿（*Artemisia intrgrifolia*）、细叶薹草、宽叶薹草等[3]。榛子灌丛处于森林植被自然演替的前期，林内往往可以看到有少量的白桦、棘皮桦、山杨、栎类、山荆子（*Malus baccata*）等乔木树种散生，也是群落自然演替的方向。榛子也常作为下木分布在山杨、桦树、柞、松、云杉等天然林林间空地或林缘，上木层林分郁闭度大时，林下的榛树生长较差，郁闭度0.6以下的乔木林下生长旺盛。

（5）生态经济价值

榛子为浅根系树种，根系主要分布在40cm以上土层中，实生植株有主根、侧根、须根、根状茎，根状茎极其发达，每年不断延伸增粗，长度可达7～8m，粗度2～4cm，交错伸展，很容易萌发新的株丛，根蘖能力强，能形成集中连片的茂密灌丛，每公顷密度可达10万株，土层根系网络盘根错节，林下枯落物厚，具有强大的水土保持和水源涵养能力，是我省北部山区重要的水土保持树种和薪炭树种。

榛子是一种适宜寒地山区发展的、经济价值很高的木本粮油树种，是世界四大坚果（核桃、扁桃、榛子、腰果）之一。种仁富含淀粉、油脂、蛋白质、碳水化合物、维生素、矿物质、糖纤维、β-古甾醇和抗氧剂石炭酸等特殊成分以及人体所需的多种氨基酸与微量元素。种仁淀粉含量15%，油脂含量高达51.6%，可生食，维生素E含量丰富，能有效延缓衰老，降低胆固醇，防止血管硬化。镁、钙含量高，有助于调整血压[4]。

榛子果味香脆、营养丰富，被列为"山珍"，东北榛子在清朝就作为特产成为贡品。围场榛子在清朝也是皇宫贡品，有"御榛""贡榛"的美誉。

榛林内的榛蘑是一种优质野生食用菌，多发生在雨季。

木材为小材，木质坚硬，可作木杖、伞柄或作薪材。

树皮和果苞和叶均可提取栲胶，果壳可制活性炭，叶可饲养柞蚕，也可作猪饲料。

（6）更新与繁殖

在天然次生林中，榛子天然下种更新虽然普遍，但大多数更新方式是根蘖或伐桩萌芽更新。

榛子人工繁殖可用无性或有性繁殖方式育苗，无性繁殖有分株、根蘖育苗和压条育苗等方法。

种子繁殖：选择丰产性好、果大、抗逆性强的母树采种、筛选大粒种子备用。榛子种子可保持一年发芽力，湿沙储藏，常规育苗。

分株繁殖：从母株丛挖取单株，每株留1～2个枝条，尽量保留须根。分株后短剪枝条，留15～20cm长，并及时假植保湿。

根蘖繁殖：预备繁殖的母树春季应平茬，促进根蘖。根蘖不宜过密，适当疏除，培育壮苗，秋季挖苗。

压条繁殖：选择一年生健壮枝条，在株丛周围开沟压条，培育新的植株。

人工造林一般采用单行密植，平地造林株行距2m×3m，山地可适当加密。

（7）资源保育

榛子林在河北过去一直作为天然灌丛处于放任状态，由于长期放牧、割灌，形成大面积退化灌丛。植株高大的榛林曾被大量采伐用作人造板加工，资源遭到巨大破坏。野生的榛林秋季果实临近成熟时，抢青现象严重，加上病虫害较多，果实空壳率高，品质差，其生态经济价值没有得到充分体现，林地稳定性差。据围场县调查，放任的榛林，树高只有几十厘米，果实年产量每公顷只有45kg左右，集约化经营管理的榛林，高的可达5m左右，每公顷果实产量可达750kg以上。建议如下。

7.1 加强管护

进一步落实产权，通过林地承包、拍卖流转，明确责权利关系，提高林农经营积极性，加强对林地的管护，解决粗放经营、无序发展的问题。

7.2 适度集约经营

在实际生产中，可选择坡度较小、土层深厚、水湿条件好、树势旺盛且集中连片的林地，按照果园的理念，增施农家肥或复合肥，加强管理，建立一批示范园区。及时定株，对于过密林地要及时疏除病虫枝、交叉枝、弱小枝、衰老枝、枯死枝，每公顷保留15000墩丛左右，每墩6～8株，达到去劣留优、通风透光的目的，促进生长和结果。对林间空地较大的林地，借助过密株丛疏移，进行补植补造，补充林地空缺，形成连续完整的林地。对林龄较大、开始枯死的衰老林地及时平茬复壮，促进萌芽更新的发生和结果，对衰老期榛子群落平茬复壮是提高榛子产量的有效途径，一般每5年平茬一次。

7.3 加强病虫害防治

榛丛的病虫害较多，虫害主要是榛实象鼻虫，可用90%敌百虫原药1000倍或2.5%溴氯菊酯乳油1500～2000倍液进行喷洒防治。在成虫发生期用黑光灯诱杀，人工捕捉成虫。病害主要是叶白粉病，可结合修剪除去多余枝条，改善林内通风透光条件，病枝、病叶。早期落果要及时捡拾集中烧毁。严重时可用1∶100波尔多液或70%代森锰锌可湿性粉剂800～1000倍喷洒。

7.4 灌丛地造林

榛子灌丛是乔木林退化、森林生态系统的逆向演替产物。对于不做经济林经营的灌丛地，可进行带状整地，人工造林，快速回复乔木植被，带宽4～6m，水平阶割灌整地，反坡造林，造林树种可根据气候条件、海拔高度、地形及土壤等特点，选择落叶松、油松、桦树、蒙古栎、胡桃楸、黄檗、水曲柳、花曲柳等不同树种，造林后2～3日内需割灌除草，保证幼树生长空间。在割灌整地时，注意保存灌丛地内的天然乔木树种，培育混交林，加快山地森林生态系统重建。

主要参考文献

[1] 中国科学院中国植物志编辑委员会. 中国植物志［M］. 第21卷. 北京：科学出版社，1979.
[2] 孙立元，任宪威. 河北树木志［M］. 北京：中国林业出版社，1997.
[3] 李继东，等. 燕山北部山地4种植物群落结构组成及相似性研究［J］. 河北林果研究，2013，1（28）：49-54.
[4] 佚名. G3qL5. 榛子形态与功能［EB/OL］.（2019-08-10）[2024-04-09]. http://www.360doc.com/content/19/0810/08/46442504_853997499.shtml.

6. 荆条

平山营里乡高山寨荆条

涉县青峰村荆条

丰润左家坞镇夏庄长成乔木的荆条树（树高5m，胸径15cm）

荆条别称牡荆、黄荆、黄金子等，为马鞭草科（Lamiaceae）、牡荆属（*Vitex*）植物[1]，是黄荆（*Viten negundo*）的一个变种。牡荆属植物中国有14种8变种4变型，河北1种4变种1变型[2]。

牡荆属植物主要分布在长江以南各地，荆条作为黄荆的变种在华北地区的广泛存在，是华北地区植物区系与热带植物区系具有亲缘关系的一个佐证。河北植物区系成分中，具有热带亲缘关系的科有30多科，多数是在地史条件下本地产生而残留下来的或外地迁移来的物种，荆条便是其中之一。

荆条是森林植被遭受严重破坏后，生境干旱化的情况下，形成的次生群落，是河北分布范围最广、面积最大的天然灌木树种，在山地森林生态系统构建中具有重要地位。

荆条是北方地区夏季重要的蜜源植物，也是重要的条编植物[3]。

荆条和牡荆（*Vitex negundo* var. *cannablfolia*）同为黄荆的变种。三者花果形态基本相同，但叶的外观容易区分。与黄荆的区别在于荆条叶缘为缺刻状或深裂至中脉而呈羽状；与牡荆的不同为其叶背面灰白色，密被绒毛。

（1）分布

荆条在我国分布范围较广，北自太行山、燕山，向南绵延至中条山、沂蒙山、大巴山、伏牛山和黄山等山区。主要分布于辽宁、河北、山西、山东、河南、陕西、甘肃、江苏、安徽、江西、湖南、贵州、四川；日本也有分布[4]。北京北部、河北承德、内蒙古昭乌达盟和鄂尔多斯等地区都有大规模荆条林形成的绿色屏障，是北方干旱地区的典型植被。荆条为低海拔山地植物，平原少见，常生于海拔800m以下，海拔1000m以上山地很少生长。常见于山坡、沟谷、路旁、疏林及林缘。

河北荆条广泛分布于燕山、太行山、小五台山低山丘陵地区，根据河北2015—2018年二类清查数据，全省荆条灌丛有704119万hm^2，是天然林中分布面积较大的一个树种，也是天然灌丛分布面积最大的树种。在总面积中，承德256885hm^2（全省的36.4%），石家庄76815hm^2，秦皇岛38558hm^2，张家口37615hm^2，邢台26037hm^2，保定245286hm^2，邯郸24375hm^2，唐山15502hm^2。其他山区也有较大面积分布。

20世纪80年代，河北实施飞播造林，其中就有荆条，但飞播形成的荆条林与天然荆条林难以区分。

值得一提的是，2017年中国科学院在执行"黄淮海平原区盐碱地野生植物资源调查与种质资源收集"课题的调查中，发现荆条群落在滨海平原区的新分布，这次发现的荆条群落位于泊头齐桥镇大李村北，约200株，分布在1500m^2的荒地上。荆条灌丛高度2m左右，生长旺盛，且大量结实，证明其能够完成整个生活史[5]。大李村的荆条群落可能是当地的原生群落，但是受到人类对平原区的开垦影响，野生植物数量和种类均显著减少，原生植物群落基本消失殆尽，能够留存下来实属不易，具有较高的研究价值。目前，沧州野生荆条群落种质资源已保存于中国西南野生植物种质资源库中，将用于野生植物资源的开发利用。

（2）生物生态学特性

荆条耐干旱耐瘠薄能力极强，为中旱生灌丛的优势种，是太行山区的主要灌木。阳坡、阴坡均有，尤其是在其他灌木不适生存和生长的阳坡，荆条可以良好生长，并形成郁闭的灌木纯林。

荆条是一种喜温灌木，属温带中部至亚热带边缘的植物，在年平均气温7～16℃条件下生长良好。分布区气候条件，以陕北延安为例，年平均气温8.8～10℃。1月平均气温-9～-7℃，7月平均气温22～24℃，极端最高气温39.7℃，极端最低气温-25.4℃，≥10℃积温2800～3500℃，无霜期150～190天，年平均降水量380～550mm。

阳性树种，喜光，但能耐一定蔽荫，在阳坡灌丛中多占优势，生长良好，更新亦佳，密林更新不良。对土壤要求不严，在黄绵土，褐土，红黏土，石质土，石灰岩山地的钙质土以及山地棕壤上都能生长。荆条根系主根、须根都比较发达，根系主要集中在60cm土层以内，主根入土1～1.5m，根幅0.8～1m，能在干旱，瘠薄的砂石山坡生长[2]。

在石灰岩、页岩、闪长岩、砂岩、花岗岩发育的土壤上都有荆条分布，但长势不一，其中以闪长岩上长势最差。从土类上看，荆条分布以淋溶褐土、粗骨性褐土上最多。

生长快，荆条地上部分生长迅速，根茎萌发力强，四年生以后，每年可萌条4~8根，年平均生长量达0.8~1.5m。

早实性灌木，萌生条当年开花结实，实生苗2年开花结实。

（3）群落结构

荆条是森林植被遭受严重破坏，生境干旱化的情况下形成的次生群落，是干旱山地的优势灌木和先锋树种，常形成大面积灌丛，或与酸枣等混生为群落，或在盐碱沙荒地与蒿类自然混生，具有相当的稳定性，以致原生植被很难恢复。

荆条生长的立地条件通常较差，在干旱山坡常与酸枣、黄背草、白羊草构成低山群落，除酸枣外其他乔灌木很少生长或表现不良，与其伴生的主要植物有酸枣、绣线菊、小叶鼠李、筲子梢、胡枝子、黄栌、野皂荚、黄刺玫、连翘、山杏、大果榆、榛、紫丁香、杠柳（*Periploca sepium* Bunde）、白羊草、黄背草、茋草、狗尾草、丛生隐子草、蒿类、野菊、细叶薹草、苍术等，荆条在群落中占绝对优势。在混生灌丛中，太行山区、小叶鼠李、山皂荚、黄栌、连翘、鹅耳枥等成分较多；燕山山区山杏、大果榆、榛、丁香成分增多。不同区域、不同坡向、海拔植被组成相差较大。阳坡荆条常形成混生灌丛，阴坡多形成单一灌丛。

灌丛中混生有少量乔木树种，主要有臭椿、榆树、栾树、蒙桑、油松、刺槐、侧柏、栎类等。乔木树种的数量较少，荆条灌丛向乔木林演替的速度非常缓慢。

一般认为荆条常生长在阳坡，实际上荆条在阴坡分布面积也很大，而且长势远好于阳坡。根据封魁生等[6]对太行山荆条资源的调查，海拔800m以下，以阴坡、半阴坡荆条分布为多，长势为好，阳坡的荆条林高生长、萌生力、地径远不如阴坡好，高度、密度只有阴坡的1/3，地径也只有阴坡的2/3。阳坡常形成稀疏灌丛，分布不均，阴坡则为密实灌丛，半阴半阳坡分布比较均匀。这表明，荆条虽为阳性树种，但在降水偏少的华北地区，水湿条件和土壤条件对其生长影响，要大于对光照的需求。另外，阳坡和半阳坡荆条根际生物量要大于阴坡，更偏重于地下部分生长，阳坡温度较高且缺乏水分，荆条将更多生物量分配到地下部分，进而增加其对水分及营养物质的吸收[7]。

荆条有一定耐阴性，常为其他乔木树种的伴生树种，存在于下木植被中。上层木郁闭度越大，荆条数量越少。秦皇岛海港区蟠桃峪村60年生油松林，郁闭度0.6，林下灌木主要为荆条，盖度50%，高度0.8m，荆条长势受到一定抑制但仍能在林下生长。

根据曲波等[8]对山西荆条群落植物的区系调查分析，荆条群落主要分布在海拔600~800m的低山丘陵地带，群落内植物共148种，隶属于46科109属。荆条群落区系成分复杂，各类成分并存，其中，温带分布型属占66.7%，表现出种子植物种的多样性和属的地理分布型多样性等特征。群落外貌以地面芽为主。由于地面芽植物是对冬季酷寒天气适应最成功的生活型，在四季分明的暖温带，地面芽植物在生活型谱中所占的比重可以看作是对当地气候条件的一种反映，这与当地所处的地理位置相吻合。

（4）生态经济价值 [6，9-10]

生态价值：荆条其适应性强，分布广泛，资源丰富，是太行山区较好的绿化先锋树种。因其根系发达，地下根系发达交织成网，地上枝叶丛生，从而起到了地上截留雨水作用。荆条跟能分泌出一种植物酸，可将坚硬的岩石分解成土壤，地下根群疏松土壤，增加吸水，蓄水量每公顷近8t，具有较好的水土保持作用，是山区绿化、小流域治理的环境保护的首选树种之一。荆条枝繁叶茂，能吸收有害气体，净化空气。

观赏价值：荆条掌状复叶，叶形美观，花清雅，花期长，全株都能散发清香气味，枝叶密集，整体观赏效果好，在园林绿化方面具有很大潜力。萌发力强，耐修剪，枝条柔软，易于造型，枝叶飘逸豪放，层次分明，是制作盆景常用优良树种之一。老根形状奇特多姿，耐雕琢加工，容易培养，是理想的根雕材料。此外，经适当造型与整理，也可以将自然生长的枝条修饰成为具有造型艺术的园林树。

经济价值：荆条的枝叶芳香，叶和花含精油0.1%～0.15%，可提取芳香油。种子含油率16.1%，可制肥皂及工业用油。荆条枝条细长柔韧，不受虫蛀，是很好的编织资源，可编成筐篮、荆笆、荆圈、荆鞍子、荆箔、蒸笼、笊篱30余种产品等，是山区农民的创收项目之一，在燕山、太行山区，至今仍有不少荆条编制企业和个体手工业存在。花繁，开放期长，是良好的蜜源植物，在蜜源链中，是重要的夏季蜜源。此外，荆条是很好的生物质能源资源，荆条枝干热值为19419kJ/kg，是原煤热值26744kJ/kg的72.6%。叶具有较高的绿肥价值，荆条枝叶含有丰富的营养，主要成分与紫花苜蓿接近，是很好的绿肥。

药用价值：荆条有较高的药用价值，以其种子、叶、枝、根入药。传统医学认为，黄荆药性辛、苦、温，具有行气、止痛、祛风、除痰等功效。

（5）植物文化

汉代典籍《汉广》："翘翘错薪，言刈其楚"，"楚"就是荆条。《说文解字》："荆，楚木也。"提到"楚"，就是有荆条的地方。湖北牡荆众多，湖北也被称为"荆楚之地"，楚国、"楚文化"都与此相关联。

荆条花的花语——顽强不屈，勇于担当。

古代刑杖以荆，故字从刑。负荆请罪的故事家喻户晓。《史记·廉颇蔺相如列传》："廉颇闻之，肉袒负荆，因宾客至蔺相如门谢罪。"那么廉颇负的"荆"究竟是那种植物呢？为什么是荆条，而不是其他的植物呢？当时赵国的都城在邯郸，那里是荆条的主要分布地区，可以说是最好找的一种植物，再加之荆条特有的韧性，又是灌木，茎的粗细适中。其实，负啥样的"荆"并不重要，重要的是"武将之担当，文官之胸怀"，名将名相的精神品格才是我们学习的榜样。

海兴赵毛陶镇小尤村有一棵罕见的古荆条树，树龄至少在500年以上。这棵荆条树生长在村中的墓地，枝叶繁茂，生机勃勃，高约5m，树冠南北十余米、东西五六米。荆条树从树根部分出三枝树干，每枝树干直径约1m。据说当地有一个风俗，就是在地里安葬完逝者后，家人都会在坟前插上一根树枝或其他东西，而这棵荆条树应该就是祖辈随手插在地里的荆条长成的，树木生长越旺，预示后辈越兴盛。

（6）更新繁殖

6.1 天然更新

荆条萌生条当年开花结实，花期6～8月，花开不断，且均能形成种子[10]。荆条种子为小核果，8～9月种子成熟。种子千粒重9~11.2g。荆条种子在自然条件下发芽率较低，其外果皮尤其是果包是阻碍种子发芽的主要原因，但在自然条件下仍有部分种子发芽成苗。

荆条以无性繁殖为主。根茎萌发力强，群落扩展能力强，因而常形成集中连片的群落。根蘖形成的幼苗根系庞大，适应力强，成林快。人为封禁含少量荆条的荒山，3~5年即可草木丛生，下木盖度可达20%~60%，死禁7~15年即可成为荆条灌丛，盖度可达70%~90%。

6.2 人工育苗

种子处理：荆条饱满种子易脱落，故采种不宜过晚，当果呈黄褐色时应立即采集，干后用砖或其他硬物搓去果包及种子表面蜡质。荆条种子无胚乳，瘪籽多，应注意选种。荆条种子属于深休眠型，宜用沙藏法打破休眠，沙藏天数为60~180天。

播种：春季将沙藏种子取出，放于向阳处并盖湿麻袋催芽。同时，整平圃地，灌足底水，于4月中7~8天后部分种子发芽时即可开沟播种，播种后覆土0.5~1cm。用种量2kg/亩。产苗5万~6万株/亩。

6.3 造林

植苗造林：春、秋季均可栽植，栽前进行穴状或反坡鱼鳞坑整地，栽植株行距1m×1.5m或1m×2m。

直播造林：雨季宜在连阴天进行播种。播种前应先挖小反坡鱼鳞坑，株行距1m×1m或1.5m×2m，每穴播20~40粒种。成活后间苗，每穴选留1~2株。

荆条对病虫危害的抵抗力很强，很少发生病虫害。

（7）资源保育

荆条是河北的主要乡土树种之一，面积大，分布范围广，资源丰富，在构建山地绿色生态系统、增加农民收入等方面具有重大作用，发展和经营好荆条林意义重大。长期以来，河北荆条资源一直处于野生放任状态，粗放利用，采薪割条，略伐过重，形成大面积退化灌丛，使群落结构简单化、稀疏化和矮小化，从而显著降低地上生物量及生态经济功能。由于频繁采割，形成大量的老墩粗条的衰老灌丛，几乎失去利用价值。强化对荆条资源的经营管理，提升林地质量，增加经营效益，势力在必行。

7.1 进一步落实林业政策

通过组建国有林场、村集体林场或承包到户等措施，明确责权利关系，落实管护责任。改变过去把天然灌木林地作为宜林灌丛对待的思维，争取将盖度40%以上，经营良好的荆条林地，纳入有林地资源，享受天然林、公益林生态效益补助范围，加大政策支持力度，调动村民护林、养林、用林的积极性。

7.2 实施封育保护

对退化林地实行严格的封育保护，结合天然林管护，指定专门护林员，纳入巡护范围。在封育周期内，禁止割条、采薪、挖桩等非经营性行为，促进休养生息。坡度大于30°的荆条次生林，以蜜源林和水保林经营为主，不能作为条林经营，实行长期封禁。陡坡地的荆条能充分利用光能，花量大、质优，是最好的蜜源林分，其他地方为辅助蜜源林。

7.3 加强抚育管理

荆条林如长期不进行更新复壮,尤其在干旱荒坡或比较黏重的土壤上,就会出现生长停滞,甚至枝梢衰老现象。经营条子林,首先在秋、冬季节进行挖墩更新复壮,对林龄较小、生长好的荆条采取平茬措施,强度为全平,高度以5cm为好。荆墩密度保持在1m×1m左右,7500~9000丛/hm^2。密度越大,墩发条数越少,条的质量越好,条子地径小,高度大,粗细匀称,便于编织。试验表明,多年未平茬的荆条林,第1年更新,挖墩比平茬增加产条量、地径和高分别为34.9%、22.6%、21.5%,因此挖墩是荆条林更新复壮的有效措施,能明显提高荆条的萌蘖更新能力。承德县每隔2~3年,在冬季一年中温度最低的三九天,抓住荆条茬冻脆好砸之机,把所有的荆条茬子普遍砸一次,即把荆条疙瘩砸下来,使二三年内生长出来的荆条高大、干条通直、产量倍增。连年平茬对干旱瘠薄的土壤养分消耗较大,产条数量会下降近20%,地径和高也有不同程度的下降,可每2~5年平茬1次,并及时培土保墒,以利培肥地力和养根。

7.4 搞好补造改造

在坡度较大、整地困难的地段,对于分布不均,密度较低的林地,可在雨季撒播或点播荆籽,然后进行封禁,促进形成连续片林,加快林地修复。在立地条件较好,适宜人工造林的地段,首先选择退化灌丛地,实施人工造林。可沿等高线进行水平阶整地,中间保留灌丛带,带宽4~6m,穴状造林,穴距1~2m,造林树种根据自然条件可选择油松、栎类、侧柏、刺槐、臭椿、黄连木、栾树、青檀、黄檗等树种,最好使用大苗造林,造林后连续抚育3年,培育乔灌草结合的林地生态系统。荆条灌丛是森林遭到破坏以后的产物,恢复乔木林森林植被,是生态系统正向演替的必然要求。

主要参考文献

[1] 孙立元,等. 河北树木志 [M]. 北京:中国林业出版社,1997.
[2] 罗伟祥,等. 西北主要树种培育技术 [M]. 北京:中国林业出版社,2007.
[3] 王海东. 张家口树木 [M]. 北京:中国林业出版社,2017.
[4] 中国科学院中国植物志编辑委员会. 中国植物志 [M]. 第65卷. 北京:科学出版社,1982.
[5] 曹广欣. 沧州野生荆条群落进入中国种质资源库中,将用于野生植物资源的开发利用 [N]. 沧州日报,2017-10-31.
[6] 封魁生,等. 河北太行山区野生荆条资源及利用的调查研究 [J]. 河北林业科技,1989(1):40-42.
[7] 王南,等. 太行山低山丘陵区荆条性状和生物量分配对坡向的响应 [J]. 林业与生态科学,2020,2:133-143.
[8] 曲波等. 山西荆条分布现状及其群落结构研究 [J]. 中国野生植物资源,2017,36(6):65-67+74.
[9] 崔向东,等. 荆条的实用价值及繁育技术 [J]. 林业实用技术,2012(12):43-44.
[10] 陈金法. 荆条的特性及经营管理 [J]. 科学种养,2011(6):19-20.

7. 迎红杜鹃

兴隆六里坪林场油松林下天然杜鹃

兴隆六里坪林场天然杜鹃林

青龙都山林场天然迎红杜鹃

杜鹃花属（Rhododendron）是杜鹃花科（Ericaceae）最大的属，是中国种子植物最大属之一。一般认为，杜鹃花属植物的始祖类群最早出现在晚白垩纪至早第三纪的过渡时期，其起源地最有可能是在我国的西南至中部地区，目前该地区已成为世界杜鹃属植物的现代分布中心[1]。

杜鹃花是中国十大名花之一，早春花卉，观赏价值极高，是重要的野生花卉植物，在园艺学上占有重要地位。杜鹃花在我国栽培历史悠久，至少有1000多年历史。

迎红杜鹃又称映山红，为杜鹃花科杜鹃花属。河北的野生杜鹃花资源主要有迎红杜鹃和照白杜鹃（R. micranhum）两个种。白花迎红杜鹃（R. mucronulatum f.（Nakai）Kitag）为河北新纪录植物，是迎红杜鹃的白花变种，为省内极危种。另外，《河北树木志》记载，在冀东山地有小叶杜鹃（R. parvifolium）、兴安杜鹃（R. dauricum）分布[2]。

（1）形态特征

迎红杜鹃为落叶灌木，高达2m。小枝被腺鳞。叶片椭圆形或长圆形，长4～8cm，1.2～2.5cm，先端渐尖，基部楔形，全缘，两面有疏腺鳞；叶柄长2～5mm。花先叶开放，2～5朵生于枝顶；花冠淡紫红色，花径3～4cm，5裂，边缘呈波状；雄蕊10，花丝不等长。蒴果圆柱形，长1.2～2.5cm，被腺鳞。花期4～5月；果期6～7月。在高海拔地段，花期会延迟到7～8月[2]。

（2）分布[2-6]

在世界范围内，杜鹃花属植物有全世界960～1000种，广布于北温带、亚洲亚热带及热带高山地区，中国约570种，其中，400多种为中国特有。我国的杜鹃属植物地理分布大致以300mm的等水线为界，呈西南—东北向的广袤的分布区，其分布中心在我国西南—喜马拉雅地区，除宁夏、新疆外其他各地均有分布，其中，云南、四川和西藏为杜鹃花属的世界分布中心，3个西南地区拥有的杜鹃花属植物达420种，约占我国本属植物的75%。在19世纪末，西方多国就多次派人到我国云南采集杜鹃标本，其中英国的傅利斯发现并采走309种杜鹃新种，引入英国爱丁堡皇家植物园并炫耀于世。1919年，傅利斯在云南发现了杜鹃巨人"大树杜鹃"，这株树高25m，胸径87cm，树龄达280年。大树看到后，锯走了一个圆盘，陈列入大英博物馆里，一时轰动世界。大树杜鹃（R. protistum var. giganteum）是中国的国宝。

杜鹃花在我国有许多地方都有大型自然分布区。在云南香格里拉、江西庐山锦绣谷、湖北麻城、武汉黄陂、四川牛背山、内蒙古呼伦贝尔大草原、贵州乌蒙大草原都有集中连片形成的杜鹃花海存在。麻城龟背山风景区海拔1300多米原始古杜鹃群落，连片面积上千公顷，是全国所见最大的映山红古群落。武汉市黄陂区木兰云雾山景区有保存最完好的原生态杜鹃林带，仅此就有杜鹃品种40多个，同时该景区还引进400多个杜鹃花品种，堪称"杜鹃王国"，在近万公顷的乌蒙大草原上，集中生长着2000多公顷矮脚杜鹃（R. proteoides），跌宕起伏，色彩缤纷。贵州毕节杜鹃花绵延百里，所以又称百里杜鹃，被当地称为"世界最大的天然花园"。

杜鹃花在华北地区分布最少，只有5种。

迎红杜鹃主要分布于辽宁、河北、内蒙古、山东、江苏北部及朝鲜半岛、日本列岛、俄罗斯。河北产于青龙、迁西、围场、平泉、宽城、丰宁、滦平、隆化、赤城、蔚县、兴隆、雾灵山、都山、涞水、阜平、灵寿、平山、赞皇、临城、武安等地。

围场红松洼自然保护区、平泉薛杖子村、隆化唐三营镇河南营村南沟、丰宁南关乡独立营村、赤城的大海陀及黑龙山、小五台山涧口蔚县香炉山到百草坨、秦皇岛祖山林场、北京怀柔啦叭沟、云蒙山、滦平的金山岭、兴隆的雾灵山、涞源的白石山、涞水的野三坡百草畔、平山驼梁等，均有较大面积的杜鹃花分布，太行山南部邢台信都区不老青山（主峰1822m）仍有小片杜鹃群落分布。杜鹃在河北省的垂直分布海拔1000～1400m居多，北部山区较低，太行山区较高。

围场大唤起乡、丰宁独立营村千亩杜鹃花集中连片，每年4月中下旬至5月上旬竞相开放，花海如潮，游人如织。丰宁从2018年开始每年举办"山花节"，围场2023年举办了首届"映山红赏花节"。丰宁潮河源头的地貌多为冰川遗迹，怪石林立，群山里粉红的杜鹃花海中偶尔夹杂着珍稀的白花杜鹃，与山石相映，形成独特的自然地理景观。祖山林场有百年以上杜鹃花古树群落，依然生机勃勃，与天然林及人工林交错分布，花开时节，游人打卡无数。杜鹃花分布海拔较高，"五一"前后，杜鹃花开时节，山沟内冰川仍存，杜鹃花与冰川同春共夏，被称为"冰川杜鹃"，这一奇观沿太行山向南一直到延伸到白石山、驼梁山。

（3）生物生态学特性[7-8]

迎红杜鹃为耐寒种，能耐-32℃左右的低温［滦河上游国家级自然保护区（围场）极端最低温-42.9℃条件下生长良好］，喜凉爽、湿润气候，不耐酷热干燥，喜湿怕干，在空气湿度50%～60%的环境生长旺盛。在腐殖质丰富、质地疏松的酸性壤，pH5.5～6.5，生长最好，是南方红壤山地典型的酸性指示植物。土壤pH7～8也能生长，在干燥黏重的土壤上生长不良。忌积水。

喜光，喜一定的荫蔽环境和侧阴，对光有一定要求，但不耐暴晒，夏季应有乔木遮挡或侧方庇荫。自然条件下，在阴坡、山顶、山脊、溪谷、岩缝、和石砬子上均可见生长，阳坡也有分布，但以阴坡、半阴坡为主，且生长最好。根据韩红娟等的研究，光照强度对迎红杜鹃生长影响显著，半光照条件下迎红杜鹃的生长状态最好，全光条件下也能够生长。在全阴（透光度20%）条件下生长不良，最适宜相对光照为60%～70%。温度与花开密切相关，积温达到324～631℃时，正值开花时节；当积温达到529℃时这两种杜鹃开始进入营养生长阶段。不同区域，温度对开花的影响，会有一定差异。

杜鹃花属植物的根系为须根，分布很浅，须根多数较粗壮，向下悬垂生长，在植株的生长旺季，其须根上就会生长出许多细根毛，然后逐步代替老化的根系生长。根毛较为发达，很长，是吸收水分和养分的主要器官，能与土中的真菌共生，这些共生的真菌可以分解有机质供杜鹃花使用。植株的根茎部位会逐渐膨大，上面有数条或更多分枝，质地较为坚硬。

迎红杜鹃在河北不同山区花色一致，均为红紫色系，但同一色系内又具有不同的色度表现，造成这种现象的原因可能与其自身遗传物质或不同立地条件有关。

杜鹃花枝干生长缓慢，基径长到8cm要50年的生长时间。寿命较长，可达50～100年，甚至数百年。

（4）群落结构

迎红杜鹃多分布在天然针阔叶林的树林之下、林缘、林窗或灌木丛中。在疏林或迹地上，群落以群体分布为主，纯林较多，星散小群体或零散单一株丛较少。纯林群落是在立地条件较好的针阔叶乔木林遭到破坏以后，迅速侵入采伐迹地的先锋灌木树种。林内常见有稀疏的油松、山杨、桦树、蒙古栎分布，这些高大乔木对杜鹃群落起到遮阴的作用。

在迎红杜鹃群落中，伴生植物种除乔木树种外，主要伴生灌木有照山白、榛、毛榛、锦带花、大花溲疏、鼠李、绣线菊、暴马丁香、二色胡枝子（Lespedeza bicolor）等；草本有细叶薹草、糙苏、唐松草、蕨类、地榆、藜芦（Veratrum nigrum L.）、山丹、铃兰、玉竹、北重楼（Paris verticillata）等。随着海拔、区域和坡向的变化，迎红杜鹃的伴生植物种类和数量各不相同，总体来看生物多样性比较丰富，植物种类较多。

退化生态系统的修复依赖于林下植物多样性的增加。杜鹃花生态适应幅度大，耐阴，是恢复林下生物多样性的先锋树种，能促进林下有机质的积累，诱导其他植物进入，增加植物种类，增强生态功能。

迎红杜鹃群落属于山地森林群落演替的早期阶段，盖度高、生长旺盛的杜鹃灌丛，群落稳定性好；林地稀疏或遭到破坏以后，一些乔木树种，有可能逐步发展成为优势树种并取代原来的群落，原有的杜鹃个体逐步减少，成为乔木林下的伴生树种。在严重破坏情况下，杜鹃灌树丛可能逆向演替为灌木丛、灌草丛。

（5）生态经济价值[5, 8]

杜鹃花是重要的森林组分。根系浅但须根发达，林下枯枝落叶厚，固土涵水功能强大，在其分布区内是乔灌草植物生态系统不可或缺的一部分。

杜鹃花能监测有毒气体，但空气中有一氧化氮、二氧化硫浓度过高时，杜鹃花会率先出现反应，叶片会出现褐斑，甚至枯萎凋落。

杜鹃花属植物观赏价值极高，杜鹃花是中国十大名花之一，被誉为"木本花卉之王"，与报春花（Primula malacoides Franch.）、龙胆（Gentiana scabra Bunge）并称世界三大高山野生花卉。先花后叶，盛花期花量极大，株高60cm左右的植株花量达60～100朵，株高1.5m以上的较大植株花量最多达400朵以上，极其壮观。每当杜鹃花怒放开来，远远望去漫山遍野犹如涂了胭脂，粉红一片，因此杜鹃花又称"映山红"。在华北地区花期为4～5月，其红紫色的花色在北方山区的早春极为少见。对其进行合理的引种驯化，可极大地丰富我国早春观花植物种类。花开时节正值"五一"前后，是天赐的节日庆典花卉，也是节日游玩的绝佳去处。在江南一带，由于早春气温回升快，一般于2月中下旬便鲜花盛开，像迎春、连翘一样，属于早春花卉。

迎红杜鹃枝繁叶茂，绮丽多姿，萌发力强，耐修剪，根桩奇特，经修剪可培育成各种形态，是优良的盆景材料，也是花篱的良好材料。

入药具有和血调经、止咳祛痰、祛风湿、止瘙痒的作用。

（6）植物文化[6]

杜鹃花被誉为花中西施，深受大众的青睐，更是让众多文人墨客惊叹不已，备受推崇！白居易的"闲折二枝持在手，细看不似人间有，花中此物是西施，芙蓉芍药皆嫫母"，远古时期的嫫母为中国"四大丑女"之一，芙蓉、芍药皆为花中翘楚，然而在白居易眼中都是丑陋的嫫母，只有杜鹃赛西施。李白的"一园红艳醉坡陀，自地连梢簇蒨罗"、宋代杨万里"日日劲江呈锦样，清溪倒照映山红"都是对杜鹃花的极致推崇。

传说中周朝末年蜀地君主杜宇即"望帝"，得荆人鳖灵，因此人治水有功，望帝便禅位于彼，自己则隐身于西山潜心修道。哪承想新帝独断专行，百姓凄苦。杜宇心急如焚，幻化为杜鹃鸟飞入宫中，不停鸣叫"民贵呀，民贵呀"，以至于口中流血，滴于枝头，化为鲜花，即杜鹃花，杜鹃鸟也称杜宇鸟，这就是成语"杜鹃啼血"的来历。唐代诗人成彦雄有诗相佐："杜鹃花与鸟，怨艳两何赊，疑是口中血，滴成枝上花。"以后，杜鹃鸟也成了伤感忧思的寄托。杜甫的"感时花溅泪，恨别鸟惊心"就是生动写照。

电影《闪闪的红星》中的插曲《映山红》，曾经激励了一代人的革命热情，"若要盼得红军来，岭山开遍映山红"，那整岭整坡狂放的映山红，是由红军烈士们的鲜血染成，既是劳苦大众希望的寄托，也是对自由的渴望！在韶山冲毛主席故里，韶峰上杜鹃花漫山遍野，《我爱韶山的红杜鹃》作者韶华，寄情于花，表达对一代伟人的深切怀念。杜鹃花在朝鲜被称为"金达莱"，是朝鲜的国花，是我国江西、安徽、贵州的省花，也是延吉、长沙、无锡、九江、镇江、大理、嘉兴的等市的市花。其花朵娇艳欲滴，花开枝顶，给人热情幸福、积极向上的感觉，是一种象征着国家繁荣昌盛、人民生活幸福、与他国友谊长存的花卉。除此之外，迎红杜鹃还代表着思念，有远在他乡，对爱人思念，对家人想念的意思，杜鹃花早已融入了中国的历史文化。1991年6月25日，我国发行了一套"杜鹃花"邮票。

（7）更新繁殖[9]

7.1 自然更新

迎红杜鹃种子小且为需光种子，当林下枯枝落叶层较厚，超过10cm时，层下种子很难萌发。落在枯叶上面的种子萌发后难以生根，种子成苗率低。萌蘖能力强，自然更新主要靠萌蘖更新。杜鹃属植物种类非常丰富，种间杂交非常普遍，但在河北自然分布的同属种只有照山白，该种花小，观赏价值低，花期在5～6月，比迎红杜鹃晚1个月，与迎红杜鹃花期不育，故迎红杜鹃主要是亲缘杂交。由于在分布上的不连续性，群内杂交普遍，容易引起物种退化。

7.2 人工繁殖

多采用种子繁殖和扦插繁殖。

种子繁殖：当蒴果逐渐变为深褐色时，应及时进行种子采摘，采摘过晚，因果实成熟过度而爆裂散落。果实采收放室内晾晒，贮藏于室内干燥处。翌年春季播种，土壤用高温消毒的腐殖土装盆，铺一薄层切碎的苔藓，上面播种，将盆置阴湿处，20～30天左右即可发芽。迎红杜鹃种子常温下放置2～3年，发芽率仍然能够保持在60%左右。

扦插繁殖：选取健壮的半木质化的新枝，保留顶叶2～3片作插穗，用吲哚丁酸或ABT生根粉等溶液浸蘸处理，扦插在疏松透气、富含腐殖质的酸性基质中，温度保持在20～25℃，遮阴并经常喷雾保湿，以促进萌发新根。

7.3 人工栽培

掌握迎红杜鹃"耐全光、喜侧阴、忌全阴""抗旱、怕积水""适寒、耐热""喜弱酸、适中性、稍耐碱"等特性，选择在林缘、疏林下、溪边、池畔、岩石旁、建筑物旁成丛成片栽植，尽量满足其生长条件。

（8）资源保育

迎红杜鹃资源有减少趋势，除了种群扩散的自身限制因素外，人为破坏是重要原因。杜鹃花是一种颇为珍贵的原始花卉，但在山民眼里一点也不娇贵，过去经常把它当柴烧，城里的游客看了都心疼。

在花期，经常被任意采摘兜售。更有甚者，山民把老桩树丛"去头"后从山上挖下来，兜售给游客，大树基径越粗、分枝越多越值钱，贵的一株几千甚至上万，有的做成根雕工艺品恣意出售。即使在严格实施天然林保护的今天，网上采挖野生大树的视频、兜售树桩的小广告也比比皆是。由于采挖季节、保护措施、栽植方式不科学，移栽成活率不足两成，致使野生资源遭到巨大破坏。

杜鹃属植物在自然条件下杂交现象普遍，栽培条件下亦易于杂交变异，大量的杂交种不断被育出，且观赏价值优于野生种。杜鹃花的园艺品种超过一万种，分春鹃、夏鹃、东鹃、西鹃和高山杜鹃。市场上我们常见的是杜鹃西洋杜鹃（$R.\ hybridum$）盆景，该品种植株矮小紧凑，重瓣花红色，最初由荷兰、比利时育成。我国是杜鹃花资源大国，但对其研究利用相对滞后。2015年11月6日，中国杜鹃花研究中心在石家庄农林科学研究院和石家庄神州花卉研究所正式成立，这一全国性杜鹃花研究平台的建立，对促进全国及河北杜鹃花研究和开发利用起到了重要作用。

河北在杜鹃花的资源保护、研究探索和新品种培育上取得了一定进展，但还很不够。今后重点应抓好以下工作。

①结合自然保护区和森林公园建设，对集中连片的杜鹃资源给予重点保护，严厉打击采挖、兜售野生杜鹃花枝、老桩的违法行为。

②必要时对群落内竞争杂木进行适度调整，保证群落的健康水平和群落稳定性。注意保护侧方庇荫乔木林地和林内的散生乔木，满足其生长需求。

③加强对白花迎红杜鹃生物生态学、濒危机制等方面的研究，为人工促进天然更新和人工栽培提供技术支撑。

③在充分掌握野生杜鹃种质资源在原产地的基本生物学特性基础上，进行合理的引种驯化和适应性开发，培育具有自主知识产权的杜鹃新品种，促进人工栽培，扩大在园林中的应用。杜鹃在栽培条件下容易杂交，有利于选育观赏价值更高的新品种。

主要参考文献

[1]宋明波，等. 杜鹃属植物资源及园林应用[J]. 特种经济动植物，2022，2：103-104.
[2]孙立元，任宪威. 河北树木志[M]. 中国林业出版社，1997.
[3]庄平. 中国杜鹃花属植物地理分布型及其成因的探讨[J]. 广西植物，2012，32（2）：150-156.
[4]中国科学院中国植物志编辑委员会. 中国植物志[M]. 北京：科学出版社，2004.
[5]佚名. 杜鹃花的栽培历史[EB/OL].（2019-02-12）[2024-04-18]. http://miaoyewang.com.
[6]刘玉波，杨晓光. 大字杜鹃：深闺佳丽独树一帜[N]. 中国绿色时报，2022-8-29.
[7]韩红娟，等. 迎红杜鹃物候及生长节律的研究，防护林科技[J]. 2015，2：26-28.
[8]李作文，等. 新优园林树种[M]. 沈阳：辽宁科学技术出版社，2013.
[9]王志凤，等. 杜鹃花培育与病虫害防治技术，种子科技[J]. 2023，41（16）：75-77.

8. 天女木兰

秦皇岛祖山林场天女木兰

秦皇岛祖山天女木兰群落

宽城冰沟林场老场子林区生长在石海边的天女木兰，相邻的是天然椴树林

天女花（*Oyama sieboldii*）为木兰科（Magnoliaceae）木兰属（*Magnolia* L.）植物，又名天女花，为四纪冰川期幸存下来的珍稀名贵花木，国家二级保护植物，河北公布的第一批珍稀濒危保护植物，省内濒危种。

（1）形态特征

木兰科木兰属落叶小乔木，高4～10m，树皮灰白色，小枝细长，淡褐色或深紫色，初被银灰色平伏柔毛，二年生枝无毛，花芽卵形，托叶芽鳞1片，淡灰紫色，紧贴细柔毛。叶膜质，倒卵州形或宽倒卵形，长6～15cm，宽4～10cm，先端突尖，基部圆形或宽楔形，全缘背面苍白色，有白粉和短柔毛；叶柄长2～4cm，花在新枝与叶对生；花与叶同时开放，直径7～10cm，芳香；花梗细长3～7cm，被柔毛；花被片9，外轮3片，淡粉红色，其余白色；雄蕊向里弯曲，花药紫色；聚合蓇葖果卵形或长圆形，长5～7cm，红色。花期5～6月，随海拔的升高而推迟。果期8～9月[1]。

（2）分布

星散分布于河北燕山东部、辽宁东南部、吉林南部、山东崂山、安徽黄山、江西玉山、浙江临安、贵州雷山、广西苗儿山等地；朝鲜、日本也有少量分布。海拔300～2000m。

辽宁抚顺三块石国家森林公园和河北青龙县祖山森林公园是北方地区天女木兰的两个主要分布区，辽宁本溪市的市花就是天女木兰，该种也是我国东北地区唯一野生分布的木兰属植物。在河北主要分布在青龙老岭（祖山）及都山（涉及青龙、宽城两县）、抚宁平市庄等。北京植物园有栽培。

祖山位于秦皇岛青龙县境内，距离秦皇岛市25km处，是国家级风景名胜区、国家级地质公园、稀有植物及濒危野生动物自然保护区，有"塞北小黄山"之称。天女木兰在祖山林场直到20世纪80年代才被发现，而在以往的有关文献中均未记载。天女花在祖山林区海拔800~1000m以上有数百亩野生天女木兰集中连片分布，主要分布地点有东峪杨山峪沟、箭杆沟、草窝铺1~3层道（现天女木兰园）、茶叶沟、葛条洼、头道窖子、四道沟等[2]。

宽城县都山林区有少量的天女木兰生长，主要分布在冰沟林场老场子林区。经林场技术人员初步调查，在该区域发现野生天女木兰共计1000余株，零星散布在53hm²山地中[3]。

（3）生物生态学特性

稍喜阴，生阴坡、半阴坡，疏林阴坡下长势良好。喜凉爽湿润深厚肥沃的砂质土壤，pH5.5~7.0，附近伴生有映山红（酸性指示植物），在干燥、黏重土壤中生长不良，不耐盐碱。耐寒，能耐-30℃的低温。不耐高温。根肉质，怕水淹，伤口愈合力差，移栽不易成活。

张向布[3]等报道，天女木兰适宜生长的环境条件为年降水量700~1000mm，平均气温最低5.5℃。森林土壤主要为灰棕土，呈弱酸性，pH6~6.5，有机质含量3.8%~4%。

祖山自然保护区地理坐标为119°20′~119°30′E，40°05′~40°11′N，主峰天女峰海拔1428m。属暖温带大陆性季风气候，年平均气温8.9℃，年降水量715.6mm，为全省年降水最多的地区之一。天女木兰主要分布于海拔580~1331m的阴坡或山谷边缘，山地基岩为花岗岩，土壤为森林棕色土，土壤质地为砂壤、中壤，腐殖质多，土壤偏酸性[4]。

天女木兰喜侧方有庇荫的环境。祖山自然保护区草窝铺是南北走向的沟谷，东西两侧是郁闭度0.8以上的栎林、桦树林，对沟谷内的天女木兰片林形成侧翼庇护。在祖山旅游区有的地段，人们为突出主体观赏植物，砍去了天女木兰周边的灌木层，致使其生态环境遭到破坏，引起树木衰弱甚至死亡[5]。

祖山林区的灌木群落中，天女木兰虽然大多生长在阴坡，但也能在阳坡生长（如二道岭）。在比较潮湿阴坡的地方，乱石上生有苔藓，树木个体叶色浓绿，生长良好；而在比较干旱的地方，地被物没有苔藓，树木叶色发黄而叶片薄，表明天女木兰对阴湿环境的适应性[2]。

（4）群落结构

在自然保护区内，天女木兰主要是以其为建群树种的阔叶混交林和混生灌丛的形式存在。

以天女木兰为主的暖温带落叶阔叶混交林，具有种类丰富、外貌特征显著、层次结构明显等特点。根据孟宪东等[5]的调查，老岭自然保护区天女木兰林内有维管植物75种，蕨类植物15种，植物种类还是比较丰富的，林地稳定性也比较好。群落的垂直结构分化明显，可分为乔木层、灌木层和草本层。乔木层高10~16m，分两个亚层，其中第一亚层种类主要是小叶椴（*Tilia mongolica*）、胡桃楸和辽东栎（*Quecrus wutaishanica*），郁闭度很低，第一亚层的高大乔木有可能在群落的演替过程中发展成为建群树种。第二亚层种类以天女木兰、元宝槭、黑弹树为主，郁闭度高，在0.85以上。灌木层高1~3m，六道木、迎红杜鹃、华北忍冬、榛等占优势，平均总盖度约55%，分布很不均匀。草本层总盖度约65%，平均高度0.3m，主要是东北蹄盖蕨等一些蕨类植物，分布不均[5]。

根据王志杰[6]等的调查，在天女木兰的灌丛群落中，在老岭林场草窝铺第一层道下至第三层道上，由天女木兰、丁香（*Syringa* L.）、锦带花和八仙花（*Hydraegea bretschneideri*）等组成的灌丛群落，其中，天女木兰占36%，丁香占23%，锦带花占21%，八仙花占16%。外围林分因子为9椴1桦+杂，郁闭度为0.8，土壤含水量较高，天女花叶色浓绿、生长旺盛。在砖庙子前山一葛条洼梁上，山坡上部，由天女花、六道木、锦带花、东陵八仙花等形成的灌丛群落，其中，天女花占33%，锦带花占22%，六道木占22%，八仙花占11%。在此范围内，外围林分因子为8椴1桦1柞。天女花生长旺盛，叶色浓绿。

祖山林场天女木兰园天女木兰古树群，所处海拔1220m左右，树龄100年，500丛以上。根据我们的调查，该林分平均高3m，呈灌状生长，单株由基部抽生大量枝条，每丛可达20多条，显示出较强的萌生能力。与其伴生的树种有锦带花、紫丁香、八仙花、照山白、鸡树条、无梗五加（*Eleutherococcus sessiliflorus*）、牛叠肚等，林下草被有宽叶薹草、中华蹄盖蕨、山冷水花、升麻、防风等。林地覆盖度高达90%以上。该林地生长在凹形坡内，林下湿度较大，林内乱石丛生，石上生满苔藓。周边为高大乔木林，主要组成树种有蒙古栎、白桦、裂叶榆、紫椴、五角枫等，这些高大乔木起到侧方位遮阴的效果。天女木兰群落主要分布在较大的林窗、林间隙地，生长环境独特。

（5）利用价值

天女木兰是四纪冰川时期幸存的珍稀古生树种，堪称植物王国中"准太后"与"活化石"，其整个植物体上具有很多木本植物的原始特征，具有重要的科研价值[7]。

木兰目在哈钦松分类系统中被作为被子植物的起点之一，认为木本植物是由木兰目演化出来的，因此天女木兰作为木兰目树种，其某些特征就有可能成为解决植物界系统发育或高等植物起源问题的关键。天女花的间断性分布现象明显，研究其分布不仅对了解古代植物分布特点，而且对了解该区域的古代地质发育及气候变化具有独特而又不可替代的意义[2]。

珍稀名贵木本花卉，著名观赏树种。其花杯状，盛开时碟状，端庄秀丽，花瓣乳白色，冰清玉洁，雄蕊群紫色，花梗细长，雌蕊群黄绿色，花蕊红中带黄，洁白硕大的花朵中点缀着紫红和黄绿的花心，美丽而又极其高冷，超凡脱俗。花盛开时随风飘展，宛如天女散花，故称天女花。花香四溢，沁人心脾，花期长，加上油绿肥厚的叶子、光滑无纹的枝干，呈现出一派天生丽质的仙女形象，真可谓诗意盎然、情韵飘摇。每年6月成片开放，场面壮观，祖山风景区每年都要应时举办天女木兰节，吸引了大批游客和专家学者，圈粉无数。天女木兰花尽管惊艳，但过去一直深藏在大山之中，而真正走进大众的视野、引起广泛关注并获得极高人气，还要追溯到1999年的昆明世博会，首次参赛的天女木兰花便以它的绰约风姿，一鸣惊人，最终独占金奖桂冠。

木兰科树木大多是名贵木材，天女木兰也是一种上等的用材树种。其木质光滑、细腻、防腐、耐裂，可制作高档家具、乐器等；加工的家具有一种淡淡的芳香，具有天然的驱虫、防腐作用。

花、叶中含有大量的芳香油，可以做天然的食品添加剂和高级的化妆品及香精、浸膏。种子含油率高，是精制高档肥皂的重要原料。

（6）更新繁殖

天女木兰自然更新能力较弱。根据王子华等[4]对老岭自然保护区的天女木兰天然繁殖方式调查表明，其种子虽然在树丛周围有极少量萌发，形成幼苗，但幼苗的生长缓慢，3年生的幼树高只有15cm左右，没有发现5年以上的种子苗，说明种子繁殖不能维持天女木兰的更新与繁衍，限制了种源的扩散。

成年植株基部萌蘖能力较强，多年的萌蘖形成树丛，部分萌蘖逐渐取代老枝干，植株基部由于萌蘖产生而形成膨大的根颈，根颈萌发的新根逐渐长大取代老根，从而完成根系更新，成为天女木兰的主要繁殖更新方式。匍匐生长的枝条可以通过自然压条繁殖形成新的株丛，一定程度上扩大了天女木兰的数量。

天女木兰人工繁殖可用播种、扦插方法繁殖。

种子繁殖：在健壮母树上采种，种子9月成熟，待聚合果部分开裂露出橘红色的种子时，即可采收选种，种子千粒重约73g。将新采收的种子，放入清水中浸泡24h后捞出，掺入部分河沙，搓掉假种皮撞到木箱内沙藏，翌年3～4月土壤解冻后催芽播种，将装有种子的木箱放入室内电温床上催芽，温度控制在白天30～35℃，夜间16～19℃，经过变温处理打破种子休眠，待种子有2/3裂口露白时即可播种。播种选择土壤肥沃、通气良好的沙壤土，pH6～7，经15～20天幼苗可破土而出，出苗率可达90%以上。当年苗高达20cm以上[8]。

扦插繁殖：扦插应选择12～15cm长的嫩绿枝条作为插穗，将具有饱满芽的上半部分叶片剪掉一半，去掉下半部分全部叶片。插床应保持遮阴量60%～70%、相对湿度85%以上、空气温度30℃以下、基质温度18℃～25℃。基质要疏松且渗透性强，透气性好，通常选用干净的细河沙，厚度12～15cm。扦插后立即浇水，要特别注意让插穗与基质紧密接触，然后用塑料薄膜覆盖插床，使床内保持一定的湿度，每天需浇水2～3次，直至50～60d生根。如采用IAA水溶液（500ml/L）浸泡插条下端，持续1～3s再进行扦插，会产生更好的效果[9]。

人工栽植选择3～4年生苗，注意起苗要达到一定深度，不伤侧根、须根，不伤顶芽，最好是带土团移栽。裸根苗可用多菌灵浸根，防止肉质根腐烂。

天女木兰喜阴凉湿润气候和肥沃土壤，从野生和引种栽培成功的环境生态因子分析，湿度是决定性主导因子，在园林中进行配置时，宜采用丛植、聚植形式，或者与其他乔、灌、草结合形成人工植物群落，使植株间互相遮挡阳光，提高树丛内或群落内的湿润度，为天女木兰的正常生长创造必备的生态环境条件。

天女木兰苗期病害主要为叶斑病。可以采用50%甲基托布津可湿性粉剂800倍液防治。常见的虫害为蚧壳虫，可进行适当疏枝使其通风透光，在虫害刚刚发生时，要及时喷洒40%氧化乐果1000倍液，或者用50%硫磷800倍液进行防治。

（7）资源保育

天女木兰分布范围狭小，天然更新不良，生长缓慢，加上长期人为破坏，野生原种数量极其稀少，濒临灭绝，必须强化保护。

7.1 加强就地保护

在分布区域设立标牌，注明基本情况，明确保护人员，对具有代表性的分布区域增设防护栏，加固防护网，设立保护警示标牌。

7.2 维护原生环境

严禁砍伐天女木兰周边的灌木和侧方庇护的乔木树种，维持周边自然环境条件。

7.3 搞好动态监测

在天女木兰集中分布区域，建立动态监测点，及时掌握天女木兰的生长、自我繁殖更新和群落演替等动态信息。现有天女木兰群落中散生有少量桦树、裂叶榆等高大乔木树种的幼树，有的高度已超过主群落，随着群落的自然演替，这些树木个体将长成大树，可能对群落生存形成威胁，如有必要，可在充分论证的基础上进行人为调节。

7.4 建立繁育苗圃

在自然保护区相应海拔范围内，建立中间引种苗圃进行逐步驯化，然后逐步推广，为人工栽培提供种苗基础。

7.5 联合科研攻关

依托自然保护区和森林公园，联合科研院校，共建研究基地，积极运用现代科学技术，加强对天女木兰濒危机制、生长发育、群落演替、人工栽培、园林应用等方面的研究，为资源保护、恢复与利用提供更加系统的科学依据。

主要参考文献

［1］孙立元，任宪威. 河北树木志［M］. 北京：中国林业出版社，1997.
［2］刘玉宗，王志杰，等. 祖山林区天女花资源及其开发利用［J］. 林业科技开发，2001，15：60.
［3］张向布. 河北省林区天女木兰的保护方案探讨［J］. 绿色科技，2015，7：78-79.
［4］王子华，等. 老岭自然保护区珍稀易危植物天女木兰天然繁殖方式的调查［J］. 林业科技，2011，36（1）：52-55.
［5］孟宪东，等. 老岭自然保护区天女木兰林的群落结构［J］. 河北职业技术师范学院学报，2003，4（17）：29-33.
［6］王志杰. 青龙县老岭林场天女花资源调查研究初报［J］. 河北林学院学报，1994（2）：159-162.
［7］王振杰，等. 河北山地高等植物区系与珍稀濒危植物资源［M］. 北京：科学出版社，2010.
［8］张涛，等. 天女花繁殖栽培及其在园林中的应用［J］. 北方园艺，2006，（6）：114-115.
［9］徐建英. 天女木兰栽培技术［J］. 山西林业，2016，3.

9. 沙棘

丰宁大滩天然沙棘林

沙棘可以作为绿篱

丰宁坝上沙棘林林况

丰宁万胜永乡s301路边千亩天然沙棘林

沙棘，俗名醋溜、酸刺，为胡颓子科（Elaeagnaceae）沙棘属（*Hippophae*）灌木或小乔木，高达8m。沙棘是地球上最古老的植物之一，地球上生存超过两亿年的植物，经过喜马拉雅造山运动和四纪冰川的严酷洗礼，使其具备了极强的生态适应性，是我国"三北"干旱、半干旱地区地区重要的防沙治沙树种。

据《中国植物志》记载，河北分布的沙棘为亚种 *H. rhamnoides* Subsp. *sinensis* Rousi《河北树木志》中仍按多数工具书所刊的，按种对待[1-2]。

（1）分布 [1-7]

沙棘广泛分布于欧洲、亚洲、美洲、非洲地区。我国是世界上天然沙棘资源最丰富的国家，也是人工种植面积最大的国家。根据2022年国家林业和草原局发布的全国沙棘资源本地调查报告，全国沙棘面积127.4万hm^2，其中，天然林面积58.2万hm^2，主要分布于华北、西北及四川、云南、西藏等地。华北和西北地区为优势区域，山西、内蒙古、河北、青海、甘肃、山西沙棘面积113.1hm^2，占全国总面积的88.8%。在"三北"地区，是干旱半干旱地区自然分布和人工造林的主要树种之一，我国黄土高原及西部荒漠化地区极为普遍。

沙棘常生长于海拔800~3600m温带地区向阳的山脊、谷地、干涸河床地或山坡，多砾石或砂质土壤或黄土上。

在新疆伊犁的河滩上，沙棘覆盖度约50%；黄土高原沙棘灌丛的覆盖度占绝对优势达70%~80%以上；内蒙古阿拉善地区海拔1900~2400m的山地，沙棘与虎榛子（*Ostryopsis davidiana*）等植物组成群落。

沙棘在河北分布广泛，主要分布在承德、张家口两市的沿坝及坝上地区，燕山、太行山地区也有较多分布。怀安、阳原、蔚县小五台、涿鹿、涞源白石山、阜平、赞皇、内丘、沙河等地。

河北省"三北"防护林工程实施以来，沙棘面积快速发展，2000年沙棘林总面积就已达7.7万hm^2，集中分布于冀北、冀西北的承德、张家口两市域内。围场县沙棘总面积道2.7万hm^2。河北涿鹿地区的野生沙棘资源达1.3万hm^2。据王道先等[3]报道，丰宁沙棘资源比较丰富，有天然沙棘资源2867hm^2，滦河流域的外沟门乡、苏家店乡、万胜永乡、四岔口乡有大面积的沙棘林分布，潮河流域黄旗镇的哈啦海清和忙牛河源头选营乡的松木沟村有一定量沙棘分布，接坝的山川坡地小坝子乡有少量沙棘分布，这些天然沙棘资源属于中华沙棘品系，雌雄异株，雌株成片状分布，占2/3以上，雄株成团状分布。长势较好，果实上乘，为橘黄、橘红、黄色、红色，单株百果最重为40g，10cm长结果枝平均果粒多151粒，果柄最长可达4.2mm，少数优株没有棘刺，或沙棘刺软化，使良种繁育和优种提纯有可靠的种源保障。

根据谢晓亮等对太行山野生沙棘的调查，沙棘在太行山一般800m以上均可生长，1000～1800m生长和结实良好，1800m以上沙棘分布减少。沙棘有明显的分布规律，在河北太行山南部，如涉县的阎王寨，武安的青岩寨等1000m以上个别山头、山坡上沙棘有零星分布。太行山中段地区分布明显增多，如在平山的黄土台、饮牛池、沱梁山和阜平的歪头山等处，有成片分布，但面积不大。大量分布集中在太行山北部，如涞源的东泉头、西泉头、李家皇、沙岭子，蔚县的王喜洞、草沟堡和涿鹿县的部分乡村。

（2）生物生态学特性[1-2, 4, 8]

极耐寒、耐酷热、耐风沙、耐盐碱、耐干旱、耐水湿，适应性极强广。对温度要求不很严格，极端最低温度可达-50℃，极端最高温度可达50℃。

强阳性，喜光照，年日照时数1500～3300小时。在阴坡由于光照不足，沙棘分布少，生长细弱，结果不良。在疏林下可以生长，但对郁闭度大的林区不能适应。在阳坡，由于水分土壤等条件限制，沙棘生长较差、相对矮小，结果差。在常年不见光的死阴坡、沟谷，尽管其他条件好，但基本无沙棘分布。在半阴半阳坡，较宽阔的沟谷川地，水分土壤相对较好的地方，沙棘生长旺盛，年生长量在0.5～1m，多者可达2m以上。

根系具有根瘤，是非豆科固氮树种，其根瘤还能把土壤中的矿质有机质、难溶性无机化合物等转化为植物可吸收的成分，固氮能力很强，因而对于土壤的要求不很严格，在栗钙土、灰钙土、棕钙土、草甸土上都有分布，在砾石土、轻度盐碱土、沙土、甚至在砂岩、砾岩和地区也可以生长，但不喜过于黏重的土壤。

沙棘根系发达，须根多，根幅可达10m，垂直根深度50～80cm，最深可达2m，80%的根系分布在地表20cm的土层中。水平根延伸力强，据谢晓亮等在涞源李家皇、平山饮牛池、黄土台东山等地调查，沙棘水平根一般延伸6m以内，如土壤水分等条件好，水平根可达10m以上。沙棘水平根发达，垂直根较弱，有的甚至不明显，特别根蘖苗在幼树期，根系分布多集中在40m以内土壤中。

根据胡建忠的研究，沙棘人工林地上部分生物量的速增期为5～7龄、根系为6～9龄，两者分别在12龄、17龄后停止生长；生产量在7龄时达最大值。反映了沙棘人工群落内部的时空动态变化特点。

沙棘盛果期一般维持4～5年则生长停滞，植株衰老。之后枝条老化干枯，内膛空虚，树势转弱，待隔3年左右，枝条完成更新，树势转旺，延长结果年限。其寿命因所处的生长环境不同，变动幅度很大，短者20年以内。

（3）群落结构[8-9]

沙棘灌丛是华北地区主要的落叶灌丛之一。因其根蘖力强，在地下水平根主轴上可产生根蘖苗，植株每年可向周围扩展1～2m，每株沙棘的根蘖苗可多达20株，这些根蘖苗根系株株相连、交织成网,成片的沙棘往往都是由其中的一株或几株逐级根蘖繁殖扩大而成的,因此野生沙棘群落常呈片状分布的纯林。

以沙棘为主混以榛子、黄刺玫、胡枝子等灌木。另外还有生长在山杨、桦树和落叶松等乔木林下的沙棘乔灌群落,但数量较少。沙棘属于强阳性树种,当乔木林内相对光照强度为15%～20%时,林下沙棘会全部枯死。据谢晓亮等[4]的调查,在太行山区,沙棘纯灌丛林占70%,混合灌丛林20%,沙棘乔灌群落仅占10%左右。

也有不少人认为,在立地条件恶劣、植被稀少的地段,沙棘能够依靠自身较高的繁殖能力和极强的适应性维持单优群落的稳定性。

根据对丰宁县万胜永乡万胜永村台子组及草原林场永泰兴营林区的调查,该地位于滦河源头,在此段的滦河川内及两侧的沟岔内,集中分布着700hm^{2}天然沙棘林。由于沙棘根蘖能力极强,群落扩展速度快,沿河套呈连续分布或片状、带状分布,群落极其厚密,盖度几乎100%,高度约3m,沙棘具刺,茂密林地人畜不能进入。由于林内枝条纵横交错,高度荫蔽,其他树木和草被很少,多为单一纯林。河川内主要为湿地草甸,有成片的小红柳(*Salix microstachya*)与沙棘林交错分布,草地内散布有天然榆树。

涿鹿大堡下刁禅村沙棘主要分布在勾谷川地、山坡沟岔内,山坡上的沙棘长势不如川地,高度多在1m以下,盖度80%左右,而川地高度1～3m,盖度达100%。多为纯林,片状分布。坡地沙棘伴生灌木有三裂绣线菊、榛、鼠李、北京丁香、小叶锦鸡儿等灌木,草被主要有羊胡子草、白莲蒿、漏芦、野菊、瓣蕊唐松草等,川地沙棘林茂密,林下几无其他植被生长。

(4)生态经济价值[7-8, 10]

沙棘适应性强,生长较快,分布广,面积大,在我国黄土高原及西部荒漠化地区极为普遍,是干旱、半干旱地区主要的水土保持、防风固沙和水源涵养树种,具有极高的生态价值。沙棘根蘖力强,3年生苗可产生根蘖苗,植株每年可向周围扩展1～2m,每株沙棘的根蘖苗可多达20株,这些根蘖苗根系株株相连、交织成网,成片的沙棘往往都是由其中的一株或几株逐级根蘖繁殖扩大而成的,因此野生沙棘常成片分布,这对蓄水保土具有极好的作用。沙棘覆盖的地面可减少表土水蚀75%,减少径流量85%。沙棘为非豆科固氮树种,每公顷沙棘可固氮180kg,相当于45kg尿素,这对立地条件的改善无疑会起到良好作用。

沙棘具有较高的经济价值,是国家卫生健康委员会确认的药食同源植物。果实中含有维生素、黄酮类及多酚类、不饱和脂肪酸、植物甾醇类及植物固醇、微量元素等400多种生物活性成分,被称为"生物活性物质宝库",其Vc含量每100g鲜果中含Vc450g,高的可达上千克,是号称"Vc之王"猕猴桃的6倍,其生物黄酮含量高于银杏叶,其胡萝卜素和VE含量均高于各种水果。在我国自古以来就是蒙医、藏医、中医的常用药物,1977年正式将沙棘列入《中国药典》。

根据现代药理研究,沙棘具有降脂作用、止咳祛痰作用;能调整消化功能,促进溃疡愈合;能增强免疫功能;抗肿瘤;改善心血管系统功能;促进造血功能;降低全血黏度;抑制血小板聚集;降低血清总胆固醇,升高血清高密度脂蛋白胆固醇和肝脏总胆固醇;抑制试验性血栓的形成;保肝、抗胃溃疡、抗氧化、抗衰老、抗炎;还有增加网状内皮系统的吞噬功能;抗过敏等功效。

近些年来我国沙棘热持续不衰，沙棘产品开发利用逐渐深入。研制的沙棘产品品种，软饮料类有：浆汁、果汁饮料、汽水；硬饮料类有：甜型酒、半干型酒、香槟、啤酒；固体饮料类有：沙棘晶；功能饮料类有：运动饮料、沙棘浆；化妆品类有：香波、美容霜、护发素、乌发灵；药品类有：咳乐、黄酮液、复方油栓等。沙棘运动饮料曾被国家体育总局推荐为奥运会和亚运会中国体育代表团的专用饮料。我国年加工利用沙棘果实8万～10万t，各类沙棘产业总产值达240亿～260亿元。

沙棘为浆果，果实小，数量多，而且全身长满尖刺，果实很难采摘。在寒冷地区如新疆及河北北部地区，在初冬上冻时，农民沿沙棘林周边将植株砍下，用木棍敲打收集已经冻硬的果实，翌年由基部萌发新的植株。

（5）更新繁殖[6, 10]

沙棘自然繁殖更新主要以种子迁移、根蘖扩张。鸟类通过采食果实、排泄种子，对沙棘灌丛的迁移、形成和扩展起了重要的促进作用。种子在新的环境中发芽后，从第3年起，基株（由种子繁殖产生）首先以根蘖繁殖的方式及较高的种群增长率，形成"馒头状"的小群聚；在4～6年便形成沙棘群落，其盖度增大到30%～40%，但群落外貌仍然表现为一个互不衔接的馒头状小群聚；9～12年，群落的盖度可达70%，馒头状的水平结构及外貌特征愈来愈不明显，种群增长率由正值逐渐趋向于零，种内竞争变得越来越明显。此后，群落盖度变动于70%～90%，随着种内竞争的加剧，种群增长出现负值。

人工繁殖多采用种子繁殖、根蘖繁殖和扦插繁殖。①种子繁殖：常规育苗技术。沙棘种子细小，实生苗萌发后幼芽细弱，幼苗抗寒、抗旱性较差，生长缓慢，4～5年进入结果盛期。②根蘖繁殖：沙棘有很强的产生根蘖苗能力，且分蘖苗能早开花结果，一般2～3年进入盛果期。③扦插繁殖：选择中等成熟的枝条，6～8月扦插，1～2年出圃造林，结果期与根蘖苗相近。

人工造林每公顷3300株（每亩220株），造林株行距1.5m×2m。沙棘为雌雄异株，此雄株比例一般按8：1配置。

（6）资源保育

河北沙棘天然林资源保护和经营处于较低水平，人工林存在优良品种少，集约化水平低，产量不高的问题。今后发展方向。

6.1 落实责权

坚持"谁治谁有，谁管谁受益"的原则，通过承包、拍卖、继承、转让，明确现有沙棘林责权利关系。加强对天然沙棘林的保护，禁止破坏性采收，禁止随意砍割、放牧等。

6.2 平茬复壮

对衰老林地，可视情况进行平茬更新，更新方法可带状或块状更新。平茬复壮要分期分批进行，待新生幼树稳定后再更新另一部分。

6.3 选育优良类型

加大新品种选育和引进工作，培育抗性强、丰产行好的、便于经营的无刺大果沙棘品种。

6.4 推广乔灌混交造林模式

沙棘根系分布浅，有根瘤菌，与落叶松、油松、樟子松、杨树、榆树、刺槐等深根性树种混交、形成乔灌混交林，可大大加速林木生长。

6.5 积极推广"公司＋基地＋农户"模式

促进集约化发展，继续做好沙棘精深加工，变资源优势为经济优势。

主要参考文献

[1] 孙立元，任宪威. 河北树木志 [M]. 北京：中国林业出版社，1997.
[2] 中国科学院中国植物志编辑委员会. 中国植物志 [M]. 第52（2）卷. 北京：科学出版社，1983.
[3] 王道先，等. 丰宁县沙棘产业调查 [J]. 河北林业，2004（1）：40.
[4] 谢晓亮，等. 河北太行山野生沙棘资源调查 [J]. 河北林业科技，1988（3）：39-41.
[5] 谭嗣宏. 河北省武安县沙棘分布调查报告 [J]. 河北林业科技，1989（3）：42-43.
[6] 刘桂红，等. 围场县沙棘资源开发利用现状及发展对策 [J]. 河北林业科技，2004（4）：40-42.
[7] 杜平，等. 河北省沙棘发展现状前景及对策 [J]. 河北林业科技，2000（2）：47-48.
[8] 杨涵贞，等. 河北涿鹿地区沙棘果化学成分的研究 [J]. 北京林业大学报，1989，4（11）：101-106.
[9] 胡建忠. 人工沙棘林灰色生长模型的建立与预测 [J]. 水土保持学报，1991，5（2）：52-59.
[10] 木樨. 沙棘的饲料价值及栽培技术 [J]. 饲料研究，1985（1）：18-19.

10. 柠条

围场御道口柠条林

柠条为豆科（Leguminosae）锦鸡儿属（Caragana）植物栽培种的统称，俗名毛条、锦鸡儿、牛筋条等。落叶灌木，稀为小乔木，高1~4m，树锦鸡儿（Caragana arborescena）高可达6m。

柠条是我国"三北"地区重要的防沙治沙树种。

（1）种类

该属中国有62种，河北有12种1变种[1]。

在河北自然分布和人工种植相对较多的有小叶锦鸡儿、柠条锦鸡儿（Caragana Korshinskii Kom.）、中间锦鸡儿（Caragana intermedia Kuang et H.C.Fu）等，其中小叶锦鸡儿最多，本文重点讨论该种。

《中国植物志》[2]载，小叶锦鸡儿分布广泛，形态变化多。V.K.L.Komarov曾定过5个变型：

毛序锦鸡儿（Caragana microphylla Lam. var. microphylla f. pallasiasiana Kom.）：花序被伏贴柔毛，后期毛脱落。

绿叶锦鸡儿（Caragana microphylla Lam. var. microphylla f. viridis Kom.）：小叶、花序绿色；小叶上面近无毛，下面被伏贴柔毛，花萼边缘无毛。

兴安锦鸡儿（Caragana microphylla Lam. var. microphylla f. daurica Kom.）：小叶长楔状长圆形，先端平或截平，绿色，疏被柔毛。

灰叶锦鸡儿（Caragana microphylla Lam. var. microphylla f. viridis Kom.）：小叶密被绢状柔毛；花萼外面被短柔毛。

毛枝锦鸡儿（Caragana microphylla Lam. var. microphylla f. tomentosa Kom.）：小叶锐尖，倒披针形，小枝嫩时密被短毛，白色。

以上变形不易区分，尤其是各地相互引种栽培，常与柠条锦鸡儿、中间锦鸡儿混杂，杂交变化多，有待深入研究。

（2）分布

锦鸡儿属植物分布在东北、华北、西北、西南各地，生于草原、山地、丘陵、沙地，海拔500~2500m，一般多生长在海拔1000~2000m的黄土高原及半干旱草原地带的沙区。

河北在山地和坝上地区都有分布。张家口坝上地区是天然柠条及人工造林的集中分布区，在其坝上地区、坝头及接坝山地都有一定量的人工栽培。在张家口坝上康保、沽源、尚义、张北4地都有大片的机械化播种造林，部分已经成林。在丰宁千松坝林场坝上丘陵地带有人工栽培，在石黄高速等公路两侧作为护坡植物也有少量人工栽培。受人畜活动的影响，坝上的柠条自然分布多呈零星丛状或团状分布，稀有连续的大片分布。在河北山区，柠条多生长在干旱的阳坡半阳坡，散布于杂灌丛中，也见有小片状分布。

据报道，我国仅"三北"地区天然和人工柠条林就达数百万公顷。根据刘建婷等[3]的调查，2018年，张家口坝上4地柠条总面积达到73660hm^2，其中，康保38008.5hm^2，占4地总面积的51.6%。其次为张北15660hm^2，沽源11333hm^2，尚义8667hm^2。在4地总面积中，天然林2933hm^2，全部分布在康保，仅占4%，多散布在重度沙化区域。

康保与善能生物质发电公司合作种植柠条就达24000hm^2。每年"六·一"过后，大面积的柠条花盛开，绿影婆娑，黄花娇艳，蜂飞蝶舞、花香四溢，成为塞外坝草原上靓丽的生态景观[4]。

（3）生物生态学特性

小叶锦鸡儿生长于固定半固定沙地。常为优势树种，喜光，在荫蔽条件下生长不良，适应性强，极耐干旱，既抗大气干旱，也耐土壤干旱。耐严寒、耐高温、抗风、耐沙埋。在年降水量150mm以上，有效积温1500℃以上地区都能正常生长。在年平均气温1.5℃，最低气温–42℃，最大冻土290mm的严寒天气下能正常越冬。据中国科学院兰州沙埋研究所在宁夏沙坡头试验，叶片受伤温度55℃，致死温度60℃。在190cm根层内，土壤含水率0.3%的情况下仍能正常生长，根系穿透力强，可穿透栗钙土层。据青海农业科学院测定，其凋萎系数为4.75%，为强旱生灌木[5]。喜生于具有石灰质反应、pH7.5～8的灰栗钙土，在贫瘠干旱沙地、黄土丘陵区、荒漠和半荒漠地区均能生长。

虽然柠条具有很强的抗逆性和适应性，但立地条件对其生长影响很大，在生物埂、滩地、退耕地上生长明显好于土层较薄的坡地和沙地[3]。

在张家口坝上地区，由于柠条分枝多，萌芽力强，被牛羊反复啃食后，天然柠条多呈圆头状，植株个体只有几十厘米高，常与羊草、丛生隐子草、大针茅等构成灌丛化草原。

（4）生态经济价值

防沙治沙树种。柠条耐性强，根系发达，防风固沙作用及其显著。在沙区，一般3～4年生的柠条，每丛根基可固沙0.2～0.3m³，5年以上柠条林覆盖度可达70%以上，每丛固沙0.5～1m³。一株柠条被沙埋后可抽生出几十根到上百根枝条，形成强大灌木丛，固沙量高的可达几十立方米。是我国西部高原地区和沙漠化地区地的一个重要的防沙治沙和水土保持树种，也是"三北"防护林工程的重点发展树种。

在河北张家口坝上地区，常与杨树形成乔灌结合的防护林网（带），在坝头农牧交错区常在田埂上种植建成生物埂，在坝上沙化土地常应用机械化播种造林，建设大片的防风固沙林地，在接坝山地营建水土保持护坡林。在铁路、公路两侧作为护路林。

景观植物。柠条花期长，花色鲜艳，耐性强，是高原地区的为数不多的木本景观植物。

饲料植物。柠条的枝叶花果营养丰富，据测定，7月间叶粗蛋白18.25%，蛋白质含量仅次于大豆，粗脂肪3.87%，粗纤维19.04%。枝含量则分别为10.81%、2.65%、33.81%。种子含油13%左右，可做润滑油。是牛羊等牲畜的上佳饲料[5]。

生物质能源植物。枝条被蜡质，干湿均能燃烧，4年生枝条热值为20545kJ/kg，是标准煤的70%，每公顷枝叶相当于5.55t标准煤[5]。张家口地区已用于生物质发电。

纤维植物。柠条的木纤维较长，韧性好，是的良好造纸、纤维板材料。每公顷柠条可产条11250kg。可用于生产牛皮纸、瓦楞子、箱板纸、卫生纸、新闻纸等。用柠条制成的纤维板强度高、弹性好。枝条可供编制。

肥源植物。柠条为豆科植物，根部根瘤具有固氮作用，使林下土壤容重变小，养分条件改善，为自身生长和草被的恢复提供条件。

蜜源植物。花繁艳丽，花期长，是良好的春夏蜜源植物。

（5）人工繁育

柠条自然更新主要靠萌条更新和种子繁殖。人工繁育主要有播种繁殖、植苗造林、飞播造林、平茬更新等。

种子千粒重约39g，病虫种子较多，种子纯度低，但经过筛选的种子发芽率很高，可达95%。柠条不耐涝，人工育苗注意控制灌水。

植苗造林，在降水量150～300mm地区1200～1650丛/hm²，（合80～110丛/亩），降水量300～400mm地区33000丛/hm²（合80～110丛/亩），每丛3～5株。

人工营造的柠条林2～5年平茬一次，立地条件越好，生长越旺盛的林地，平茬间隔期越短，而且越平越旺。坝上地区柠条造林前5年生长缓慢，新梢年均生长量不足10cm；6～15年进入快速生长期，新梢年均生长量达20cm以上；16～20年以后生长减缓，并逐步出现老化衰退现象，但生殖生长旺盛，结果量较大。20年以后进入衰老期，枝条开始大量枯死，需要更新复壮[3]。

柠条作为豆科植物病虫害较多，尤其是柠条豆象、种子小蜂几乎每年都有大面积发生，是重点防治对象。

（6）资源保育

①河北省天然柠条林资源稀少，立地条件差，植株矮小，长势较差，不具备开发利用价值，以生态防护作用为主，应给予严格保护，在坝上牧区和农牧交错区可进行围栏封育。

②人工柠条林作为生态公益林，在造林和经营中也要优先考虑防护效益，兼顾经济效益。柠条刈割平茬要在落叶以后发芽之前进行，最好在春季树液流动前进行，确保坝上地区漫长而又多风的冬季地面有植被存在。平茬次数根据更新复壮需要确定，不可过于频繁。

③张家口坝上地区由于与省内外相互引种，柠条出现多个种混种现象，在一块林地上可能同时出现几个种，也可能出现了一些新的杂交类型或自然变异类型，种质资源本底不清，应组织专家进行调查，并做好品质选育工作。

④树锦鸡儿树体高大，在高原防护林网建设中，尝试与杨树及树体较矮的小叶锦鸡儿、柠条锦鸡混合搭配，构建高低搭配的林网体系。

⑤柠条花瓣多为黄色，稀有淡紫色或红色。在河北涞源等山区，有红花锦鸡儿（*Caragana rosea*）分布，比较稀少。成片的红花锦鸡儿，花开时节非常耀眼，景观效果极佳，作为园林树种可考虑人工栽培。

主要参考文献

[1]孙立元，任宪威. 河北树木志［M］. 北京：中国林业出版社，1997.

[2]中国科学院中国植物志编辑委员会. 中国植物志［M］. 北京：科学出版社，2004.

[3]刘建婷，等. 张家口坝上地区柠条资源分布及生长状况调查报告［J］. 河北林业科技，2018，2：39-43.

[4]李艳峰，等. 五十多万亩柠条花在康保大地上竞相绽放［EB/OL］.（2020-6-04）[2023-7-28]. http://zjk.hebnews.cn/2020-06/04/content_7885016.htm.

[5]罗伟祥，等. 西北主要树种栽培技术［M］. 北京：中国林业出版社，2007.

第四章 其他天然林树种（图片）

乔木树种主要包括：柳树、白蜡树、臭檀吴萸、君迁子（黑枣）、黑榆、黑弹树、大叶朴、楸树，花楸树、苦楝、臭冷杉、柘树、山合欢、桑（桑、蒙桑、鸡桑）、省沽油、毛梾、青榨槭、青楷槭、杜仲、八角枫、千金榆、大叶朴、盐肤木、山荆子、杜梨、稠李、山桃、丝绵木、榆叶梅、野山楂、丁香、鼠李。

灌木和藤本树种包括：绣线菊、东陵八仙花、溲疏、接骨木、刺五加、荚蒾（陕西荚蒾、鸡树条）、锦鸡儿、胡枝子、小檗、裤裆果、金露梅、银露梅、槭叶铁线莲、虎榛、野蔷薇、山刺梅、刺果茶藨子、照山白、忍冬、锦带花、扁担杆、野花椒、崖椒、南蛇藤、软枣猕猴桃、葛、蛇葡萄、五味子、野枸杞等。

1. 白蜡树（苦枥木）

青龙祖山林场花曲柳

怀来官厅林场白龙潭林区白蜡树

灵寿南营乡车谷坨村白蜡树（苦枥木）

涉县青峰村小叶梣

2. 柳树类

雾灵山腺柳

小五台东台接近草甸海拔2700m分布的红柳

信都区云梦山天然旱柳

围场木兰林场五道沟生长的蒿柳

兴隆雾灵山黄花柳

3. 臭檀

平山紫云山臭檀吴萸　　　　　　井陉仙台山天然臭檀吴萸林（芸香科、吴茱萸属、臭檀吴萸）

武安活水乡陈家坪村白菜脑山上开花的臭檀吴萸

4. 黑枣（君迁子）

井陉苍岩山君迁子（黑枣）

5. 坚桦（杵榆）

兴隆雾灵山坚桦

6. 黑弹树

赞皇嶂石岩黑弹树

7. 大叶朴

灵寿南营乡车谷坨大叶朴

赞皇嶂石岩大叶朴

8. 楸树

阜平骆驼湾楸树

海港区梓树

9. 花楸树

阜平驼梁山辽道背花楸树

围场木兰林场花楸树

10. 苦楝

石家庄西山苦楝

11. 臭冷杉

雾灵山臭冷杉

小五台自然保护区臭冷杉

12. 柘树

鹿泉山前大道天然柘树

13. 山合欢

井陉窦王岭山合欢

14. 鸡桑

井陉苍岩山鸡桑

15. 省沽油

井陉仙台山省沽油

16. 毛梾

阜平驼梁山辽道背毛梾

17. 青楷槭、青榨槭

仙台山青楷槭

兴隆六里坪林场龙潭林区青榨槭

18. 八角枫（瓜木）

平山紫云山瓜木

19. 千金榆

兴隆六里坪林场龙潭林区千金榆（鹅耳枥属）

20. 大叶榉

平山紫云山大果榉

平山紫云山大果榉树干

21. 盐麸木

平山紫云山盐麸木

第四章 其他天然林树种（图片）

海港区板厂峪盐麸木

22. 山荆子

丰宁千松坝林场山荆子

第四章 其他天然林树种（图片）

隆化茅荆坝森林公园发现山荆子古树群，有山荆子古树200余株，树龄超百年，胸径10～30cm不等，树高4～10m

23. 杜梨

易县洪崖山林场豹泉林区杜梨

第四章 其他天然林树种（图片）

井陉苍岩山杜梨

24. 稠李

兴隆六里坪林场龙潭林区天然稠李林

25. 山桃

蔚县辉川山桃

平山营里乡高山寨山桃

26. 丝绵木

兴隆六里坪丝绵木（卫矛）

石家庄二中西院的丝绵木古树

27. 榆叶梅

小五台自然保护区榆叶梅

28. 野山楂

兴隆南山野山楂群落

29. 丁香

涿鹿黄羊山森林公园暴马丁香

第四章 其他天然林树种（图片）

赤城黑龙山林场紫丁香

涞水桑园涧林场白草畔紫丁香

涿鹿下貂蝉北京丁香

第四章 其他天然林树种（图片）

兴隆六里坪林场龙潭林区网脉丁香

30. 崖椒

海港区石门寨镇望峪景区天然崖椒

31. 绣线菊

井陉南寺掌林场绣线菊

32. 鼠李

塞罕坝千层板鼠李

阜平驼梁山冻绿鼠李

33. 六道木

怀来官厅林场白龙潭林区六道木

34. 东陵八仙花

怀来官厅林场东陵八仙花

35. 溲疏

兴隆六里坪林场溲疏

36. 接骨木

井陉仙台山漆树沟接骨木

沙河老爷山林场接骨木

37. 刺五加

赤城黑龙山林场刺五加

38. 陕西荚蒾、鸡树条荚蒾

沽源老掌沟林场鸡树条荚蒾

仙台山陕西荚蒾

黑龙山林场鸡树条荚蒾

39. 锦鸡儿

涿鹿大堡乡下貂蝉锦鸡儿（胡枝子）

40. 胡枝子

围场五道沟天然胡枝子灌木林

平泉大石湖林场胡枝子

41. 大叶小檗

大海陀自然保护区雕鹗镇石头堡村大叶小檗

五道沟大叶小檗

第四章 其他天然林树种（图片）

仙台山大叶小檗

42. 裤裆果

易县千佛山裤裆果

43. 金露梅

平泉辽河源金露梅群落

44. 银露梅

小五台自然保护区东台草甸区银露梅

45. 虎榛

尚义大青山虎榛灌丛

46. 山刺梅

平山高山寨山刺梅

赤城黑龙山林场山刺梅

47. 刺果茶藨子

小五台自然保护区金河口林区刺果茶藨子

48. 照山白—白花杜鹃

蔚县小五台自然保护区辉川照山白

49. 忍冬

忍冬

50. 锦带花

隆化七家锦带花

51. 扁担杆（孩儿拳头）

井陉苍岩山扁担杆（孩儿拳头）

52. 野花椒

野花椒

53. 南蛇藤

平山紫云山南蛇藤

平山县西洞沟村南蛇藤

54. 软枣猕猴桃

灵寿车谷坨软枣猕猴桃

兴隆六里坪林场龙潭林区软枣猕猴桃群落

55. 葛

平山紫云山葛

被挖掘售卖的巨型葛根

56. 蛇葡萄

平泉党坝乡蛇葡萄

57. 五味子

宽城冰沟林场五味子

58. 枸杞

海港区东路庄村天然枸杞